广视角·全方位·多品种

U0274603

生态文明绿皮书
GREEN BOOK OF
ECO-CIVILIZATION

中国省域生态文明建设评价报告
（ECI 2013）

ANNUAL REPORT ON CHINA'S PROVINCIAL
ECO-CIVILIZATION INDEX (ECI 2013)

北京林业大学生态文明研究中心
主　编／严　耕
副主编／吴明红　杨志华　林　震　樊阳程　杨智辉　田　浩

社会科学文献出版社
SOCIAL SCIENCES ACADEMIC PRESS (CHINA)

图书在版编目（CIP）数据

中国省域生态文明建设评价报告. ECI 2013/严耕主编.
—北京：社会科学文献出版社，2013.9
（生态文明绿皮书）
ISBN 978 - 7 - 5097 - 4995 - 1

Ⅰ.①中… Ⅱ.①严… Ⅲ.①省 - 区域生态环境 - 生态
环境建设 - 研究报告 - 中国 - 2013 Ⅳ.①X321.2

中国版本图书馆 CIP 数据核字（2013）第 201138 号

生态文明绿皮书

中国省域生态文明建设评价报告（ECI 2013）

主　　编／严　耕
副 主 编／吴明红　杨志华　林　震　樊阳程　杨智辉　田　浩

出 版 人／谢寿光
出 版 者／社会科学文献出版社
地　　址／北京市西城区北三环中路甲 29 号院 3 号楼华龙大厦
邮政编码／100029

责任部门／社会政法分社　（010）59367156　　　　责任编辑／曹长香
电子信箱／shekebu@ ssap. cn　　　　　　　　　　责任校对／丁立华
项目统筹／王　绯　　　　　　　　　　　　　　　责任印制／岳　阳
经　　销／社会科学文献出版社市场营销中心　（010）59367081　59367089
读者服务／读者服务中心（010）59367028

印　　装／北京季蜂印刷有限公司
开　　本／787mm×1092mm　1/16　　　　　　　印　张／21
版　　次／2013 年 9 月第 1 版　　　　　　　　　字　数／340 千字
印　　次／2013 年 9 月第 1 次印刷
书　　号／ISBN 978 - 7 - 5097 - 4995 - 1
定　　价／85.00 元

《中国省域生态文明建设评价报告（ECI 2013）》编写组

主　　编　严　耕

副 主 编　吴明红　杨志华　林　震　樊阳程　杨智辉
　　　　　田　浩

成　　员　陆　丹　仲亚东　陈丽鸿　展洪德　李媛辉
　　　　　高兴武　黄军辉　李　飞　周景勇　陈　佳
　　　　　邬　亮　徐保军　孙　宇　盛双庆

研究单位　国家林业局生态文明研究中心
　　　　　北京林业大学生态文明研究中心
　　　　　三亚学院生态文明研究中心

摘　要

　　生态文明建设是一项广泛涉及器物、行为、制度和观念层面的系统工程。依据当前国家数据发布情况，2013 年中国省域生态文明建设评价指标体系（ECCI 2013）在前三个年度报告的基础上，基于生态文明建设狭义和广义的两个内涵，设立两套生态文明建设评价指标体系，分别测算整体的生态文明指数（ECI 2013）和绿色生态文明指数（GECI 2013）。

　　在更新指标体系和完善分析方法之后，评价结果显示，各省生态文明指数 ECI 2013 得分差异显著；根据各省份在四个核心考察领域的表现，仍可划分为均衡发展型、社会发达型、生态优势型、相对均衡型、环境优势型和低度均衡型六个类型；目前我国各省生态文明建设水平国际比较发现，多数省份的多数指标，与国际平均水平尚有差距，与先进国家水平更是差距显著。

　　从最新发展态势来看，2011 年，尽管局部地区以及个别考察领域仍有退步，但全国整体生态文明建设水平明显提高，年度进步指数为 2.87%，其中社会发展进步最快，协调程度进步显著，生态活力和环境质量提升缓慢。

　　驱动分析发现，我国经济发展与生态环境之间的冲突仍然尖锐。全国整体生态文明建设年度进步指数与社会发展年度进步指数和协调程度年度进步指数呈显著正相关，社会发展水平和协调发展能力的提升，是驱动我国生态文明建设水平提高的主要因素，而生态活力及环境质量年度进步指数竟然与生态文明建设年度进步指数呈不显著负相关。

　　偏相关分析结果显示，在控制人均 GDP 变量之后，生态活力是与 ECI 2013 正相关系数最高的因素；环境质量与 ECI 2013 的相关性呈现出高度正相关；环境质量与社会发展、协调程度的相关性，也呈正相关。这表明，在排除经济发展的影响后，生态活力和环境质量对生态文明建设的积极作用得以清晰体现，也提示了经济增长至上的发展模式对生态文明建设的实际危害。

　　本书建议，要重视经济建设与生态文明建设的协调发展；要坚持良好的生态环境是"有益环境的生态"和"生态友好的环境"的统一；要切实树立底线思维，尽快划定明确而可行的生态红线；要特别加强农村、农业的生态环境治理，促进城乡生态文明建设一体化；要认识到生态文明制度建设是关键，健全法律法规、保障环境正义、完善生态补偿机制是生态文明建设的重中之重。

Abstract

Ecological civilization construction is a systematic project, broadly involving material, behavior, institution and ideology. According to the latest data released by the national institutions and 3 previous annul reports, China provincial Eco-Civilization Construction Indices 2013 (ECCI 2013) established two new evaluation index systems for ecological civilization construction, based on both generalized and narrow connotations of ecological civilization construction. These two systems can score the Ecological Civilization Index (ECI 2013) as well as Green Ecological Civilization Index (GECI 2013) of 31 provinces respectively.

After the updating of the index system and the improvement of the analysis methodology, evaluation results show significant differences among provinces on ECI 2013 scores. According to their situation in 4 aspects, China's provinces can still be categorized into 6 types: balanced development, socially developed, ecologically-advantageous, relatively-balanced development, environmentally-advantageous and low-balanced development. International comparitive analysis shows that, most provinces still lag behind the international average level for most indicators, and far behind the level in advanced countries.

Considering the latest situation in 2011, although construction in a few local areas and a few evaluation factors as well as aspects were regressive, we must see that the general levels of national ecological civilization construction was significantly enhanced. National progress index was 2.87%, in which social development advanced the most, degree of harmony improved significantly, ecological condition and environmental quality increased slowly.

Driving mechanism analysis reveals that China's economic development and ecological environmental conservation are struggling. On one hand, national progress index has positive correlation with social development progress index and degree of harmony progress index. It means that enhancing the level of social development and the ability of harmony level is the main driving force for ecological civilization

construction in China. On the other hand, ecological condition progress index and environmental quality progress index have minor negative correlation with progress index of ecological civilization construction.

Regardless of GDP per capita, a partial correlation analysis show that ecological condition is the most positive factor correlated with the ECI 2013 score, environmental quality has obvious positive correlation with ECI 2013, environmental quality had positive correlation with social development and degree of harmony. Results indicate that economic development restrains the positive effects on ecological condition and environmental quality. And GDP worship can harm China's ecological civilization construction.

Based on our research, this book suggests: Firstly, China should highlight the coordinated development between economic construction and ecological civilization construction. Secondly, China should adhere to the idea that, good ecological environment comes from the unification of "environmentally-beneficial ecology" and "ecologically-friendly environment". Thirdly, China should establish a firm "bottom line" thinking, and draw a clear and feasible red line for ecological civilization construction. Fourthly, China should especially enhance its ecological environmental conservation in rural areas and agricultural industry; further balance the ecological civilization construction between urban and rural areas. Fifthly, China should recognize that institution building is the key to ecological civilization construction. Therefore, improving laws and regulations, guaranteeing environmental justice, and improving ecological compensation mechanism are of the most importance for China's ecological civilization construction.

目 录

GⅢ　第三部分　省域生态文明建设分析

皮书数据库阅读 使用指南

CONTENTS

G Ⅲ Part Ⅲ Provincial Eco-Civilization Construction Analysis

第一部分　中国省域生态文明建设评价总报告

Part Ⅰ　General Report on China's Provincial Eco-Civilization
Construction Indices（ECI 2013）

2007 年党的十七大报告提出将"建设生态文明"列入实现全面建设小康社会奋斗目标的新要求，2012 年，党的十八大报告首次专辟一章对生态文明建设进行论述，进一步将生态文明建设纳入中国特色社会主义现代化建设事业五位一体的总布局。那么，十七大召开之后的五年来，我国生态文明建设到底取得了怎样的成就？十八大召开之前，我国又面临怎样的生态文明建设新形势，使得生态文明建设上升到如此高的战略地位？十八大之后，我国又该如何大力推进生态文明建设？这些都是关乎我国生态文明建设事业的大问题。

2010 年，我国第一部生态文明绿皮书《中国省域生态文明建设评价报告》出版，发布了各省份 2005～2008 年的生态文明指数，以及各种分析结果。2011 年版和 2012 年版生态文明绿皮书对 2009 年和 2010 年的生态文明建设状况进行了追踪评价和研究。2013 年最新版的生态文明绿皮书，恰好评价的是十八大召开之前 2011 年的生态文明建设状况。以上这些大问题，就是最新的《中国省域生态文明建设评价报告（ECI 2013）》重点关注的。

生态文明建设不仅包括资源节约、环境保护和生态建设，还要以科学发展观为指导，将生态文明建设融入经济建设、政治建设、文化建设和社会建设之

中。可以说，生态文明建设是一项广泛涉及器物、行为、制度和观念层面的系统工程，是全方位绿色转型的文明创新。因此，对生态文明建设的测评，不能过于狭隘。基于当前国家数据发布情况，中国省域生态文明建设评价指标体系（ECCI 2013）重点考察各省份的生态活力、环境质量、社会发展和协调程度这四个领域，并计算得出体现各省生态文明建设整体状况的生态文明指数（ECI 2013），以及去除社会发展类二级指标后计算得出的绿色生态文明指数（GECI 2013）。

《中国省域生态文明建设评价报告（ECI 2013）》最新评价结果及动态追踪显示，在经济社会高速增长的驱动下，十七大之后的五年，我国生态文明建设整体水平保持了连续上升的良好态势，尽管资源消耗和部分污染物排放总量持续上升，但每万元 GDP 资源消耗和污染物排放不断下降，这意味着我国经济发展的协调程度有所提高，这是可喜的成就。然而，我国生态文明建设面临的问题依然非常严峻，一方面，生态活力增长速度放缓，森林覆盖率等指标的进一步提升碰到了门槛，陷入了发展瓶颈；另一方面，环境质量呈持续退步走势，空气污染、水体污染和土壤污染积重难返，工业污染有所好转，又陷入了更难治理的农业面源污染泥潭之中，化肥农药的过量施用陷入恶性循环。

总之，我国十七大以来经济社会发展速度仍然保持较快水平，但发展质量仍然不高，高消耗、高污染、低产出、低效益的粗放型经济增长模式尚未根本改变，经济增长仍在一定程度上以牺牲生态环境改善为代价。正是针对不断加大的生态文明建设难度，党的十八大把生态文明建设提升到新的战略高度。

为给今后的生态文明建设提供有用的政策建议，《中国省域生态文明建设评价报告（ECI 2013）》在综合评价 2011 年各省生态文明指数（ECI 2013）和绿色生态文明指数（GECI 2013）的基础上，比较了各省生态文明建设的国际差距，区分了各省生态文明建设的基本类型，测评了各省生态文明建设年度进步指数，分析了生态文明建设进步的主要驱动因素和驱动类型，探讨了各层级指标与生态文明建设的深层相关性，深入探讨了当前生态文明建设的重点和难点，最终提出了加快我国生态文明建设的政策建议。

一　评价结果

中国省域生态文明建设评价指标体系（ECCI 2013）依据国家有关部门发布的权威数据，从生态活力、环境质量、社会发展和协调程度四个方面对各省2011年生态文明建设的成效进行综合评价，计算出各省的生态文明指数（ECI 2013）和绿色生态文明指数（GECI 2013）。

（一）2011年各省生态文明指数（ECI 2013）评价结果

2011年各省生态文明指数仍有较大差距，最高分为北京（97.59），最低分为甘肃(58.13)[①]，首尾排名自2008年以来连续四年没有改变。北京在社会发展和协调程度方面具有领先优势，生态文明建设整体成效仍高居榜首。甘肃在经济发展方面取得了较大成就，与上一年度相比，人均GDP增长21.61%，城镇化率提高近5个百分点，但社会发展相对排名未发生明显变化；与此同时，由于农药施用强度增加了53.4%，地表水体质量下降了10.42个百分点，环境质量出现了7.65%的退步，因此生态文明指数得分依然垫底。

生态文明指数排名前十位的，除了直辖市重庆位于西部外，其他都是东部沿海省份。这主要是由于东部地区在协调程度和社会发展方面具有明显优势，辽宁、广东、北京、浙江等省份，生态活力也表现不俗。

在生态文明指数排名靠后的省份中，西部地区的贵州、新疆、宁夏、甘肃等省份，主要是受到总体自然资源禀赋较差、经济社会发展水平还比较落后、协调程度也不高的局限；河北、河南则主要受制于生态活力和社会发展相对滞后，尤其是自然保护区和湿地面积占国土面积比重还比较低，服务业比重和城镇化率也还不高，农村改水率还有很大的提升空间。2011年各省份生态文明指数排名见表1。

---

① 中国省域生态文明建设评价指标体系（ECCI 2013）共有22项具体指标，每项指标的最高等级分为6分，最低为1分，因此，每个省份的生态文明指数（ECI）理论上最高得分为132分，最低得分为22分。

表1 2011年各省生态文明指数（ECI 2013）

排名	地 区	ECI 2013	生态活力	环境质量	社会发展	协调程度
1	北 京	97.59	26.40	14.67	25.58	30.95
2	天 津	89.83	22.34	13.20	24.48	29.81
3	广 东	87.29	27.92	13.93	20.63	24.81
4	浙 江	85.89	25.89	11.73	22.55	25.72
5	海 南	84.64	27.92	16.13	17.60	22.99
6	上 海	84.40	21.32	12.47	25.58	25.03
7	江 苏	83.10	21.32	13.20	21.73	26.86
8	辽 宁	82.92	29.45	13.93	18.15	21.39
9	重 庆	82.66	24.37	15.40	15.13	27.77
10	福 建	82.03	23.86	13.93	18.98	25.26
11	西 藏	81.59	21.32	21.27	14.70	24.30
12	内蒙古	81.22	23.86	16.13	17.33	23.90
13	四 川	81.04	29.45	16.13	12.93	22.53
14	吉 林	80.21	27.42	16.13	15.95	20.71
15	山 东	79.51	23.86	11.00	18.70	25.94
16	广 西	77.52	24.88	16.87	13.48	22.30
17	黑龙江	77.00	30.46	15.40	14.30	16.84
18	江 西	75.85	27.92	13.20	12.65	22.08
19	陕 西	74.88	22.34	15.40	13.48	23.67
20	湖 南	73.85	23.35	14.67	13.75	22.08
21	青 海	73.55	23.35	19.07	12.93	18.21
22	云 南	72.91	24.37	17.60	11.83	19.12
23	湖 北	71.25	24.37	11.73	13.75	21.39
24	山 西	70.60	22.85	12.47	14.58	20.71
25	安 徽	69.68	19.80	13.93	11.83	24.12
26	贵 州	69.18	20.31	16.87	14.03	17.98
27	河 北	69.01	19.80	13.20	13.48	22.53
28	新 疆	67.63	20.31	16.13	14.58	16.61
29	河 南	67.31	19.80	13.93	11.28	22.30
30	宁 夏	63.82	19.29	12.47	15.68	16.39
31	甘 肃	58.13	21.32	11.00	12.38	13.43

注：ECI 2013 满分为132分，最低分为22分。

（二）2011 年各省绿色生态文明指数（GECI 2013）评价结果

2011 年各省不计入社会发展领域得分的绿色生态文明指数（GECI 2013）排名见表 2。与生态文明指数排名不同，绿色生态文明指数排名前十位的省份，地域分布较为分散。北京以 72.02 分独占鳌头，四川、重庆以及海南紧随其后，西藏得益于较好的环境质量排名第 5 位，广东、天津、辽宁、吉林和广西分列第 6~10 名。总体来说，生态活力和环境质量好而社会发展一般的省份，GECI 2013 排名高于其 ECI 2013 排名；社会发展较好而生态活力和环境质量较差的省份，则 GECI 2013 排名低于其 ECI 2013 排名。

表 2　2011 年各省绿色生态文明指数（GECI 2013）

排名	地区	GECI 2013	生态活力	环境质量	协调程度
1	北京	72.02	26.40	14.67	30.95
2	四川	68.11	29.45	16.13	22.53
3	重庆	67.53	24.37	15.40	27.77
4	海南	67.04	27.92	16.13	22.99
5	西藏	66.89	21.32	21.27	24.30
6	广东	66.66	27.92	13.93	24.81
7	天津	65.35	22.34	13.20	29.81
8	辽宁	64.77	29.45	13.93	21.39
9	吉林	64.26	27.42	16.13	20.71
10	广西	64.05	24.88	16.87	22.30
11	内蒙古	63.89	23.86	16.13	23.90
12	浙江	63.34	25.89	11.73	25.72
13	江西	63.20	27.92	13.20	22.08
14	福建	63.06	23.86	13.93	25.26
15	黑龙江	62.70	30.46	15.40	16.84
16	陕西	61.41	22.34	15.40	23.67
17	江苏	61.38	21.32	13.20	26.86
18	云南	61.09	24.37	17.60	19.12
19	山东	60.81	23.86	11.00	25.94
20	青海	60.63	23.35	19.07	18.21
21	湖南	60.10	23.35	14.67	22.08

续表

排名	地　区	GECI 2013	生态活力	环境质量	协调程度
22	上　海	58.82	21.32	12.47	25.03
23	安　徽	57.86	19.80	13.93	24.12
24	湖　北	57.50	24.37	11.73	21.39
25	河　南	56.04	19.80	13.93	22.30
26	山　西	56.02	22.85	12.47	20.71
27	河　北	55.53	19.80	13.20	22.53
28	贵　州	55.15	20.31	16.87	17.98
29	新　疆	53.05	20.31	16.13	16.61
30	宁　夏	48.15	19.29	12.47	16.39
31	甘　肃	45.75	21.32	11.00	13.43

注：GECI 2013 满分为 105.6 分，最低分为 17.6 分。

与上一年度相比，北京的 GECI 2013 排名超越广东，重回榜首位置，广东、江西和黑龙江由于协调程度退步，导致 GECI 2013 分别后退了 5 个、7 个和 8 个名次；四川则相反，协调程度明显提高，助推其排名从第 5 名上升到第 2 名，西藏则从上一年度的第 20 名跃升为第 5 名。

生态文明指数和绿色生态文明指数排名相同的省份有：北京（第 1 名）、辽宁（第 8 名）、河北（第 27 名）、宁夏（第 30 名）、甘肃（第 31 名）。其中宁夏和甘肃由于较差的环境质量和较低的协调程度，两个指数的得分都排在最后两名。

（三）各省二级指标评价结果

1. 生态活力评价结果

生态活力二级指标重点考察森林覆盖率、建成区绿化覆盖率、自然保护区的有效保护、湿地面积占国土面积比重 4 个三级指标。由于森林覆盖率和湿地面积占国土面积比重两个指标的数据本年度没有变化，建成区绿化覆盖率、自然保护区的有效保护两个指标变化微弱，因此各省生态活力评价结果与上一年度相比变化不大（见表 3）。

表3　2011年各省生态活力得分、排名和等级

排名	地区	生态活力	等级	排名	地区	生态活力	等级
1	黑龙江	30.46	1	17	湖南	23.35	3
2	辽宁	29.45	1	17	青海	23.35	3
2	四川	29.45	1	19	山西	22.85	3
4	广东	27.92	1	20	天津	22.34	3
4	海南	27.92	1	20	陕西	22.34	3
4	江西	27.92	1	22	上海	21.32	3
7	吉林	27.42	1	22	江苏	21.32	3
8	北京	26.40	2	22	西藏	21.32	3
9	浙江	25.89	2	22	甘肃	21.32	3
10	广西	24.88	2	26	贵州	20.31	4
11	重庆	24.37	2	26	新疆	20.31	4
11	云南	24.37	2	28	安徽	19.80	4
11	湖北	24.37	2	28	河北	19.80	4
14	福建	23.86	3	28	河南	19.80	4
14	内蒙古	23.86	3	31	宁夏	19.29	4
14	山东	23.86	3				

　　值得一提的是，东北三省具有良好的生态条件，全部属于第一等级，黑龙江和辽宁更是位居前两名。福建省的森林覆盖率一直稳居第一，但自然保护区的有效保护、湿地面积占国土面积比重两个指标相对落后，从而影响了生态活力的整体排名。安徽、河北、河南由于四个指标均在全国平均水平以下，排名靠后。宁夏则由于自然禀赋较差，位列末席。

2. 环境质量评价结果

　　环境质量重点考察大尺度的地表水体质量、空气质量和土壤质量，其中，地表水体质量由省域内优于三类水河长比例指标来代表，空气质量由省会城市好于二级天气天数占全年比例指标来代表，土壤质量则由水土流失率和农药施用强度这两个三级指标来表现。与上一年度相比，除水土流失率的数据不变外，其他三项指标数值均有不同程度变化，因此各省环境质量排名变化较大（见表4）。

　　从评价结果看，西部省份在环境质量方面具有明显优势。西藏继续高居榜首，青海由于三江源保护等生态文明建设措施取得成效，从2012年的并列第

7 名跃升为第 2 名。云南、广西、贵州三个西南省份同样排名靠前。四川、天津、山东、甘肃等省名次有较大退步，处于第四等级的省份从上一年的 2 个（浙江、湖北）增加到 4 个（浙江、湖北、山东、甘肃）。

表4　2011 年各省环境质量得分、排名和等级

排名	地 区	环境质量	等级	排名	地 区	环境质量	等级
1	西 藏	21.27	1	16	辽 宁	13.93	3
2	青 海	19.07	1	16	福 建	13.93	3
3	云 南	17.60	1	16	安 徽	13.93	3
4	广 西	16.87	2	16	河 南	13.93	3
4	贵 州	16.87	2	21	天 津	13.20	3
6	海 南	16.13	2	21	江 苏	13.20	3
6	内蒙古	16.13	2	21	江 西	13.20	3
6	四 川	16.13	2	21	河 北	13.20	3
6	吉 林	16.13	2	25	上 海	12.47	3
6	新 疆	16.13	2	25	山 西	12.47	3
11	重 庆	15.40	2	25	宁 夏	12.47	3
11	黑龙江	15.40	2	28	浙 江	11.73	4
11	陕 西	15.40	2	28	湖 北	11.73	4
14	北 京	14.67	2	30	山 东	11.00	4
14	湖 南	14.67	2	31	甘 肃	11.00	4
16	广 东	13.93	3				

3. 社会发展评价结果

社会发展二级指标考察人均 GDP、人均预期寿命、人均教育经费投入、服务业产值占 GDP 比例、城镇化率、农村改水率等 6 项三级指标，涉及经济建设、文化建设和社会建设的核心内容，能够较为客观地反映一个地区文明发展的程度。四个直辖市中，北京、上海、天津位列前三位，重庆处于中游位置，排名第 14 位。东部沿海的浙江、江苏、广东、福建、山东、辽宁、海南分列第 4～10 名。西部大开发和中部崛起战略已经实施多年，但成效尚不显著，西部省份的社会发展整体表现欠佳。内蒙古连续三年保持在第二等级。云南、安徽、河南三省经济社会发展整体水平偏低，属于第四等级（见表5）。

表5　2011年各省社会发展得分、排名和等级

排名	地区	社会发展	等级	排名	地区	社会发展	等级
1	北京	25.58	1	16	新疆	14.58	3
1	上海	25.58	1	18	黑龙江	14.30	3
3	天津	24.48	1	19	贵州	14.03	3
4	浙江	22.55	1	20	湖南	13.75	3
5	江苏	21.73	1	20	湖北	13.75	3
6	广东	20.63	1	22	广西	13.48	3
7	福建	18.98	2	22	陕西	13.48	3
8	山东	18.70	2	22	河北	13.48	3
9	辽宁	18.15	2	25	四川	12.93	3
10	海南	17.60	2	25	青海	12.93	3
11	内蒙古	17.33	2	27	江西	12.65	3
12	吉林	15.95	3	28	甘肃	12.38	3
13	宁夏	15.68	3	29	云南	11.83	4
14	重庆	15.13	3	29	安徽	11.83	4
15	西藏	14.70	3	31	河南	11.28	4
16	山西	14.58	3				

4. 协调程度评价结果

协调程度考察的三级指标包括单位GDP能耗、单位GDP水耗、单位GDP二氧化硫排放量、单位GDP化学需氧量排放量、单位GDP氨氮排放量、工业固体废物综合利用率、城市生活垃圾无害化率、环境污染治理投资占GDP比重等8项，能较为全面地反映经济建设与生态、环境、资源之间的协调关系。也就是说，如果单位GDP消耗的资源和排放的污染物较少，这种经济发展模式就与生态环境比较协调。这是一种相对的协调，只考虑资源消耗和污染物排放强度，不考虑总量。绝对的协调要求更高，不仅资源消耗和污染物排放强度要低，而且总量也要控制在生态环境的承载极限之内。由于缺乏各省份的生态承载力数据，目前还无法测评各省份的绝对协调程度。

评价结果显示，北京、天津、重庆三个直辖市和江苏省的相对协调程度属于第一等级，广东和上海由上一年的第一等级降为第二等级。广东在亚运会之后，环境污染治理投资占GDP的比重大幅减少，从上一年度的排名全国首位下降为倒数第二位，影响了协调程度得分；上海则主要受城市生活垃圾无害化

率大幅下滑影响。

东部发达地区的相对协调程度在国内相对领先，在绿色转型方面先行一步，西北和西南地区的多数省份以及东北三省在协调程度方面的表现还不尽如人意，经济发展方式亟须实现绿色转型和升级（见表6）。

表6 2011年各省协调程度得分、排名和等级

排名	地区	协调程度	等级	排名	地区	协调程度	等级
1	北 京	30.95	1	17	广 西	22.30	3
2	天 津	29.81	1	17	河 南	22.30	3
3	重 庆	27.77	1	19	江 西	22.08	3
4	江 苏	26.86	1	19	湖 南	22.08	3
5	山 东	25.94	2	21	辽 宁	21.39	3
6	浙 江	25.72	2	21	湖 北	21.39	3
7	福 建	25.26	2	23	吉 林	20.71	3
8	上 海	25.03	2	23	山 西	20.71	3
9	广 东	24.81	2	25	云 南	19.12	3
10	西 藏	24.30	2	26	青 海	18.21	4
11	安 徽	24.12	2	27	贵 州	17.98	4
12	内蒙古	23.90	2	28	黑龙江	16.84	4
13	陕 西	23.67	2	29	新 疆	16.61	4
14	海 南	22.99	2	30	宁 夏	16.39	4
15	四 川	22.53	2	31	甘 肃	13.43	4
15	河 北	22.53	2				

二 评价方法

2013年中国省域生态文明建设评价指标体系（ECCI 2013）在前三个版本的基础上，本着精益求精的态度和科学合理的精神，在如下几个方面进行了完善和改进。

第一，基于生态文明建设狭义和广义两个内涵，设立两套生态文明建设评价指标体系ECCI，分别测算整体的生态文明指数（ECI 2013）和绿色生态文明指数（GECI 2013）。按照党的十八大关于生态文明的论述，狭义的生态文

明建设是中国特色社会主义建设事业"五位一体"中的一个,其主要内容包括资源节约、环境保护和生态建设;广义的生态文明建设则是以科学发展观为指导,将狭义的生态文明建设融入其他四个领域当中,实现经济、政治、文化、社会的全面发展、协调发展和可持续发展。为此,ECCI 2013 保留 ECCI 2010 的四个考察领域,根据生态活力、环境质量、社会发展和协调程度计算得出表现各省生态文明建设整体状况的生态文明指数(ECI 2013),以及去除社会发展二级指标后重新计算得出的反映狭义生态文明建设内涵的绿色生态文明指数(GECI 2013)。

第二,不再考察二级指标"转移贡献"。为了更全面、客观地反映各省份的生态文明建设成效,ECCI 2011 和 ECCI 2012 增设了"转移贡献"二级指标,包括农林牧渔人均总产值、煤油气能源自给率、用水自给率、人口密度四项三级指标,并且区分了生态文明指数(ECI)和自身生态文明指数(SECI),前者包括转移贡献二级指标,后者不包括。从这两年的测评情况来看,由于各省份都在某些方面对其他省份有转移贡献,因此增设转移贡献二级指标后,对各省份的生态文明指数(ECI)排名影响不大,而且转移贡献二级指标与 ECI 的相关度很低。考虑到指标的简洁性和显示度,ECCI 2013 不再保留"转移贡献"二级指标和自身生态文明指数(SECI)。

第三,调整了部分三级指标。在三级指标方面,生态活力、环境质量、社会发展的三级指标保持与 ECCI 2011 和 ECCI 2012 一致,分别有 4 项、4 项、6 项代表性指标。在协调程度考察领域,由于我国工业污水达标排放率已经达到较高水平,且国家统计局不再发布 2011 年全国各省份的工业污水达标排放率数据,因此删去了工业污水达标排放率这个三级指标;同时根据"十二五"规划的要求,增补了单位 GDP 化学需氧量排放量、单位 GDP 氨氮排放量两项指标,加起来共 8 项指标。调整后的 ECCI 2013 包括 22 项三级指标(见表7)。

第四,丰富数据和分析工具,完善分析方法。为了更深入地了解各省生态文明建设的情况,课题组根据三级指标原始数据及评价结果,展开了年度进步指数分析、类型分析、相关性分析和发展态势分析。其中,驱动分析基于 2001~2011 年全国及各省的数据,具体分析全国及各省域的整体生态文明建设年度发展态势和四个核心考察领域年度发展态势,并通过进步指数相关性分

析，探寻推动我国生态文明建设进步的驱动因素。除了继续沿用相关分析以外，今年还采用了偏相关分析方法，探讨在控制了人均GDP的条件下各变量之间的相互作用。

第五，ECCI 2013继续采用相对评价算法。按照统一的Z分数（标准分数）方式，对三级指标进行无量纲化处理，赋予各三级指标等级分，并根据多指标综合评价法对三级指标等级分加权求和，计算出反映各省域各核心考察领域建设水平的二级指标得分，然后再对各二级指标得分加权求和，分别计算得出各省的生态文明指数（ECI 2013）和绿色生态文明指数（GECI 2013）。

表7　生态文明建设评价指标体系（ECCI 2013）

一级指标	二级指标	三级指标	权重分	权重（％）	指标解释	备注
生态文明建设评价指标体系（ECCI）	生态活力（30％）	森林覆盖率	5	11.54	森林覆盖率	正指标
		建成区绿化覆盖率	2	4.62	建成区绿化覆盖率	正指标
		自然保护区的有效保护	4	9.23	自然保护区占辖区面积比重	正指标
		湿地面积占国土面积比重	2	4.62	湿地面积占国土面积比重	正指标
	环境质量（20％）	地表水体质量	4	6.67	优于三类水河长比例	正指标
		环境空气质量	2	3.33	好于二级天气天数占全年比例	正指标
		水土流失率	2	3.33	水土流失面积/土地调查面积	逆指标
		农药施用强度	4	6.67	农药使用量/耕地面积	逆指标
	社会发展（20％）	人均GDP	5	6.25	人均地区生产总值	正指标
		服务业产值占GDP比例	4	5.00	第三产业产值占地区GDP比例	正指标
		城镇化率	2	2.50	城镇人口比重	正指标
		人均预期寿命	2	2.50	2000年预期寿命	正指标
		人均教育经费投入	2	2.50	各地区教育经费/地区总人口	正指标
		农村改水率	1	1.25	农村用自来水人口占总人口比重	正指标
	协调程度（30％）	工业固体废物综合利用率	3	3.10	工业固体废物综合利用量/工业固体废物产生量	正指标
		单位GDP化学需氧量排放量	2	2.07	化学需氧量排放量/地区生产总值	逆指标
		单位GDP氨氮排放量	2	2.07	氨氮排放量/地区生产总值	逆指标
		城市生活垃圾无害化率	5	5.17	城市生活垃圾无害化率	正指标
		环境污染治理投资占GDP比重	5	5.17	环境污染治理投资占GDP比重	正指标
		单位GDP能耗	5	5.17	单位地区生产总值能耗	逆指标
		单位GDP水耗	3	3.10	地区用水消耗量/地区生产总值	逆指标
		单位GDP二氧化硫排放量	4	4.14	二氧化硫排放量/地区生产总值	逆指标

三 研究与分析

（一）生态文明建设类型分析

根据各省生态文明建设各项指标的评价结果，采用聚类分析的方法，课题组将2011年各省生态文明建设类型依旧划分为六大类型——均衡发展型、社会发达型、生态优势型、相对均衡型、环境优势型和低度均衡型。与上一年度相比，有4个省份的生态文明建设类型发生了变化。

北京、广东、海南、重庆属于均衡发展型，其中重庆在2010年还是相对均衡型。均衡发展型省份的生态文明建设整体状况是目前最好的，各方面生态文明建设成效显著，发展均衡，且发展趋势向好（见图1）。

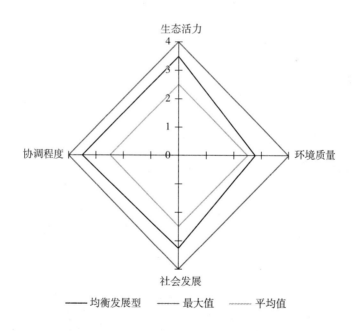

图1 均衡发展型

与上一年度相同，天津、上海、江苏、浙江、福建、山东仍属于社会发达型。该类型的突出特点是，社会发展水平全国领先，协调发展程度也较高；但

经济社会的快速发展也给生态环境带来较大压力，导致环境质量相对较差，生态活力也仅居中游水平（见图2）。

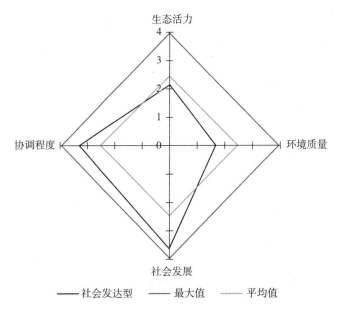

图2 社会发达型

所谓生态优势型，就是生态活力全国领先，均处于第一等级，而环境质量、社会发展和协调程度表现一般。与2010年一样，生态优势型包括东北的辽宁、吉林、黑龙江三省以及江西、四川共5个省份（见图3）。

河北、山西、内蒙古、湖北、湖南、广西、陕西7个省份属于相对均衡型。它们的共同特点是，四个二级指标都没有明显的优势，也很少有特别的弱项，基本上处于第二和第三等级的水平，各项指标之间也相对均衡（见图4）。山西从上一年度的低度均衡型发展为相对均衡型。

云南、西藏、青海属于环境优势型，其大尺度的空气、水体和土地环境质量均为第一等级，自然环境优势突出，但其他方面表现还不尽如人意（见图5）。青海从上一年的低度均衡型变为环境优势型，而贵州则由环境优势型变为低度均衡型。

安徽、河南、贵州、甘肃、宁夏、新疆等省份，由于各种原因，都有一两个二级指标处于全国第三或第四等级，且没有哪方面处于第一等级，仍旧属于低度均衡型（见图6）。

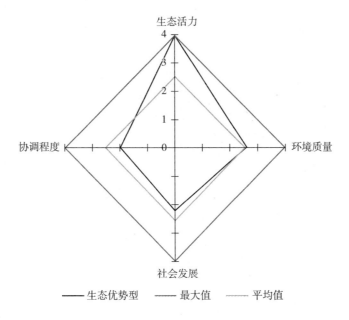

图3 生态优势型

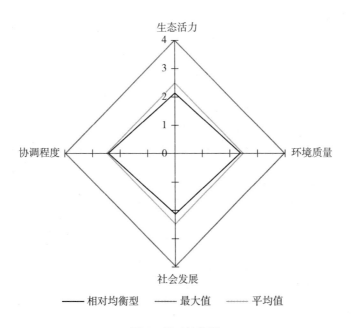

图4 相对均衡型

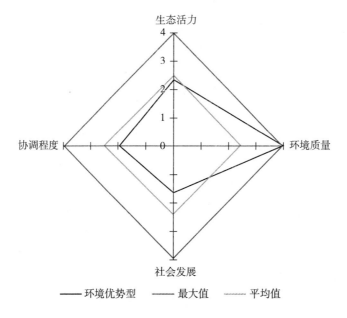

图5　环境优势型

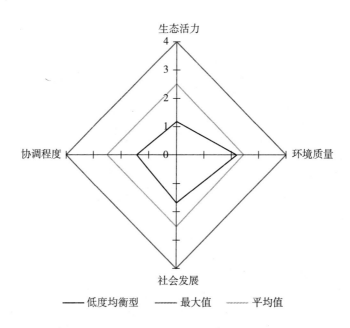

图6　低度均衡型

不同类型的省份，具有不同的自然地理条件、经济社会发展水平和主体功能区定位，在生态文明建设方面各有短长，应因地制宜地采取有针对性的生态文明建设策略。

（二）最新年度进步指数分析

2010～2011 年，全国生态文明建设整体水平再创新高，进步指数为2.87%。社会发展、协调程度、环境质量和生态活力各项进步不等，幅度分别为9.75%、2.12%、0.30% 和0.08% （见图7）。生态活力与环境质量均遏制住了下滑趋势，开始小幅回升。特别值得指出的是，环境质量是2005 年以来首次出现进步趋势，以往都是持续退步。生态活力增强主要得益于建成区绿化覆盖率和自然保护区的有效保护的进步；环境质量进步主要源于地表水体质量好转，但农药施用强度仍呈上升趋势，农业面源污染问题依然严峻。一些省份虽然农药施用强度较上一年度有所下降，但施用强度仍然非常高，远高于世界平均水平，离真正扭转环境质量退化的趋势差距更远，需要引起足够的重视。

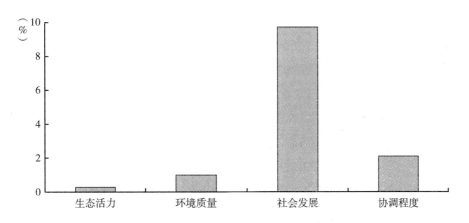

图7　2010～2011 年生态文明建设核心考察领域进步态势

各省生态文明建设年度进步指数分析显示，2010～2011 年，仅广东省生态文明建设进步指数有小幅回落，其余各省均有不同程度的进步（见图8）。具体到四大核心考察领域，所有省份社会发展水平均有提高，30 个省份协调程度得到提升，仅广东略有下降，25 个省份生态活力有所增强，18 个省份环境质量有所改善。

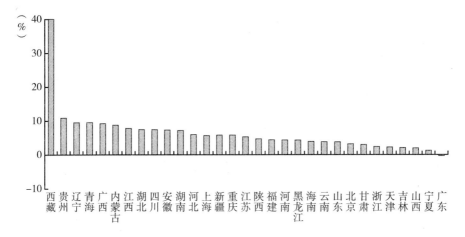

图8　2010～2011年各省生态文明建设进步态势

注：由于西藏数据特殊，年度进步指数较大，按10∶1的比例绘制，其余省份均按1∶1绘制。

（三）新世纪以来全国生态文明建设发展态势分析

如果追溯到更早，从更长远的时间段来看，我国生态文明建设发展态势如何？

根据我国2001～2011年的数据，课题组对我国生态文明建设逐年进步指数进行了追踪分析和相关性分析。

结果显示，21世纪以来，我国生态文明建设整体水平保持稳定上升态势，生态文明建设进步指数累计达67.82%，可持续发展能力得到显著增强。其中，2004～2005年度提升幅度最大，为5.87%；2002～2003年度提高幅度最小，为1.73%（见图9）。

具体从全国四个核心考察领域的发展态势来看，情况各不相同。

社会发展程度持续快速提升，社会发展进步指数累计达170.36%，建设成就显著。2001～2011年，全国人均GDP由7543元增长到35181元，增长幅度达366.41%；人均教育经费投入由304.08元增至1297.89元，增加幅度为326.83%。经济实力和科技水平的显著提高，推动经济社会快速发展。

协调发展能力逐年提高，正朝着协调发展的方向加速迈进。虽然年度提升幅度有所波动，但我国整体上保持了不断增强的态势，协调程度累计进步指数

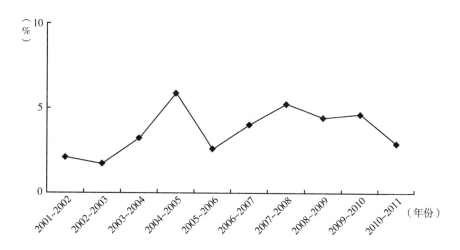

图9　全国整体生态文明建设进步态势

达99.28%，提高近1倍。其中，全国单位国内生产总值资源能源消耗量明显下降，主要污染物排放控制成效显著：全国单位GDP水耗由2003年的247.48立方米/万元下降至2011年的67.71立方米/万元，下降幅度超过70%；2001~2011年，单位GDP能耗累计降低43.57%；单位GDP二氧化硫排放量也由20.30千克/万元减量至4.69千克/万元，削减幅度达77%。

生态活力也呈不断增强态势，累计进步指数为19.57%，但进步幅度远低于社会发展和协调程度。而且生态活力的进步，主要依赖绿色事业的发展，其中建成区绿化覆盖率累计提升38.2个百分点，森林覆盖率累计提升23.02个百分点。然而，森林覆盖率和建成区绿化覆盖率的提高，正步入新一轮的瓶颈期。绿化事业的进一步发展，要在提升覆盖率的基础上，在开拓屋顶绿化等新领域上下功夫，在狠抓绿化质量工程上下功夫，提高森林质量和公园绿地质量。

环境质量是唯一持续退步的指标，累计退步了9.56%。退步的主要原因在于地表水体质量恶化和农药施用强度持续上升。所幸从2011年开始，环境质量出现了扭转退化趋势的迹象。但这仅表明环境质量恶化势头得到一定控制，离环境质量明显改善的目标还有较远的距离。

进步指数相关性分析显示，全国整体生态文明建设年度进步指数与社会发

展年度进步指数和协调程度年度进步指数呈显著正相关，可见，社会发展水平和协调发展能力的提升，是驱动我国生态文明建设水平提高的主导因素。而生态活力年度进步指数与生态文明建设年度进步指数呈不显著负相关，环境质量年度进步指数与生态文明建设年度进步指数相关性不显著。

总之，全国生态文明建设的进步，主要源于经济社会发展水平、协调发展能力的提高；生态活力不断提高，也对生态文明建设事业起到稳健的助推作用；环境质量仍持续退步，与我国生态文明建设发展方向背道而驰。随着环境质量恶化趋势初步出现扭转，可以预见，2011 年以后的生态文明建设事业，将有望进入各方面合力推进发展的快车道。

（四）驱动类型分析

从各省来看，自从 21 世纪以来，它们的生态文明建设整体发展态势及四个核心考察领域发展态势如何？生态文明建设的整体进步，主要是靠哪些方面驱动？可以区分为哪些不同的驱动类型？

一方面，课题组分析了各省份自 2001 年以来的年度生态文明建设进步指数；另一方面，对各省份 2001～2011 年的生态文明建设年度进步指数和四个核心考察领域年度进步指数数据进行相关性分析，考察各省份的生态文明建设年度进步主要与哪些核心考察领域的年度进步态势一致，从而划分不同的生态文明建设驱动类型。

各省生态文明建设进步态势分析结果表明，21 世纪以来，所有省份生态文明建设整体水平均有提升，累计生态文明建设进步指数都在 50% 以上，西藏累计进步幅度最大，达 439.44%。北京、天津、河北、内蒙古、江苏、浙江、江西、河南、广西、海南、重庆、四川、贵州、甘肃等 14 个省份，整体生态文明建设水平保持了稳定上升的走势；其余省份的生态文明建设走势则有所波动，整体生态文明建设水平在个别年度出现小幅回落。

各省生态文明建设驱动类型可分为单领域驱动和多领域驱动两大类。

单领域驱动又分为生态活力驱动、环境质量驱动和协调程度驱动三种类型。生态活力、环境质量和协调程度的进步分别是这三种类型省份生态文明建设水平提升的主导因素。北京、河北、江苏、河南、甘肃和新疆属于生态活力驱动型，天津和山东属于环境质量驱动型，内蒙古、吉林、浙江、福建、江西、广西、重庆、四川、贵州、云南、西藏、陕西和青海等13个省份属于协调程度驱动型。

多领域驱动可分为生态活力和环境质量驱动，生态活力和社会发展驱动，生态活力和协调程度驱动，环境质量和协调程度驱动，生态活力、环境质量和协调程度共同驱动等五种类型。多领域驱动类型省份生态文明建设水平的提升受到两个或两个以上二级指标进步的推动。其中，宁夏属于生态活力和环境质量驱动型，上海属于生态活力和社会发展驱动型，属于生态活力和协调程度驱动型的省份有安徽和海南，属于环境质量和协调程度驱动型的省份有山西、辽宁、黑龙江、湖北、湖南，广东则属于生态活力、环境质量和协调程度驱动型。

（五）相关性分析

相关性分析揭示各项指标之间的关联状况。相关不意味着一定存在因果关系，却是揭示各项指标之间相互贡献关系的有效方法。

相关性分析显示，2011年各省份"生态文明指数"（ECI 2013）与"绿色生态文明指数"（GECI 2013）呈高度正相关，相关系数0.89（$p > 0.01$）。这表明生态文明建设评价指标体系（ECCI 2013）能较为稳定地反映各省份的生态文明建设状况。进一步的偏相关分析发现，在控制了人均GDP之后，四个二级指标之间的偏相关都呈现为不显著相关，表明各二级指标是相互独立的，体现了指标体系设置的合理性，能够更真实地反映生态文明建设各个方面的实际情况。

2011年，ECI 2013与各二级指标的相关性程度由高到低排列分别是：协调程度、社会发展、生态活力和环境质量。前三项指标与ECI 2013高度正相关，这种相关性分析结果再次表明，生态文明建设的主要贡献因素还是提高协调发展能力，促进经济社会发展和提高生态建设水平。环境质量与ECI 2013的相关性目前仍不显著，这说明我国目前的环境状况仍不能满足生态文明建设的要求，甚至拖了生态文明建设的后腿。可喜的是，环境质量与生态文明指数的相关性，由2010年的不显著负相关，变为2011年的不显著正相关，表明环境质量与生态文明建设可能开始向相互协调方向发展。GECI 2013 得分与协调程度和生态活力高度正相关，与社会发展和环境质量也显著正相关。GECI 2013 与环境质量的显著正相关印证了其绿色生态文明的含义（见表 8）。

表8 2011 年 ECI 2013、GECI 2013 与二级指标相关性

	生态活力	环境质量	社会发展	协调程度
ECI 2013	0. 525 **	0. 110	0. 774 **	0. 809 **
GECI 2013	0. 662 **	0. 381 *	0. 400 *	0. 699 **

注： ** 表示参数值 p < 0.01； * 表示 p < 0.05。下同。

二级指标中，协调程度与 ECI 2013 的相关性拟合趋势线为上升直线，说明协调程度对生态文明建设的影响不仅非常大，而且非常直接，是影响生态文明建设的关键正面因素（见图 10）。

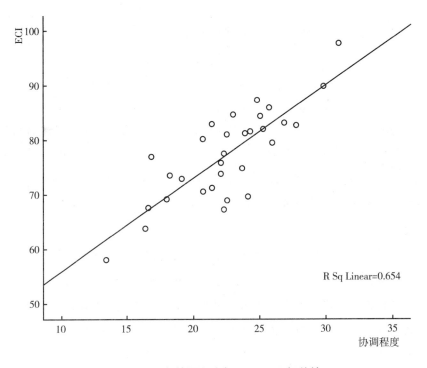

R Sq Linear=0.654

图10 2011 年协调程度与 ECI 2013 相关性

数据分析表明，人均 GDP 是社会发展的关键指标，它不仅与其他社会发展三级指标高度正相关，与 ECI 2013 高度正相关，而且与 ECCI 2013 另外三个考察领域中的 8 项三级指标相关显著，可见人均 GDP 对生态文明建设影响广泛而深远，各项指标与 ECI 2013 之间的关系受到人均 GDP 的一定影响。为此，今年在正相关分析的基础上，开展了偏相关分析，控制人均 GDP，探讨各个指标与 ECI 2013 之间的实际关系。

偏相关分析结果显示，在控制人均 GDP、排除经济发展的影响后，生态活力超过协调程度成为与 ECI 2013 正相关系数最高的因素。环境质量与 ECI 2013 的相关性，由此前的不显著正相关，变为高度正相关，表现出了环境质量对于生态文明建设本来所具有的重要作用（见表 9）。

表 9　2011 年 ECI 2013 与二级指标的相关系数和偏相关系数

	生态活力	环境质量	社会发展	协调程度
相关系数	0.525 **	0.110	0.774 **	0.809 **
偏相关系数	0.664 **	0.582 **	0.416 *	0.627 **

同时，环境质量与社会发展、协调程度的相关性，由控制之前的负相关变为正相关。这表明，过分追求经济的高速增长，很可能是导致环境质量下降的重要原因；在排除了经济发展对环境的破坏作用之后，促进社会发展，提高协调程度，与提高环境质量并不矛盾。

通过比较相关分析结果和偏相关分析结果，发现不同的三级指标及其所代表的方面与生态文明建设之间具有不同的关联。

有一些因素能够独立推动生态文明进步。诸如环境质量中的水土流失率、环境空气质量，协调程度中的单位 GDP 二氧化硫排放量、单位 GDP 能耗、城市生活垃圾无害化率等指标，它们与 ECI 2013 的相关系数和偏相关系数均显著，说明不论经济发展水平如何，这些指标所代表的生态建设、环境治理、节能减排，都显著影响生态文明建设的状况和进步程度。

有一些因素表面上促进生态文明建设，实质上是与经济因素组合协同，共同推动生态文明建设。比如，除人均 GDP 之外的其他社会发展类指标，以及协调程度方面的单位 GDP 化学需氧量排放量和单位 GDP 氨氮排放量指标，这

些指标与 ECI 2013 的相关系数显著，但偏相关系数不那么显著，说明这些指标本身受经济发展因素的影响比较大，在生态文明建设中以经济发展为基础，协同促进生态文明建设事业发展。

有一些因素对生态文明建设具有重要意义，但很容易被人均 GDP 所掩盖。比如，生态活力中的森林覆盖率，环境质量中的地表水体质量，它们与 ECI 2013 的相关系数不显著，但与 ECI 2013 的偏相关系数则高度显著，这说明生态活力与环境质量对生态文明建设的积极作用由于受人均 GDP 干扰而未凸显出来。

还有一些指标，由于自然、历史以及数据变化慢和统计不及时等原因，与 ECI 2013 的相关系数和偏相关系数均不显著，目前对生态文明建设的作用尚未体现出来，需要跟踪研究。

（六）国际比较

经过多年的建设，特别是十七大以来，我国生态文明建设取得了积极进展。目前与世界上的主要国家相比，我国以及各省的生态文明建设，在世界上到底处于什么水平？

国际比较结果显示，在可比较的 18 个指标中，我国表现不错的指标有 8 个，还有 10 个指标水平有待大幅提升。

在生态活力方面，有一半以上省份的森林覆盖率已经超过同期世界平均水平，并有 6 个省份达到世界前 50 名的水平；9 个省份的自然保护区的有效保护高于世界平均水平，西藏和青海分别达到世界第 11、12 位水平。

环境质量方面，省会城市拉萨和海口的空气质量（PM10 年均值）达到 2009 年世界平均水平和世界卫生组织过渡时期目标 - 2 水平之上，昆明、广州、福州则达到世界卫生组织过渡时期目标 - 1 水平。

社会发展是国际比较中亮点较多的领域，分别体现在人均 GDP、城镇化率、人均预期寿命和农村人口获得改善水源比例 4 个方面。2011 年我国人均 GDP 达到中等收入国家以上水平的省份数目比 2010 年增加了 4 个，达到 20 个，其中达到中等高收入国家水平的省份为 10 个，比上一年增加 2 个。2011 年各省城镇化率达到中等收入国家水平的数目为 17 个，比 2010 年多出 4 个，达到中高收入国家水平的省份也有 7 个，比上一年增加了 1 个。

在协调程度指标方面，2011 年单位 GDP 水耗达到或低于高收入国家水平的省份数目已经从上一年的 6 个上升至 10 个。9 个省份单位 GDP 能耗已经达到中等收入国家水平，其中 7 个省份同时达到中高收入国家水平。

国际比较也显示，我国目前还有至少 10 个生态文明建设三级指标亟待加强，分别是国际重要湿地面积占国土面积比例、水体有机污染物（BOD）排放水平、环境空气质量、农药施用强度、服务业占 GDP 比例、人均教育经费投入、城市生活垃圾无害化率、单位 GDP 能耗、单位 GDP 二氧化硫排放量、单位 GDP 二氧化碳排放量，其中大多是环境质量和协调程度方面的指标。7 项逆指标中，有 4 项排名都不太理想，分别是环境质量领域的农药施用强度，协调程度领域的单位 GDP 能耗、单位 GDP 二氧化硫排放量和单位 GDP 二氧化碳排放量。近年来，农药施用总量、能源消费总量持续走高，给环境保护、节能减排带来了不小的压力。提高协调发展能力，是今后生态文明建设的要点；而不断改善环境质量，则是生态文明建设的难点。

四　结论与建议

（一）基本结论

第一，我国各省份生态文明建设水平参差不齐。2011 年 ECI 2013 榜单显示，各省生态文明指数 ECI 2013 得分差异显著，北京和甘肃仍分列首尾，西藏和青海本年度排名有大幅提升，天津、山东进步较大，总体上东部发达省份占有明显优势；GECI 2013 榜单前十名的省份则分布较为分散，北京、四川、重庆、海南和西藏位列前 5 名。各省份在各个核心考察领域榜单上的表现也各异。

第二，各省生态文明建设仍可划分为六大类型。2011 年，根据各省份在四个核心考察领域的表现，仍可划分为均衡发展型、社会发达型、生态优势型、相对均衡型、环境优势型和低度均衡型。与上一年度相比，有 4 个省份所属类型发生了变化：重庆从相对均衡型变为均衡发展型，山西从低度均衡型发

展为相对均衡型，青海从低度均衡型变为环境优势型，而贵州则由环境优势型变为低度均衡型。

第三，我国目前生态文明建设水平仍然较低。目前即使生态文明建设整体水平最高的省份，也并非各个方面均在全国排名靠前，也就是说，离全面实现生态文明建设各方面目标有一定距离。从全国层面来看，离生态文明建设目标就相差更远。

从国际比较来看，我国各省生态文明建设水平离国际先进水平仍存在较大差距。北京、上海、天津、广东、浙江和福建等6个省份，有5项以上考察指标达到国际较高水平。但大多数省份的大多数指标，与国际平均水平尚有差距，离先进国家水平差距显著，特别是在环境质量和协调程度方面，差距明显。可以说，十八大报告对生态文明建设的高度重视，就是在准确把握我国生态文明建设状况的基础上，作出的历史性关键决策。

第四，我国环境质量改善任务艰巨。从最新发展态势来看，2011年，尽管局部地区、个别考察领域仍有退步，但全国整体生态文明建设水平明显提高，年度进步指数为2.87%，其中社会发展进步最大，协调程度进步显著，生态活力缓慢提升，可喜的是，环境质量开始止跌回升，我国生态文明建设迎来良好发展势头，有望走上全面发展的新阶段。

从更长的历史时期来看，进入21世纪以来，我国生态文明建设整体水平保持稳定上升的态势，生态文明建设进步指数累计达67.82%，可持续发展能力得到显著增强。在生态文明建设的四个核心考察领域中，全国经济社会建设成就显著，社会发展水平稳步持续提升；协调发展能力逐年提高，虽然年度提升幅度起伏较大，但整体上保持了持续增强的态势，表明我国正朝着协调发展的方向加速迈进；生态活力也呈现出不断进步的态势，但近年来增长速度有所放缓，并在个别年度出现了负增长，进入发展瓶颈期；环境质量则自2002年后一直退化，2010~2011年度进步率才由负转正，出现开始好转的拐点，有望扭转不断退化的趋势，但要实现环境质量明显改善的目标，还须假以时日。

第五，经济发展与生态环境改善之间的冲突依然尖锐。驱动分析发现，全国整体生态文明建设年度进步指数与社会发展年度进步指数和协调程度年度进步指数显著正相关，社会发展水平和协调发展能力的提升，是驱动我国生态文明建设水平提高的主导因素。而生态活力年度进步指数与生态文明建设年度进步指数呈不显著负相关。环境质量年度进步指数与生态文明建设年度进步指数相关性不显著。随着经济社会发展水平的不断提高，我国逐渐加大了节能减排和环境污染治理力度，但生态建设和环境治理效果的显现，需要较长的时间周期，因此，生态活力和环境质量年度进步指数与生态文明建设进步指数之间尚未出现显著相关。

具体到各省，生态文明建设驱动类型呈现多样化，包括三种单领域驱动类型和五种多领域驱动类型。各省需要结合具体实际，因地制宜推动生态文明建设各领域全面均衡发展，切实提升生态文明水平与可持续发展能力，建设美丽中国。

第六，生态文明建设与诸多因素相关，相关系数和偏相关系数揭示了生态文明建设的深层关联。2011年，与ECI 2013相关度最高的二级指标是协调程度，其余依次为社会发展、生态活力和环境质量。除环境质量外，其他三项指标与ECI 2013都呈高度正相关，体现了提高协调发展能力、促进经济社会发展和提高生态建设水平对生态文明建设的贡献。环境质量与ECI 2013的相关性，目前仍不显著，表明我国目前的环境状况与生态文明建设的要求仍有差距和冲突。

鉴于经济发展对于生态文明建设和其他各三级指标有重要影响，本报告采用偏相关分析方法，控制人均GDP变量，探讨各二级指标和三级指标在排除人均GDP因素干扰的情况下对于ECI 2013的影响作用。

偏相关分析结果显示，在控制了人均GDP变量之后，生态活力是与ECI 2013正相关系数最高的因素，环境质量与ECI 2013呈现出高度正相关，环境质量与社会发展、协调程度也呈正相关。这表明，在排除经济发展的影响后，生态活力和环境质量对生态文明建设的积极作用得以清晰体现，也表明以经济增长为至上目标的发展模式对生态文明建设无益。

通过比较相关分析结果和偏相关分析结果，不同的三级指标及其所代表的方面与生态文明建设不同的深层关联也得以揭示。生态建设、环境治理、节能减排等一些因素，能够独立推动生态文明进步；一些受到人均GDP高度影响的指标，表面上是它们促进生态文明建设，实质上是它们与经济因素组合协

同，共同推动生态文明建设；还有森林覆盖率和地表水体质量等生态活力和环境质量类指标，由于受人均 GDP 指标干扰，它们对于生态文明建设的积极作用尚未凸显出来；还有一些指标，由于自然、历史以及数据变化慢和统计不及时等原因，目前对生态文明建设的作用尚未体现出来，还需要跟踪研究。

（二）政策建议

一要辩证地看待我国生态文明建设的发展态势。在看到生态文明建设总体进步的同时，也必须清醒地认识到生态文明建设中遇到的瓶颈和问题，然后对症下药，加快推进各地的生态文明建设。当前尤其要按照党的十八大要求，牢固树立生态文明观念，切实加强生态文明建设，五位一体、齐抓共管、不可偏废，尤其要重视经济建设与生态文明建设的协调发展，节能、降耗、减排，促进绿色发展、低碳发展、循环发展。

二要坚持良好的生态环境是"有益环境的生态"和"生态友好的环境"的统一。环境的改善并不意味着生态的好转，一些地方还存在着"局部环境好转，整体生态恶化"的状况。党的十八大提出，要建设天蓝、地绿、水净的美丽中国。在中国这幅美丽图景中，洁净宜人的环境是可见的、直接的目标，但健康的、富有活力的生态才是内在、根本的基础。为此，必须从战略高度，以可持续发展为目标，认识生态系统活力的重要性，加强生态建设的基础地位。

三要树立底线思维。进入 21 世纪以来，我国总体环境质量持续恶化，形势严峻，治理任务复杂，应建立起全方位的污染防控体系，并将生态环境保护融入经济社会发展的每一个环节之中。在整体评价中，目前衡量空气质量的指标沿用的还是旧标准，如果把细微颗粒物（PM2.5）纳入监测范围，空气污染指标会更加糟糕；衡量土地环境质量选用的还只是耕地的农药施用强度，没有考虑其他土地上的环境问题，以及耕地上的其他污染问题，如重金属污染等。即便如此，我国农药使用数量大、质量差、施用技术水平低，管理不规范，导致农业面源污染已成为我国的主要环境污染源之一。此外，分析显示，协调程度持续提升，但目前只是对于万元 GDP 产出的相对协调，虽然单位 GDP 的资源能源消耗量和主要污染物排放量不断下降，但资源能源消耗总量和部分主要污染物绝对排放量依然居高不下，个别领域甚至仍在攀升，相对生态环境承载能力而言协调发展能力是持续下降的，表明我国经济社会发展仍在以牺牲生态环境为代价。为此，不能满足于当前一些表面的增长，而要切实树立底线思维，划定生态红线，努力达到甚至超过国际标准，实现人与自然全面协调，资源能源永续利用。

四要加强农村、农业的生态环境治理，促进城乡生态文明建设一体化。农村是生态环境保护的薄弱地带，农业面源污染已经成为我国环境污染的主要来源之一，农业的可持续发展影响着生态文明建设的质量和效率。生态文明建设要实现城乡统筹协调发展，加大农村环保资金投入，加强农村环境基础设施建设，增大农村生态环境监测力度，增强农业科技发展实力，鼓励可持续的农业发展模式，使农村居民能够有安全的饮用水源、安全的食物，免受土壤、空气污染的侵扰，拥有优质的生活环境和良好的生态环境。

五要树立保护生态环境就是保护生产力、改善生态环境就是发展生产力的理念。生态文明的本质就是要同时调动人的积极性和自然的积极性，促进社会生产力和自然生产力的协同发展，实现人类文明和自然生态系统的和谐共赢。我国生态文明建设的许多领域基础还较为薄弱，建设任务艰巨，需要从政策上加强引导，投入更多的人力物力，促进生态文明建设水平的提高。

六要认识到生态文明的制度建设是关键。当前我国生态文明建设中存在的种种弊端，表面上是不当的生产方式和生活方式造成的，但究其原因，都源于制度建设不到位。生态活力增长遭遇瓶颈，一些地方对生态建设重视不够，生态用地受到蚕食，是由于生态补偿和转移支付没有制度化，导致生态活力好的地方社会整体发展水平上不去。环境质量的退化，也与生态环境立法滞后和没有很好地解决生态环境效益的外部化问题有千丝万缕的关联。因此，健全法律法规，保障环境正义，完善生态补偿机制是生态文明建设的重中之重。

唯有如此，美丽中国，才将梦想成真！

第二部分 ECCI 的理论与分析

Part II Theoretical Framework and Analytical Methodology of ECCI

G.1
第一章
ECCI 2013 设计与算法

2013 年，国家统计数据发布有所变化，不再发布工业污水达标排放率数据，新增发布单位 GDP 化学需氧量排放量和单位 GDP 氨氮排放量数据，因此 ECCI 2013 在三级指标选取方面，作了相应调整。另外，根据 ECCI 2010 版以来的测算分析结果，转移贡献二级指标与生态文明指数之间的相关性并不显著，在充分考虑各方面反馈意见的基础上，本着精益求精的态度和科学合理的精神，ECCI 2013 删除了转移贡献二级指标，并对算法相应进行了调整和完善。

一　ECCI 2013 设计

（一）ECCI 2013 设置原则

评价生态文明，前提和关键是要设置科学合理、可量化的评价指标体系。

ECCI 2013 的设置，坚持以下原则。

权威性原则。本项研究所有数据均来自国家统计局《中国统计年鉴》，水利部《中国水资源质量年报》，环境保护部《中国环境统计年鉴》，卫生部、住房和城乡建设部公布的权威数据，根据《统计法》以及相应统计规则，没有经任何处理而直接引用。

定量化原则。一般认为，生态文明涉及领域广泛，包括器物层次、行为层次、制度层次和精神层次四个维度。由于制度和精神层次缺乏权威数据支撑，难以直接进行量化评价，而且，制度和精神层面的建设，最终也要体现到器物和行为层面上来，因此 ECCI 2013 侧重从可量化的器物和行为层面选取指标来定量评价。

科学性原则。生态文明是经济社会与生态环境协调发展的文明形态，应该二者兼顾，既强调生态环境对经济发展的硬约束，也强调经济发展对生态环境改善的积极意义，综合全面评价生态文明建设。同时，为尽可能反映生态文明建设的全貌，设立的指标不宜太少，也不宜太多。为了避免指标的权重过高或过低，指标数以 20 个左右为宜。另外，还要考虑各个指标之间的相互独立性，尽量避免交叉及相互关联现象。

导向性原则。生态文明评价不只是为了排名次，其关键作用在于引导生态文明建设又好又快发展。因此，在指标体系选择方面，最好选取综合型评价指标体系，从而能够明确各评价对象，生态文明建设具体涉及哪些领域，具体应从哪些方面努力，单一型评价指标体系就缺乏这种明确的引导作用。因此，ECCI 2013 选择了综合型评价指标体系，包括 4 个关键考察领域、22 项具体考察指标。

（二）ECCI 2013 框架体系及特色

ECCI 2013 的设计，建立在对生态文明的全面理解基础之上。我们认为，生态文明是人与自然和谐双赢的文明。生态文明建设立意高远，它包括环境保护，也要求实现生态环境良好，但同时又高于环保运动，其关键在于走一条协调的绿色发展道路，即通过转变思想观念，调整政策法规，引导人们改变不合理的生产生活方式，发展绿色科技，在增进社会福祉的同时，实现生态健康、环境良好、资源永续，逐步化解文明与自然的冲突，确保人类社会的可持续发展，从而避免重蹈"局部改善、整体恶化"的覆辙①。因此，ECCI 2013 设立了生态活力、环境质量、社会发展和协调程度四项二级指标，侧重从以上四个领域对生态文明建设加以考察，然后选择了相应具有代表性和数据支撑的 22 项三级指标，采用德尔菲赋权法，根据各项指标的重要性赋予相应的权重（见表 1 - 1）。

表 1 - 1　生态文明建设评价指标体系（ECCI 2013）

一级指标	二级指标	三级指标	权重分	权重（%）	指标解释	备注
生态文明建设评价指标体系（ECCI）	生态活力（30%）	森林覆盖率	5	11.54	森林覆盖率	正指标
		建成区绿化覆盖率	2	4.62	建成区绿化覆盖率	正指标
		自然保护区的有效保护	4	9.23	自然保护区占辖区面积比重	正指标
		湿地面积占国土面积比重	2	4.62	湿地面积占国土面积比重	正指标
	环境质量（20%）	地表水体质量	4	6.67	优于三类水河长比例	正指标
		环境空气质量	2	3.33	好于二级天气天数占全年比例	正指标
		水土流失率	2	3.33	水土流失面积/土地调查面积	逆指标
		农药施用强度	4	6.67	农药使用量/耕地面积	逆指标
	社会发展（20%）	人均GDP	5	6.25	人均地区生产总值	正指标
		服务业产值占GDP比例	4	5.00	第三产业值占地区GDP比例	正指标
		城镇化率	2	2.50	城镇人口比重	正指标
		人均预期寿命	2	2.50	2000年预期寿命	正指标
		人均教育经费投入	2	2.50	各地区教育经费/地区总人口	正指标
		农村改水率	1	1.25	农村用自来水人口占总人口比重	正指标
	协调程度（30%）	工业固体废物综合利用率	3	3.10	工业固体废物综合利用量/工业固体废物产生量	正指标
		单位GDP化学需氧量排放量	2	2.07	化学需氧量排放量/地区生产总值	逆指标
		单位GDP氨氮排放量	2	2.07	氨氮排放量/地区生产总值	逆指标
		城市生活垃圾无害化率	5	5.17	城市生活垃圾无害化率	正指标
		环境污染治理投资占GDP比重	5	5.17	环境污染治理投资占GDP比重	正指标
		单位GDP能耗	5	5.17	单位地区生产总值能耗	逆指标
		单位GDP水耗	3	3.10	地区用水消耗量/地区生产总值	逆指标
		单位GDP二氧化硫排放量	4	4.14	二氧化硫排放量/地区生产总值	逆指标

① 参见严耕主编《中国省域生态文明建设评价报告（ECI 2011）》，社会科学文献出版社，2011，摘要。

该指标体系在综合吸收相关生态文明指标体系优点的基础上，突出创新，具有如下几个特色。

第一，区分了生态和环境。

生态是指作为有机整体的生态系统，特别是指具有重要生态生产力、对维护生态系统活力具有重要作用的森林生态系统、湿地生态系统和自然保护区。维护生态系统的健康稳定，使生态系统具有良好的生机和活力，是全国乃至全球生态文明建设的共同目标。因此在生态系统考察领域，本指标体系重点考察了森林覆盖率、建成区绿化覆盖率、自然保护区的有效保护、湿地面积占国土面积比重等几项指标。

我们这里所讲的环境，不是指小尺度的人工环境，而是指大尺度的自然环境；不是指人的生活小环境，而是指相对于所有生物（包括人在内）而言的大尺度的生存环境，包括空气环境、水体环境和土壤环境。小尺度的人工环境，主要受经济社会发展水平影响，相对比较容易改善；大尺度的自然环境具有公共性，更容易被忽视和破坏，目前普遍存在小尺度人工环境改善而大尺度自然环境被破坏的现象。我们认为，生态文明建设要更加重视大尺度的自然环境保护和改善，因此，ECCI 选择地表水体质量、环境空气质量、水土流失率和农药施用强度四项指标来对大尺度的环境质量加以考察。

生态与环境是两个密切相关的概念，生物圈生态系统就是目前最大的自然环境，很难截然分开，因此常常有人将二者混用。但实际上，二者有很大的不同①：首先是范围不同，生态系统包括环境，也包括环境中的生物，而环境只是各种环境要素的集合，不包括生物；其次是自然属性不同，生态系统是个自组织系统，在一定生态阈限内，具有自我修复能力，而环境不是自组织系统；再次是重要性不同，生态系统的物质变换、能量转换、信息交换是整个自然环境存在发展的基础，从深层次来看，环境污染是生态系统的物质变换、能量转换、信息交换被破坏的结果和表现；最后是治理模式不同，生态系统要通过生

---

① 耶鲁大学和哥伦比亚大学提出的环境绩效指数（EPI），也区分了生态和环境两个概念，并分别从环境健康、生态系统活力两个方面考察一个国家的环境绩效。参见耶鲁大学环境法律与政策中心、哥伦比亚大学国际地球科学信息网络中心《2006 环境绩效指数（EPI）报告》（上、下），高秀平、郭沛源译，《世界环境》2006 年第 6 期、2007 年第 1 期。

态工程加以建设，而环境主要通过污染防治来保护。

第二，强调生态环境对经济建设的硬约束。

强调生态文明建设，不能放弃经济发展，要坚持走一条经济与生态环境相协调的绿色发展道路，特别是要把经济发展限制在生态环境的承载极限之内。如生态足迹理论所启示的，要避免经济发展带来生态赤字，从而避免导致生态的不可持续[①]。因此，ECCI 2013 突出了对生态活力和环境质量的考察，并且赋予了二者共 50% 的权重，试图通过强调生态环境对经济建设的硬约束，来倒逼经济发展模式向绿色转型。

第三，强调经济社会发展与生态环境建设的协调统一。

环境库兹涅茨曲线理论认为，环境污染与经济发展之间存在一种倒 U 型的曲线关系，即随着经济水平（由人均 GDP 体现）的不断提高，环境污染会经历一个由弱到强再到弱的过程，中间会经历一个拐点。也就是说，在不同的经济发展阶段，其环境效应不一样。对于我国这样经济社会发展水平相对落后的后发国家来说，如果要实现经济与环境的协调发展，目前仍然必须持续提高经济社会发展水平。因此，我们反对那种反对经济发展的极端的"深绿"观点，将社会发展作为重要考察领域纳入 ECCI 2013，既包括了人类发展指数（HDI）包含的人均 GDP、人均预期寿命、人均教育经费投入等指标，还包括服务业产值占 GDP 比例、城镇化率、农村改水率等指标，以全面考察各省份的经济社会发展水平。

第四，突出协调发展是实现生态文明建设目标的有效途径。

一方面，生态文明是一种人与自然和谐、经济与生态环境协调的理想文明形态，需要一个漫长的历史过程来实现；另一方面，生态文明又是一种现实的文明创新运动，需要找到当下有效的实现途径。目前的有效途径，就是要在生态承载力限度之内，降低经济发展的生态环境代价，提高自然资本的经济效益、社会效益和生态效益。

---

① 生态足迹（EF），加拿大大不列颠哥伦比亚大学里斯教授（William E. Rees）1996 年提出的测量人类活动对地球生态影响的方法，是指生产一定人口所消费的资源和吸纳这些人口产生的废弃物所需要的生物生产性土地的总面积。生态足迹如果超过了区域所能提供的生态承载力，就会出现生态赤字；如果小于区域的生态承载力，则表现为生态盈余。

为了引导各省域的生态文明建设走上协调发展道路，ECCI 2013 专门设立了协调程度这个二级指标。我们选择了既有统计数据又能准确反映经济与生态环境协调程度的 8 项具体指标，包括单位 GDP 能耗、单位 GDP 水耗、单位 GDP 二氧化硫排放量、单位 GDP 化学需氧量排放量、单位 GDP 氨氮排放量、工业固体废物综合利用率、城市生活垃圾无害化率、环境污染治理投资占 GDP 比重等①。另外，我们只是将协调程度作为生态文明建设的一个考察领域（尽管是很重要的领域），与生态活力、环境质量、社会发展并列，从而既强调了协调程度的作用，也突出了生态环境的硬约束，还避免了人均 GDP 指标等经济社会发展指标对生态文明建设评价的强势影响。

（三）ECCI 二级指标和三级指标修正

为有针对性地反映各省域的生态功能区定位，使生态文明建设综合评价结果更全面、更公正，ECCI 2011 和 ECCI 2012 曾增设"转移贡献"二级指标，包括农林牧渔人均总产值、煤油气能源自给率、用水自给率、人口密度四项三级指标，分别反映各省域在提供农产品、煤油气能源、水资源和人居保障等方面所作出的贡献，并且区分了生态文明指数（ECI）和自身生态文明指数（SECI），前者包括转移贡献二级指标，后者不包括。从这两年的测评情况来看，由于各省份都在某些方面对其他省份有转移贡献，增设转移贡献二级指标后，对各省份的生态文明指数（ECI）排名影响不大，而且，转移贡献二级指标与 ECI 的相关性极不显著，因此，ECCI 2013 删去了转移贡献二级指标。

在三级指标方面，生态活力、环境质量、社会发展的三级指标保持与 ECCI 2011 和 ECCI 2012 一致，分别有 4 项、4 项、6 项代表性指标；协调程度的三级指标删去了工业污水达标排放率，另外增补了单位 GDP 化学需氧量排放量、单位 GDP 氨氮排放量。第一是因为我国工业污水达标排放率已经达到

---

① 这些指标以往主要用来表现环境质量，但在实质上，它们首先表现的是协调发展的程度，即如果单位 GDP 能耗、单位 GDP 水耗、单位 GDP 二氧化硫排放量、单位 GDP 化学需氧量排放量、单位 GDP 氨氮排放量（以上 5 项为逆指标）越低，经济发展与生态环境越协调；如果工业固体废物综合利用率、城市生活垃圾无害化率、环境污染治理投资占 GDP 比重（以上 3 项为正指标）越高，经济发展与生态环境越协调。

较高水平。2010 年，天津、北京、福建、河北等 24 个省份的工业污水达标排放率已经达到 90% 以上，达标排放率低于 80% 的宁夏、贵州、青海、新疆、西藏等五个省份，工业污水排放总量较小。第二是因为统计数据发布有变化。从 2013 年开始，国家统计局不再发布 2011 年全国各省份的工业污水达标排放率数据；另外，我国"十二五"规划纲要明确规定，"十二五"时期要增加主要污染物总量控制种类，在"十一五"时期已有的化学需氧量（COD）和二氧化硫指标基础上，将氨氮和氮氧化物纳入了"十二五"约束性指标，确定主要污染物排放总量显著减少，化学需氧量、二氧化硫排放分别减少 8%，氨氮、氮氧化物排放分别减少 10%，其后在国务院发布的《节能减排"十二五"规划》中，这一减排目标被确定落实，并且确定了工业、农业及其他重点领域的减排目标。为了适应减排工作的需要，从 2011 年开始，国家统计局新增发布了各省份的单位 GDP 化学需氧量排放量和单位 GDP 氨氮排放量指标数据。因此，ECCI 2013 也新增了这两项评价指标。

由于缺乏权威数据的支撑，目前仍然有一些重要的生态文明建设指标未纳入 ECCI 2013。比如，细颗粒物指数、单位 GDP 二氧化碳排放量、生物多样性指数、地下及地表水体质量、绿色 GDP、基尼系数等等。

此外，由于缺乏相关部门发布的权威数据，目前 ECCI 2013 选取的三级指标，仍然只能侧重从量的角度进行评价。比如对森林、自然保护区的评价，ECCI 2013 目前只考察了森林覆盖率、自然保护区占辖区面积比重等指标，如果能够全面考察森林质量、自然保护区质量等质的方面，评价分析结果会更准确。

（四）ECCI 2013 指标解释

ECCI 2013 的 22 项三级指标的解释、计算公式和数据来源如下。

1. 生态活力类

（1）森林覆盖率：指该省行政区划范围内的森林面积占该省行政区划面积的比例。是"十二五"规划考核指标，"十二五"规划"积极应对全球气候变化"这一政策承诺要求范围内的考察指标。

计算公式：森林覆盖率 = 该省行政区划范围内的森林面积 ÷ 该省行政区划面积 × 100%。

数据来源：国家统计局《中国统计年鉴》。

（2）建成区绿化覆盖率：指该省行政区划范围内建成区内一切用于绿化的乔、灌木和多年生草本植物的垂直投影面积与建成区总面积的比例。是"十二五"规划"生态环境质量明显改善"这一目标承诺要求范围内的考察指标。

计算公式：建成区绿化覆盖率 = 该省行政区划范围内建成区的绿化覆盖面积 ÷ 该省行政区划内建成区总面积 × 100%。

数据来源：国家统计局《中国统计年鉴》。

（3）自然保护区的有效保护：指该省行政区划范围内的自然保护区总面积占该省行政区划面积的比例。是"十二五"规划"生态环境质量明显改善"这一目标承诺要求范围内的考察指标。

计算公式：自然保护区的有效保护 = 该省行政区划范围内的自然保护区总面积 ÷ 该省行政区划面积 × 100%。

数据来源：国家统计局《中国统计年鉴》。

（4）湿地面积占国土面积比重：指该省行政区划范围内的湿地面积占该省行政区划面积的比例。是"十二五"规划"生态环境质量明显改善"这一目标承诺要求范围内的考察指标。

计算公式：湿地面积占国土面积比重 = 该省行政区划范围内的湿地面积 ÷ 该省行政区划面积 × 100%。

数据来源：国家统计局《中国统计年鉴》。

2. 环境质量类

（1）地表水体质量：由于没有公布各省份整体的地表水体质量数据，因此采用了替代指标，指该省行政区划范围内水质优于三类水的河流长度占该省区内河流总长度的比例。是"十二五"规划"加大环境保护力度"这一政策承诺要求范围内的考察指标。

计算公式：地表水体质量 = 该省行政区划范围内水质优于三类水的河流长度 ÷ 该省行政区划范围内河流总长度 × 100%。

数据来源：水利部《中国水资源质量年报》。

（2）环境空气质量：由于没有公布各省份整体的环境空气质量数据，因

此采用了替代指标，指本年度省会城市空气质量好于二级的天数占全年天数的比例。是"十二五"规划"加大环境保护力度"这一政策承诺要求范围内的考察指标。

计算公式：环境空气质量＝本年度省会城市空气质量好于二级的天数÷当年的总天数×100%。

数据来源：国家统计局《中国统计年鉴》。

（3）水土流失率：指本年度该省行政区划范围内水土流失的面积占该省行政区划面积的比例。是"十二五"规划"加大环境保护力度""加强生态保护和防灾减灾体系建设"政策承诺要求范围内的考察指标。

计算公式：水土流失率＝该省行政区划范围内的水土流失面积÷该省行政区划面积×100%。

数据来源：国家统计局《中国统计年鉴》。

（4）农药施用强度：指本年度该省行政区划范围内的农药施用总吨数与该省行政区划内的耕地面积的比值。是"十二五"规划"加大环境保护力度"这一政策承诺要求范围内的考察指标。

计算公式：农药施用强度＝本年度该省行政区划范围内的农药施用总吨数÷该省行政区划内的耕地面积。

数据来源：国家统计局《中国统计年鉴》、环境保护部《中国环境统计年鉴》。

3. 社会发展类

（1）人均 GDP：指该省平均每人所占有的经济生产总值的数量。是"十二五"规划考核指标"国内生产总值年均增长 7%"的相关指标。

计算公式：人均 GDP＝该省本年度的 GDP 总额÷本年度末全省人口总数。

数据来源：国家统计局《中国统计年鉴》。

（2）服务业产值占 GDP 比例：指该省第三产业总产值占该省 GDP 总量的比例。是"十二五"规划考核指标"服务业增加值占国内生产总值比重提高 4 个百分点"的相关指标。

计算公式：服务业产值占 GDP 比例＝该省本年度第三产业总产值÷该省本年度 GDP 总量×100%。

数据来源：国家统计局《中国统计年鉴》。

（3）城镇化率：指该省行政区划范围内城镇人口数量占该省行政区划内人口总量的比例。是"十二五"规划考核指标"城镇化率提高 4 个百分点"的相关指标。

计算公式：城镇化率 = 该省行政区划范围内城镇人口数量 ÷ 该省行政区划内人口总量 × 100%。

数据来源：国家统计局《中国统计年鉴》。

（4）人均预期寿命：指该省行政区划范围内（2000 年）人口的平均预期寿命。是"十二五"规划考核指标。

计算公式：直接引用统计数据。

数据来源：国家统计局《中国统计年鉴》。

（5）人均教育经费投入：指本年度该省行政区划范围内人均教育经费投入量。是"十二五"规划"社会建设明显加强"这一经济社会目标承诺要求范围内的考察指标。

计算公式：人均教育经费投入 = 本年度该省行政区划范围内教育经费投入 ÷ 本年度末该省总人口数量。

数据来源：国家统计局《中国统计年鉴》。

（6）农村改水率：指该省行政区划范围内使用自来水的农村人口占该省行政区划农村总人口的比例。是"十二五"规划"城乡居民收入普遍较快增加"这一经济社会目标承诺要求范围内的考察指标。

计算公式：农村改水率 = 该省行政区划范围内使用自来水的农村人口数量 ÷ 该省行政区划范围内的农村人口总数量 × 100%。

数据来源：卫生部。

4. 协调程度类

（1）工业固体废物综合利用率：指该省行政区划范围内本年度工业固体废物综合利用量占该省行政区划范围内本年度工业固体废物产生量的比重。是"十二五"规划"大力发展循环经济"这一政策承诺要求范围内的考察指标。

计算公式：工业固体废物综合利用率 = 该省行政区划范围内本年度工业固体废物综合利用量 ÷ 该省行政区划范围内本年度工业固体废物产生量 × 100%。

数据来源：国家统计局《中国统计年鉴》。

（2）单位 GDP 化学需氧量排放量：指该省单位地区生产总值的化学需氧量排放量。是"十二五"规划考核指标"化学需氧量排放减少8%"的相关指标。

计算公式：单位 GDP 化学需氧量排放量 = 本年度该省化学需氧量排放量÷本年度该省的经济生产总值。

数据来源：国家统计局《中国统计年鉴》。

（3）单位 GDP 氨氮排放量：指该省单位地区生产总值的氨氮排放量。是"十二五"规划考核指标"氨氮排放减少10%"的相关指标。

计算公式：单位 GDP 氨氮排放量 = 本年度该省的氨氮排放量÷本年度该省的经济生产总值。

数据来源：国家统计局《中国统计年鉴》。

（4）城市生活垃圾无害化率：指该省行政区划范围内本年度经过无害化处理的生活垃圾数量占该省区行政区划范围内本年度产生的生活垃圾总量的比重。是"十二五"规划"加大环境保护力度"这一政策承诺要求范围内的考察指标。

计算公式：城市生活垃圾无害化率 = 该省行政区划范围内本年度经过无害化处理的生活垃圾数量÷该省区行政区划范围内本年度产生的生活垃圾总量×100%。

数据来源：国家统计局《中国统计年鉴》。

（5）环境污染治理投资占 GDP 比重：指本年度该省行政区划范围内环境污染治理投资占本年度该省 GDP 的比值。是"十二五"规划"加大环境保护力度"这一政策承诺要求范围内的考察指标。

计算公式：环境污染治理投资占 GDP 比重 = 本年度该省行政区划范围内环境污染治理投资÷本年度该省 GDP×100%。

数据来源：环境保护部、住房和城乡建设部。

（6）单位 GDP 能耗：指该省单位地区生产总值的能耗数量。是"十二五"规划考核指标"单位国内生产总值能源消耗降低16%"的相关指标，是"十二五"规划"积极应对全球气候变化"这一政策承诺要求范围内的考察指标。

计算公式：单位 GDP 能耗 = 本年度该省的能耗总量 ÷ 本年度该省的经济生产总值。

数据来源：国家统计局《中国统计年鉴》。

（7）单位 GDP 水耗：指该省单位地区生产总值的水耗数量。是"十二五"规划"加强资源节约和管理"这一政策承诺要求范围内的考察指标。

计算公式：单位 GDP 水耗 = 本年度该省的水耗总量 ÷ 本年度该省的经济生产总值。

数据来源：国家统计局《中国统计年鉴》、环境保护部《中国环境统计年鉴》。

（8）单位 GDP 二氧化硫排放量：指该省单位地区生产总值的二氧化硫排放量。是"十二五"规划考核指标"二氧化硫排放减少 8%"的相关指标。

计算公式：单位 GDP 二氧化硫排放量 = 本年度该省（工业二氧化硫排放量 + 生活二氧化硫排放量）÷ 本年度该省的经济生产总值。

数据来源：国家统计局《中国统计年鉴》。

二　ECCI 2013 算法

（一）相对评价算法

生态文明建设是一个渐进过程，目前难以确定各项三级指标的绝对目标值，因此，ECCI 2013 继续采用相对评价算法。按照统一的 Z 分数（标准分数）方式，对三级指标进行无量纲化处理，赋予各三级指标等级分，并根据多指标综合评价法对三级指标等级分加权求和，计算出反映各省域各核心考察领域建设水平的二级指标得分，然后再对各二级指标得分加权求和，计算得出表现各省生态文明建设整体状况的生态文明指数（ECI）。另外，为了侧重从绿色生态环境和绿色发展道路的角度反映各省的生态文明建设，去掉社会发展二级指标，综合考虑生态活力、环境质量、协调程度三个二级指标的得分，得出了各省份的绿色生态文明指数（GECI）。

ECCI 2013 的具体算法如下。

1. 数据标准化

在对具体三级指标数据进行无量纲化处理的过程中，采用统一的 Z 分数（标准分数）处理方式，将原始数据标准化，以避免指标数据离散度较大可能产生的误差。

（1）计算每项指标原始数据的平均数和标准差。

（2）将大于 2.5 倍标准差以上的数据剔除，使得最后留下的组内数据标准差均小于 2.5（$-2.5 < \partial < 2.5$，2.5 个标准差包括了整体数据的 96%）。

2. 计算临界值

根据标准分数的计算原则，分别以标准分数 -2，-1，0，1，2 为临界点，计算相应的组内临界值。小于标准分数 -2，表示其出现概率值约为 2%；在标准分数 -2 和 -1 之间，表示该点出现的概率值约为 14%；在标准分数 -1 和 0 之间，表示该点出现的概率值约为 34%；在标准分数 0 和 1 之间，表示该点出现的概率值约为 34%；在标准分数 1 和 2 之间，表示该点出现的概率值约为 14%；大于标准分数 2，表示其出现概率值约为 2%。

3. 赋予等级分，构建连续型随机变量

基于上述计算，分别赋予各省份各指标 1~6 分不等的等级分：将小于标准分数 -2 临界值的数据，赋予 1 分；将标准分数 -2 与 -1 临界值之间的数据，赋予 2 分；将标准分数 -1 与 0 临界值之间的数据，赋予 3 分；将标准分数 0 与 1 临界值之间的数据，赋予 4 分；将标准分数 1 与 2 临界值之间的数据，赋予 5 分；将大于标准分数 2 临界值的数据，赋予 6 分。其中 1 分出现的概率约为 2%，2 分出现的概率约为 14%，3 分出现的概率约为 34%，4 分出现的概率约为 34%，5 分出现的概率约为 14%，6 分出现的概率约为 2%。通过这样的方式，构建成完全符合正态分布的连续型数据结构。

4. 计算三级指标等级分数

根据临界值，将所有三级指标原始数据值转化成相应的等级分数。

5. 对指标体系赋权

（1）广泛征求专家意见，展开研讨，并且结合考虑生态活力、环境质量、社会发展、协调程度各项二级指标在生态文明建设中的重要程度，最终达成共识，分别为四项二级指标赋予 30%、20%、20%、30% 的权重。

（2）采用德尔菲法（Delphi Method），确定各三级指标的权重。征求了 50 余位生态文明研究领域的权威专家的意见，每位专家独立地在加权咨询表上根据各三级指标的重要程度，分别赋予 5 分至 1 分不等的权重，测算所有专家对每个评价指标的权重系数的平均数（小数点后数字四舍五入），最终确定各项三级指标的权重。

6. 逆指标确定

根据实际情况以及专家咨询意见，ECCI 2013 将水土流失率、农药施用强度、单位 GDP 能耗、单位 GDP 水耗、单位 GDP 化学需氧量排放量、单位 GDP 氨氮排放量以及单位 GDP 二氧化硫排放量等 7 项三级指标作为逆指标。逆指标原始数据值越大，得分越低。

7. 特殊值处理

在国家统一发布的数据中，存在一些缺失值，课题组采取赋予平均等级分的方法进行处理。2011 年，全国各省份公布的统计数据比较完整，只有西藏缺失几个指标的数据，包括水土流失率、城市生活垃圾无害化率、单位 GDP 能耗，直接为这些指标赋予 3.5 分的平均等级分。采用这种替代方法会造成一定的评价误差，仅为权宜之计。

2011 年，各省之间某些指标的原始数据值差异较大，如上海湿地面积占国土面积比重是贵州的 119 倍，新疆的单位 GDP 水耗为上海的 52 倍。这些极大（小）值通常是某些省份的特殊情况，却使得整个数据的离散度加大，并呈现单一偏态，标准差和平均数的位置也将出现相应的偏化，对整个数据分布产生了较大影响。为真实表现数据的分布特性，平衡数据整体，将这些极端值剔除（大于 2.5 个标准差，总出现概率小于 2%）。在标准分数赋值时，直接赋予其相应的最高（最低）等级分 6 分（1 分）。

8. 计算 ECI、GECI 得分

将三级指标等级分按专家赋予的指标权重进行加权求和，可计算出各二级指标得分。将生态活力、环境质量、社会发展、协调程度四项二级指标得分加权求和，即得到生态文明指数（ECI）。将生态活力、环境质量、协调程度三项二级指标得分加权求和，可得到绿色生态文明指数（GECI）。

（二）ECCI 2013 分析方法

为弥补相对评价算法的不足，课题组根据三级指标原始数据及评价结果，展开了进步指数分析、类型分析、相关性分析和发展态势分析。

1. 进步指数计算分析

各省份生态文明建设进步指数计算方法如下：首先，测算三级指标年度进步率，根据各项指标原始数据，正指标用后一年的数据除以前一年的数据（逆指标反过来用前一年的数据除以后一年的数据），减去 1，再乘以 100%，得出每项三级指标的年度进步率；其次，在各三级指标的进步率基础上，加权求和得到二级指标进步率；最后，在二级指标进步率基础上，加权求和得到各省份的生态文明进步指数①。

生态文明建设进步指数计算结果为正值，意味着生态文明建设整体情况有进步，负值则意味着有退步。进步指数越大，表示进步越大。

森林覆盖率、湿地面积占国土面积比重、人均预期寿命等指标数据，需要通过复杂的大面积清查统计获得，一般需要几年的周期，因此这些指标的数据更新慢，更新之前保持多年不变。这种几年一变的数据并没有真实反映各项指标逐年发生的缓慢变化，对进步指数的计算有一定的影响。

如果说生态文明指数只是基于相对算法反映各省份的相对排名，那么，生态文明建设进步指数则是基于各省自身的三级指标原始数据及相应权重计算得出的，反映的是各省份生态文明建设所取得的绝对成效和发展态势，因而更值得重视。

2. 整体性聚类分析

各省份在生态文明建设各方面的得分不同，不仅表明各省份处在不同的生态文明发展阶段，还可能意味着它们属于不同的生态文明建设类型。

类型分析以 2011 年数据为基础，根据反映各省生态文明建设状况的生态活力、环境质量、社会发展和协调程度这四项二级指标得分所属等级，以及它

---

① 由于各项指标获得进步的难易程度不同，因此，对各项指标进步率赋予了相应不同的权重，进步指数的计算也采取加权求和的方法。

们之间的相互关系，参照聚类分析方法，将我国 31 个省份划分为几种生态文明建设类型。

此外，还利用 2001～2011 年度各省份生态活力进步指数、环境质量进步指数、社会发展进步指数和协调程度进步指数的相关性分析结果，以考察生态环境发展态势与经济社会发展态势间的相互关系，参照聚类分析方法，根据各省经济社会发展与生态环境建设的协调发展情况，将 31 个省份的发展驱动态势归纳为几种动态类型。

3. 相关性分析

ECCI 2013 由 22 项三级指标和四项二级指标构成，那么，这些指标相互之间是一种什么关系？各自对生态文明建设起到什么作用？为找准生态文明建设的重点影响因素，选用皮尔逊（Pearson）积差相关，并采用可信度较高的双尾（又称为双侧检验：two-tailed）检验方法，利用 SPSS 软件对 2011 年的数据作相关性分析。在数据序列尚不完全充分的情况下，参考借鉴回归分析方法，选取了一次函数、二次函数、三次函数拟合趋势线中拟合度最高的一种，以预测性地揭示各省份生态文明建设各个方面随其他因素变化而发生变化的基本趋势。

同时，鉴于经济发展对于生态文明建设和其他各三级指标的重要作用，今年还采用偏相关分析方法，控制人均 GDP 的影响，探讨各二级指标和人均 GDP 之外的三级指标对于 ECI 的独立影响。

G.2

第二章

国际比较

本章是对中国生态文明建设各领域水平在国际上所处的相对位置、优势和不足的分析。数据主要来自世界银行世界发展指标数据库、联合国粮农组织数据库、联合国千年发展指标数据库、联合国环境数据等世界权威数据库。

ECCI 2013 的国际比较主要围绕 18 个三级指标数据进行①。有更新数据的包括国际重要湿地面积占国土面积比例、农药施用强度、人均 GDP、城镇化率、人均预期寿命、人均教育经费投入、单位 GDP 能耗、单位 GDP 水耗 8 个指标。数据未更新指标的分析请参考 ECCI 2012。今年在协调程度部分新增"单位 GDP 二氧化碳排放量"指标，关注温室气体排放与经济发展之间的协调情况。

表 2 - 1 中国生态文明建设国际比较概况

二级指标		三级指标	中国的相对排名	指标解释	比较的国家和地区总数	数据质量
生态文明建设国际比较	生态活力	森林覆盖率	125	森林覆盖率	204	2010 年
		自然保护区的有效保护	55	自然保护区占辖区面积比重	226	2010 年
		国际重要湿地面积占国土面积比例	119	国际重要湿地面积/国土面积	153	2013 年
	环境质量	水体有机污染物（BOD）排放水平	164	水体有机污染物日排放量	164	可获取的最新数据
		环境空气质量	148	颗粒物（PM10）浓度	179	2009 年
		土地严重退化率（逆指标）①	66	（土地退化强度退化面积 + 土地极强度退化面积）/国土面积	159	可获取的最新数据
		农药施用强度（逆指标）	16	农药使用量/耕地面积	147	可获取的最新数据

---

① 国际比较指标与省域比较指标略有不同。限于数据的可获得性，在生态活力领域，"湿地面积占国土面积比重"指标在国际比较中以"国际重要湿地面积占国土面积比例"替代；在环境质量领域，"地表水体质量"指标以"水体有机污染物（BOD）排放水平"替代，"环境空气质量"指标以 PM10 浓度体现，"水土流失率"指标以"土地严重退化率"替代；在社会发展方面，"农村改水率"指标以"农村人口获得改善水源比例"替代。

二级指标	三级指标	中国的相对排名	指标解释	比较的国家和地区总数	数据质量
社会发展	人均GDP	88	人均地区生产总值	183	2011年
	服务业产值占GDP比例	114	服务业产值占GDP比例	132	2010年
	城镇化率	126	城镇人口比重	210	2010年
	人均预期寿命	91	预期寿命	195	2012年
	人均教育经费投入	78	各国公共教育经费/地区总人口	146	2008~2011年
	农村人口获得改善水源比例	102	农村获得改善水源人口占总人口比重	171	2010年
协调程度	城市生活垃圾无害化率	71	城市生活垃圾无害化率	78	可获取的最新数据
	单位GDP能耗(逆指标)	23	单位地区生产总值能耗	131	2010年
	单位GDP水耗(逆指标)	76	地区用水消耗量/地区生产总值	161	2011年
	单位GDP二氧化硫排放量(逆指标)	29	二氧化硫排放量/地区生产总值	95	可获取的最新数据
	单位GDP二氧化碳排放量(逆指标)	8	二氧化碳排放量/地区生产总值	187	2007年

①逆指标的排名越靠前,表明建设现状越需要改善。

一 中国生态文明建设成绩相对突出的领域

在国际比较中,中国生态文明建设的一些领域已经逐步显现出相对优势。在这些领域中,或是大多数省份已经达到了世界平均水平,或是个别省份已经达到世界先进水平,又或者是整体建设速度较快,成效较为明显。国际比较共涉及三级指标8个,分别为森林覆盖率、自然保护区的有效保护、土地严重退化率、人均GDP、城镇化率、人均预期寿命、农村人口获得改善水源比例和单位GDP水耗。

(一)生态活力

国际比较中,森林覆盖率和自然保护区的有效保护在生态活力领域中情况较好。

1. 森林覆盖率

至 2010 年,中国一半以上省份的森林覆盖率已经超过同期世界平均水平,并有 6 个省份达到世界前 50 强水平。

1990～2010 年,中国森林覆盖率一直呈增长态势,共增长 5.33 个百分点,而同期的世界平均水平一直呈下降趋势。在重点比较的国家中,澳大利亚、巴西和尼日尔的森林覆盖率也呈下降趋势,其中巴西 2010 年的森林覆盖率比 1990 年降低了 6.54 个百分点。其他国家中,只有瑞士和印度的森林覆盖率增长相对显著,分别增长了 2.23 和 1.51 个百分点。日本则在经历了 2000 年森林覆盖率的下降后重新回升(见图 2－1)。

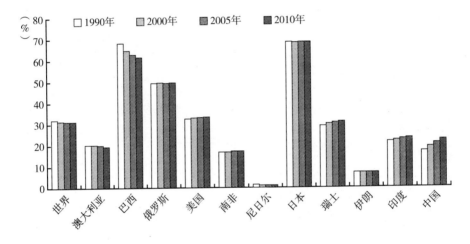

图 2－1　森林覆盖率国际比较

数据来源:世界银行数据库,http://data. worldbank. org. cn/indicator/AG. LND. FRST. ZS(2013－04－01)。

2. 自然保护区的有效保护

2011 年中国自然保护区的有效保护排名进入全球前 60 名,并有 9 个省份高于世界平均水平(见表 2－2)。西藏和青海 2 个省份分别达到世界第 11、12 位水平。从 2008 年至 2011 年,中国的自然保护区面积从 14894.3 万公顷增加至 14971.1 万公顷,其中国家级自然保护区面积从 9120.3 万公顷增加至 9315.3 万公顷;全国自然保护区数量由 2538 个上升为 2640 个,国家级自然保护区由 303 个上升为 335 个。

表 2 - 2　各省自然保护区的有效保护国际比较

	2010 年自然保护区的有效保护(%)	2011 年我国达到该水平省份数目(个)
世界	11. 93	9
低收入国家	9. 97	11
低收入及中等收入国家	11. 65	9
中等收入国家	11. 99	8
中低收入国家	8. 80	11
中高收入国家	13. 07	5
高收入国家	12. 72	7

数据来源：世界银行，http：//data. worldbank. org/indicator/ER. PTD. TOTL. ZS（2013 - 6 - 16）；《中国统计年鉴 2012》。

（二）环境质量

在环境质量相关指标中，土地严重退化率虽然只排在 159 个国家中第 66 位①，但与其他指标相比，排名相对来说是较为靠前的，彰显了建设的成效。近年来，中国在水土流失、土地沙化荒漠化治理等方面的工作也稳步推进。2010 年全国防沙治沙面积达 140 多万公顷②。至 2011 年，全国水土流失治理面积累积达到 10966. 38 万公顷③。

（三）社会发展

社会发展是国际比较中亮点较多的领域，分别体现在人均 GDP、城镇化率、人均预期寿命和农村人口获得改善水源比例 4 个方面。

1. 人均 GDP

2011 年中国人均 GDP 不仅突破 3 万元，并且超过了 3.5 万元，虽然相对排名仍保持在全球 80 多位，但同比增幅达到 17% 以上，增长速度得到保持。与重

---

① 数据来源：联合国粮食及农业组织（FAO）统计资料，http：//www. fao. org/corp/statistics/zh/（2011 - 03 - 10）；世界银行数据库，http：//data. worldbank. org. cn/indicator/AG. SRF. TOTL. K2（2011 - 01 - 27）。

② 国家林业局：《2011 中国林业发展报告》，http：//www. forestry. gov. cn/CommonAction. do? dispatch = index&colid = 62（2013 - 05 - 18）。

③ 数据来源：中华人民共和国国家统计局 2011 年环境统计数据，http：//www. stats. gov. cn/tjsj/qtsj/hjtjzl/hjtjsj2011/（2013 - 05 - 25）。

点比较的 10 个国家相比，在 2011 年人均 GDP 的增长速度上，中国仅次于俄罗斯的 18.76% 和瑞士的 17.84%。同年，美国和印度的人均 GDP 分别有 2.74% 和 2.42% 的降幅，而 2010 年度印度的增幅曾达到 24%，显示了不稳定的增长速度。2011 年人均 GDP 国际比较见图 2-2。

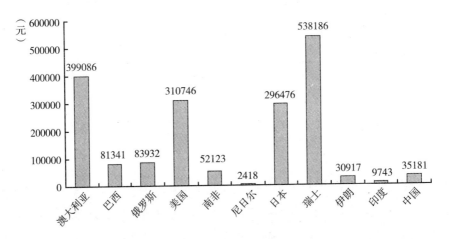

图 2-2 2011 年人均 GDP 国际比较

注：伊朗为 2009 年数据。

数据来源：世界银行数据库，http://data.worldbank.org.cn/indicator/NY.GDP.PCAP.CD/countries（2013-04-10）；《中国统计年鉴 2012》。

随着经济的发展，收入水平的提高，2011 年中国人均 GDP 达到中等收入国家以上水平的省份数目比 2010 年增加了 4 个，达到 20 个，其中达到中等高收入国家水平的省份为 10 个，比 2010 年增加 2 个（见表 2-3）。

表 2-3 2011 年各省人均 GDP 国际比较

	2011 年人均 GDP(元)	2011 年我国达到此水平的省份数目(个)
世界	64845	3
低收入国家	3762	31
低收入及中等收入国家	26041	25
中等收入国家	29630	20
中低收入国家	12222	31
中高收入国家	47333	10
高收入国家	265210	0

数据来源：世界银行数据库，http://data.worldbank.org.cn/indicator/NY.GDP.PCAP.CD/countries（2013-04-10）；《中国统计年鉴 2012》。

2. 城镇化率

2011 年我国城镇化率达到 51.27%（见图 2-3），与世界平均水平的差距进一步缩小，赶超世界平均水平指日可待。与 2010 年相比，中国在各国中的排名上升了 17 位。各省之中，2011 年达到中等收入国家水平的省份数目为 17 个，比 2010 年多出 4 个，达到中高收入国家水平的省份也达到 7 个，比 2010 年增加了 1 个。但全国平均水平与中高收入国家和高收入国家城镇化水平相比仍有较大差距（见表 2-4）。

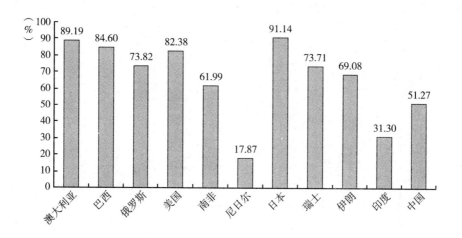

图 2-3 2011 年城镇化率国际比较

数据来源：世界银行数据库，http：//data.worldbank.org.cn/indicator/SP.URB.TOTL.IN.ZS/countries（2013-04-21）；《中国统计年鉴 2012》。

表 2-4 2011 年各省城镇化率国际比较

	2011 年城镇化率(%)	2011 年我国达到此水平的省份数目(个)
世界	51.99	12
低收入国家	28.00	30
低收入及中等收入国家	46.56	18
中等收入国家	49.58	17
中低收入国家	38.73	27
中高收入国家	60.62	7
高收入国家	80.50	3

3. 人均预期寿命

根据世界银行数据，中国人均预期寿命 2012 年比 2010 年有所增加，从 73.27 岁增加至 73.56 岁。而澳大利亚、美国、日本和瑞士则有小幅下降（见图 2－4）。中国 2012 年排名也向前提升 1 位，位居全球第 91 名。据第六次全国人口普查结果显示，我国 2010 年各省之中，人均预期寿命达到 2012 年世界平均水平的省份为 28 个，相较 2000 年同期水平增加了 4 个省份。达到中高收入国家人均预期寿命的省份为 25 个（见表 2－5）。上海和北京都达到高收入国家人均预期寿命的水平，达到 80 岁以上。

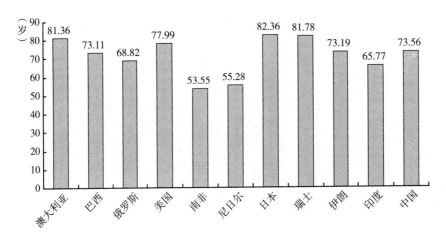

图 2－4　2012 年人均预期寿命国际比较

数据来源：世界银行数据库，http：//data. worldbank. org. cn/indicator/SP. DYN. LE00. IN（2013－04－22）；《中国统计年鉴 2012》。

表 2－5　我国各省人均预期寿命国际比较

	2012 年人均预期寿命（岁）	2010 年我国达到该水平的省份数目（个）
世界	69.99	28
低收入国家	59.76	31
低收入及中等收入国家	68.15	31
中等收入国家	69.53	30
中低收入国家	66.05	31
中高收入国家	73.19	25
高收入国家	79.57	2

数据来源：世界银行数据库，http：//data. worldbank. org. cn/indicator/SP. DYN. LE00. IN（2013－04－22）；《中国统计年鉴 2012》。

4. 农村人口获得改善水源比例

中国农村人口获得改善水源的比例，1990 年时仅为 56%，未达到当时的世界平均水平 62%。经过十多年努力，在 2005 年达到 78%，超过了世界平均水平 76%。在重点比较的 10 个国家中，澳大利亚、日本和瑞士在 1990 年时已经达到 100% 农村人口获得改善水源，基础较好（见图 2-5）。所有金砖国家 1990~2010 年比例提升都达到 12 个百分点以上，其中印度提高了 27 个百分点，中国的提升幅度最大，达到 29 个百分点。

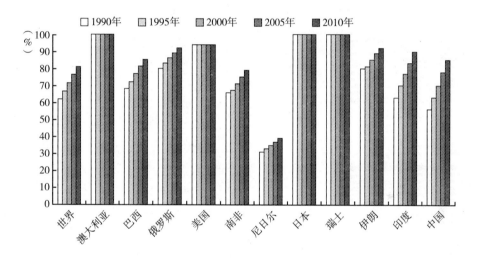

图 2-5　农村人口获得改善水源比例国际比较

数据来源：世界银行数据库，http：//data. worldbank. org/indicator/SH. H2O. SAFE. RU. ZS（2012-06-12）。

（四）协调程度

协调程度中，单位 GDP 水耗比其他三级指标表现略强。虽然全国整体水平还未超越世界平均水平，但各省中达到或低于高收入国家单位 GDP 水耗的省份数目已经上升至 10 个，高于 2010 年的 6 个，进步仍然是显著的。在世界平均水平方面，仍然有 5 个省份没有实现超越，需要继续努力（见表 2-6）。

2011 年，中国单位 GDP 水耗在 161 个国家和地区中排名第 76 位，没有单位 GDP 能耗排名靠前。但需要注意的是，相对排名略有下降。另外，与重点比较的9个国家（伊朗数据无更新）对比，中国2011年比2009年的单位GDP水耗略有上升，其他国家水耗则均呈下降趋势（见图2-6）。近年来国家大力推进倡导节能减排政策，如在"十一五"和"十二五"规划中，降低单位工业增加值用水量和单位GDP能耗都被列为约束性指标，但对能源消耗的控制相对而言常被放在较为突出的地位，而对节水控制则强调不够。对节水的提倡和控制不应局限于工业发展方面，而是应该扩展到生产和生活的方方面面。

表2-6　我国各省级单位GDP水耗国际比较

	2011年单位GDP水耗（立方米/万元）	2011年我国达到该水平省份数目（个）
世界	132.83	26
低收入国家	702.64	31
低收入及中等收入国家	392.36	29
中等收入国家	384.50	29
中低收入国家	990.16	31
中高收入国家	202.39	29
高收入国家	44.97	10

数据来源：世界银行数据库，http：//data. worldbank. org/indicator/ER. GDP. FWTL. M3. KD（2012-06-12）；《中国统计年鉴2011》；《中国统计年鉴2010》。

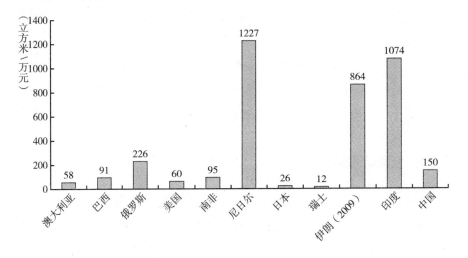

图2-6　单位GDP水耗国际比较

注：除伊朗外，其他国家均为2011年数据。

数据来源：世界银行数据库，http：//data. worldbank. org/indicator/ER. GDP. FWTL. M3. KD（2013-04-22）；《中国统计年鉴2012》。

二 中国生态文明建设亟待加强的领域

中国生态文明建设的许多领域基础较为薄弱，建设任务艰巨，需要从政策上加强引导，投入更多的人力物力，促进建设水平的提高。国际比较显示，亟待加强建设的领域涉及 10 个三级指标，分别是国际重要湿地面积占国土面积比例、水体有机污染物（BOD）排放水平、环境空气质量、农药施用强度、服务业产值占 GDP 比例、人均教育经费投入、城市生活垃圾无害化率、单位 GDP 能耗、单位 GDP 二氧化硫排放量、单位 GDP 二氧化碳排放量。

（一）生态活力

生态活力领域中，湿地的保护显得相对落后。根据中国第一次湿地调查（1995～2003）数据，现阶段中国湿地总面积为 38485.5 千公顷，近 10 年损失湿地 200 多万公顷[①]。

近年来中国持续推进湿地保护工作。2000 年，国家林业局、外交部、财政部、农业部等国务院 17 个部门联合发布了《中国湿地保护行动计划》，确立了中国湿地保护、管理和可持续利用的指导思想和战略目标。2003 年，国家林业局、科学技术部、国土资源局等共同编制了《全国湿地保护工程规划（2004～2030)》，并得到国务院批准，确立了中国湿地中长期保护工作的指导原则、任务目标、建设布局和重点工程。2004 年，国务院办公厅发布《关于加强湿地保护管理的通知》（国办发〔2004〕50 号），加快推进自然湿地的抢救性保护。2005 年，《全国湿地保护工程实施规划（2005～2010)》得到国务院批准实施。

2010 年和 2011 年林业湿地保护工程项目分别实施 39 个和 42 个，中央投资资金每年均超过 2 亿元。2011 年，财政部和国家林业局出台了《中央财政湿地保护补助资金管理暂行办法》，明确了资金补助对象和支出范围，推动湿地保护补助范围扩展，当年开展了 69 个林业湿地保护补助项目建设。

---

① 潘少军、国家林业局：《中国近 10 年来湿地面积共减少 200 多万公顷》，《人民日报》2013 年 7 月 21 日。

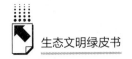

2010 年，全国湿地自然保护区达到 550 多处，国家湿地公园试点为 145 处，国际重要湿地 37 处，面积为 391 万公顷，湿地示范面积 251 万公顷。全国湿地保护率达到 50.3%，1820 万公顷的自然湿地得到有效保护①。2011 年新增国际重要湿地 4 处，新增国家湿地公园试点 68 处，正式授牌国家湿地公园 12 处②。

从湿地公约的履行情况来看，2012 年度中国没有新增的国际重要湿地。在相比较的国家中，美国和日本 2012 年新增的国际重要湿地分别为 4 个和 9 个。日本的国际重要湿地数目已经超越中国，国际重要湿地面积占国土面积比例也逐渐与中国接近（见图 2 - 7、图 2 - 8）。在 2012 年中，澳大利亚和印度国际重要湿地虽然数量上没有增加，但面积有所扩展，显示了保护工作的成效。

当前，中国湿地因城市开发占用、盲目围垦和改造等因素的影响，面临着面积削减、功能下降等威胁。大批湿地因缺水而消失，同时，因大量污水排放和农药、化肥等污染，许多湿地水体受到严重污染，生态功能严重退化。人为的过度放牧、捕捞、猎捕等行为，导致湿地资源的过度利用，致使湿地的生物多样性日益衰退。提高湿地保护意识，加强宣传；健全和完善相关法律法规，考虑设立国家层面的湿地保护管理专门法规；提高管理水平，增加资金投入；深入开展科学研究，推进湿地保护工作的开展。

（二）环境质量

环境质量和协调程度是建设任务最为艰巨的两个二级指标领域。数据显示，中国的水环境、空气环境、土壤环境都处于污染状况尚未得到彻底逆转甚至日益加剧的过程中，加强环境保护刻不容缓。

1. 水体有机污染物（BOD）排放水平

中国整体水环境状况堪忧。以水体有机物（BOD）排放水平为例，2007

---

① 国家林业局：《2011 中国林业发展报告》，http：//www. forestry. gov. cn/CommonAction. do? dispatch = index&colid = 62，2013 年 5 月 18 日。
② 国家林业局：《2012 中国林业发展报告》，http：//www. forestry. gov. cn/CommonAction. do? dispatch = index&colid = 62，2013 年 5 月 18 日。

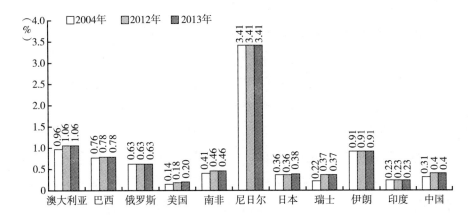

图 2－7　国际重要湿地面积占国土面积比例国际比较

数据来源：联合国环境数据，http：//geodata. grid. unep. ch/options. php？ selectedID = 194&amp，selectedDatasettype = National （2012－05－10）；国际湿地公约网站，http：// www. ramsar. org/cda/en/ramsar-documents-list/main/ramsar/1－31－218_ 4000_ 0_ _ 2013－ 04－01；世界银行数据库，http：//data. worldbank. org. cn/indicator/AG. SRF. TOTL. K2 （2012－05－15）。

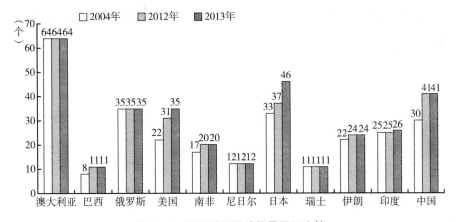

图 2－8　国际重要湿地数量国际比较

数据来源：联合国环境数据，http：//geodata. grid. unep. ch/options. php？ selectedID = 194&amp； selectedDatasettype = National （2012－05－10）；国际湿地公约网站，http：//www. ramsar. org/cda/en/ ramsar-documents-list/main/ramsar/1－31－218_ 4000_ 0_ _ 2013－04－01。

年中国的排放量为世界第 1 位，为总量第 2 位美国的 5 倍以上。2011 年中国废水排放总量达到 6591922 万吨，2010 年为 6172562 万吨。据统计，2010 年工业废水排放有 5% 是直接排入海中的。这些直接排入大海的工业废水中的各类污染物，包括铅、汞、砷等重金属污染物会给海洋生态环境带来危害，并通过食物链的累积最终进入人体，威胁人体健康。中国还存在着大量工业废水、生活污水未经处理直接排入江、河、湖中的情况。2012 年 1 月广西龙江河镉污染事件，就是上游的化工企业在未建设污染防治设施的情况下，利用河岸上的溶洞恶意排放高浓度镉污染物的废水造成的。事件中镉泄漏量约 20 吨，污染波及河段约 300 公里，危及百万人的饮水安全。2013 年 2 月至 3 月环境保护部开展的华北平原排污企业地下水污染专项检查结果显示，存在 55 家企业利用渗井、渗坑或无防渗漏措施的沟渠、坑塘排放、输送或存贮污水的违法行为[1]。加强水环境监管能力，健全监测网络，完善管理制度，关系到整个水环境的健康和居民饮用水的安全，已经势在必行。

2. 环境空气质量

近年来，中国京津冀、长江三角洲和珠江三角洲等地区的城市饱受雾霾天气困扰，民众要求改善环境空气质量的呼声也日益强烈，环境空气质量成为中国环境保护的重点领域。以空气污染物中的 PM10 年均值进行衡量，我国在世界各国中排名靠后，2011 年各省会城市中也仅有海口（0.041 毫克/立方米）和拉萨（0.040 毫克/立方米）达到了 2009 年世界平均水平（0.043 毫克/立方米）。2012 年 2 月 29 日中国《环境空气质量标准》（GB3095 - 2012）发布，新标准增加了细颗粒物（PM2.5）和臭氧（O_3）8 小时浓度限值监测指标。但通过对比可以看到，中国空气质量新国标与世界卫生组织（WHO）的空气质量标准仍有较大差距，反映了中国环境空气质量治理的巨大难度（见表 2 - 7）。

3. 农药施用强度

2011 年中国农药施用总量和施用强度继续攀升。与可获取的 147 个国家和地区的数据相比较，中国的农药施用强度排在第 16 位，比 2010 年前进 1 位，控制和管理的紧迫性进一步提升（见图 2 - 9）。研究显示，使用农药能挽回害虫对水果、蔬菜和谷物造成的损失达到 78%、54% 和 32%[2]。在全球粮食

① 环境保护部：《环境保护部开展华北平原排污企业地下水污染专项检查》，http://www.zhb.gov.cn/gkml/hbb/qt/201305/t20130509_251858.htm（2013 - 5 - 26）。
② CaiDW. Understand the Role of Chemical Pesticides and Prevent Misuses of Pesticides. *Bulletin of Agricultural Science and Technology*. 2008（1）：36 - 38.

表2-7　中国与世界卫生组织空气质量标准对比*

单位：微克/立方米

污染物项目	平均时间	国家空气质量标准		世界卫生组织标准			
		一级标准	二级标准	过渡时期目标-1	过渡时期目标-2	过渡时期目标-3	空气质量准则
PM10	年平均	40	70	70	50	30	20
	24小时平均	50	150	150	100	75	50
PM2.5	年平均	15	35	35	25	15	10
	24小时平均	35	75	75	50	37.5	25
二氧化氮	年平均	40	40	—	—	—	40
	24小时平均	80	80	—	—	—	—
	1小时平均	200	200	—	—	—	200
二氧化硫	年平均	20	60	—	—	—	—
	24小时平均	50	150	125	50	—	20
	1小时平均	150	500	—	—	—	—
臭氧	8小时平均	100	160	160	—	—	100
	1小时平均	160	200	—	—	—	—
一氧化碳	24小时平均	4	4	—	—	—	—
	1小时平均	10	10	—	—	—	30

　　*环境保护部、国家质量监督检验检疫总局2012年2月29日发布《环境空气质量标准》（GB3095-2012）；世界卫生组织关于颗粒物、臭氧、二氧化氮和二氧化硫的空气质量准则（2005年全球更新版）风险评估概要，http：//www.who.int/publications/list/who_sde_phe_oeh_06_02/zh/（2013-05-21）。

危机不断加剧的情况下，彻底禁用农药并不现实。但农药的使用同时也会带来环境风险，主要体现在环境污染和人体健康危害两大方面。农药能造成空气、水体和土壤的污染，农药常常造成生产性中毒事件，农药在食品中的残留能造成人体急性或慢性的健康损害。

　　近20年来，中国的农药施用强度不断攀升，与日本的农药施用强度走势正好相反（见图2-10）。日本的农药施用强度已经从1990年的19.42吨/千公顷下降为2010年的12.98吨/千公顷。中国的农药施用强度则从1990年的7.66吨/千公顷上升为2011年的14.68吨/千公顷，并在2008年反超日本。这样的上升趋势必须抑制。特别是在现阶段，中国食品农药残留检测未得到大范围普及，农药中掺杂大量假冒伪劣产品，农药施用周期、施用药品不规范等问题普遍。

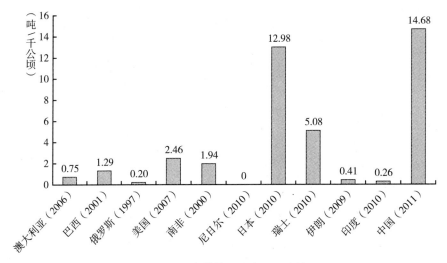

图 2-9　农药施用强度国际比较

数据来源：联合国粮食及农业组织数据库，http：//faostat. fao. org/（2013 - 04 - 29）；世界银行数据库，http：//data. worldbank. org. cn/indicator/AG. LND. ARBL. HA（2013 - 04 - 30）；《中国统计年鉴2012》。

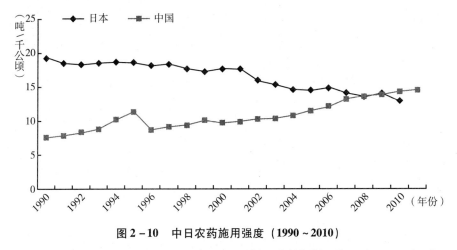

图 2-10　中日农药施用强度（1990～2010）

数据来源：国家统计局农村社会经济调查司：《中国农村统计年鉴》（1991～2011），中国统计出版社；联合国粮食及农业组织数据库，http：//faostat. fao. org/（2013 - 04 - 29）；经济合作与发展组织统计数据，http：//stats. oecd. org/（2009 - 08 - 05）。

（三）社会发展

服务业产值占GDP比例和人均教育经费投入是社会发展领域中相对落后的指标，都只有1个省份达到世界平均水平以上。

1. 服务业产值占 GDP 比例

2011 年中国各省份中，服务业产值占 GDP 比例北京一枝独秀的局面仍未突破，北京是全国唯一一个超过 2010 年世界平均水平 72% 的省份。2011 年，中国服务业产值占 GDP 比例为 43.4%，尚未达到 20 世纪 70 年代初世界平均水平，大致相当于低收入国家 20 世纪末服务业平均水平。服务业是生态文明的重要构成部分，与需要大量物质投入的工业相比，绝大部分服务业具有资源投入低、物料消耗少等绿色、低碳的特点，在转变中国经济发展方式中将扮演重要角色。

2. 人均教育经费投入

2010 年中国人均教育经费投入为 1459 元，比上一年度增加 17.97%，增幅超过人均 GDP 的增幅，但总量仍未达到世界平均水平的一半（见图 2 - 11）。在各国中的相对位置，与 2008 ~ 2011 年获取到的 146 个国家相比，中国排在第 78 位。在相比较的国家中，南非的人均教育经费投入高于中国，排在各国中第 56 位，2009 ~ 2010 年的增幅也高于中国，达到 38.13%。

2010 年中国有 20 个省份的人均教育经费投入达到中等收入国家 2009 年的投入水平，有 6 个省份达到中高收入国家 2009 年的投入水平。但 31 个省份中，仅有北京超过 2009 年世界平均水平（见表 2 - 8）。

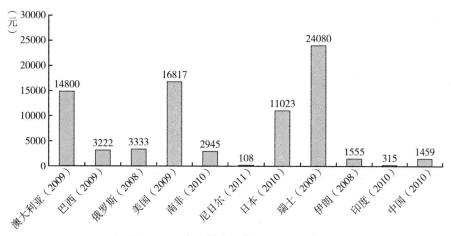

图 2 - 11　人均教育经费投入国际比较

数据来源：世界银行数据库，http://data.worldbank.org.cn/indicator/SE.XPD.TOTL.GD.ZS (2012 - 03 - 04)，http://data.worldbank.org.cn/indicator/NY.GDP.PCAP.CD/countries (2012 - 03 - 01)；《中国统计年鉴 2010》。

表 2 - 8　我国各省人均教育经费投入国际比较

	2010 年人均教育经费投入(元)	2010 年我国达到该水平省份数目(个)
世界(2009)	2933	1
低收入国家	151	31
低收入及中等收入国家	1036	25
中等收入国家(2009)	1154	20
中低收入国家	505	31
中高收入国家(2009)	1800	6
高收入国家(2009)	13878	0

数据来源：世界银行数据库，http：//data. worldbank. org. cn/indicator/SE. XPD. TOTL. GD. ZS（2013 - 04 - 22），http：//data. worldbank. org. cn/indicator/NY. GDP. PCAP. CD/countries（2013 - 04 - 10）；《中国统计年鉴2012》。

（四）协调程度

1. 城市生活垃圾无害化率

2011 年中国城市生活垃圾无害化处理率为 79.70%。在城市生活垃圾处理方面，中国的现状是，各地区城市生活垃圾无害化处理能力差距巨大，领先的省份已经实现 100% 的无害化率，与排名靠后的省份可以相差超过 50 个百分点。此外，生活垃圾无害化处理方式较为单一，填埋是最主要手段，不仅占用大量土地，也容易造成空气、土壤和地下水污染。目前，城市中生活垃圾分类收集和处理的管理方式尚未普及，垃圾资源化比例较低。此外，乡村生活垃圾的无害化处理未得到重视。

2. 单位 GDP 能耗

单位 GDP 能耗持续下降已经成为近年来中国发展中的常态，2011 年中国单位 GDP 能耗为 1.01 吨标准煤，比上年下降 1.94%（见图 2 - 12）。2011 年中国依然没有一个省份的单位 GDP 能耗下降到世界平均水平。不过达到 2010 年中等收入国家和中高收入国家水平的省份数目都增加了 2 个，还是有所进步（见表 2 - 9）。但通过比较可以看到，2010 年中国的能耗水平与其他国家相比，仍处在第 23 位，排名较靠前，能耗降低压力仍然巨大。

许多国家都致力于能源效率的提高，节能减排已是全球共同的发展趋势。以本课题组重点比较的 10 个国家为例，2010 年中国的能耗水平还低于伊朗、俄罗斯、南非和印度 2009 年水平，而至 2011 年，中国的能耗水平仅低于伊朗，与 2010 年俄罗斯水平相当。在 2009~2010 年，美国、南非和澳大利亚单位 GDP 能耗下降幅度分别达到 29.64%、25.42%、22.04%。巴西和印度的下

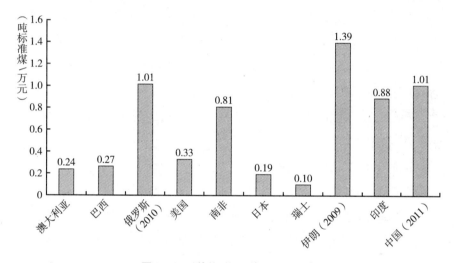

图 2-12 单位 GDP 能耗国际比较

注：除中国和伊朗外，其他国家均为 2010 年数据。

数据来源：世界银行数据库，http：//data. worldbank. org. cn/indicator/EG. USE. COMM. KT. OE/countries（2013 - 04 - 22），http：//data. worldbank. org. cn/indicator/NY. GDP. MKTP. CD（2013 - 04 - 10）；《中国统计年鉴 2012》。

表 2-9 我国各省单位 GDP 能耗国际比较

	2010 年单位 GDP 能耗(吨标准煤/万元)	2011 年我国达到该水平省份数目(个)
世界	0.419	0
低收入国家	1.372	23
低收入及中等收入国家	0.720	9
中等收入国家	0.708	9
中低收入国家	0.853	12
中高收入国家	0.670	7
高收入国家	0.280	0

资料来源：世界银行数据库，http：//data. worldbank. org. cn/indicator/EG. USE. COMM. KT. OE/countries（2013 - 04 - 22），http：//data. worldbank. org. cn/indicator/NY. GDP. MKTP. CD（2013 - 04 - 10）；《中国统计年鉴 2012》。

降幅度均达到15%以上，瑞士也达到12.53%，而瑞士的能耗已经是世界最低水平。比较而言，中国单位GDP能耗下降速度较为缓慢。

3. 单位GDP二氧化硫排放量

在《国民经济和社会发展第十个五年计划纲要》中，二氧化硫排放量作为主要污染物进行控制已经被列入国民经济和社会发展的主要目标中。在"十一五"和"十二五"规划中也仍然作为约束性指标出现。中国的二氧化硫排放总量已经从2005年的2549.4万吨下降为2011年的2217.91万吨，单位GDP二氧化硫排放量从2005年的0.0139吨/万元下降为0.0047吨/万元，在可获取数据的国家中排在第29位，比2010年的第25位有所进步。但从单位GDP二氧化硫作为逆指标的性质来看，中国的排名仍处在前30位以内，减排任务仍不可松懈。

4. 单位GDP二氧化碳排放量

为更好地衡量中国生态文明的建设成效，课题组在国际比较中增设了单位GDP二氧化碳排放量指标。目前，根据联合国数据，能得到2007年187个国家和地区的二氧化碳排放量数据。通过计算可以得到中国的相对排名是第8位。该指标与单位GDP能耗、单位GDP水耗和单位GDP二氧化硫排放量一样，设置为逆指标，排名越靠前意味着建设压力越大，需要做的工作越多。与部分国家相比，2007年中国的单位GDP二氧化碳排放量是瑞士的18.92倍、巴西的7.03倍、美国的4.32倍。整体而言，该指标在各指标的国际比较中排名最为靠前，需要格外重视（见图2-13）。

作为极易受到气候变化不利影响的发展中国家，中国十分重视温室气体减排。因工业化和城镇化进程仍在继续，中国的温室气体减排任务十分艰巨。2007年，中国制定并开始实施应对气候变化国家方案，在发展中国家中开创先河。2009年，中国明确了至2020年单位GDP温室气体排放比2005年下降40%~45%的行动目标。2005~2010年，中国单位GDP能耗累积下降19.1%，完成"十一五"规划目标，相当于减少二氧化碳排放14.6亿吨。"十二五"规划提出，至2015年，单位GDP二氧化碳排放量比2010年降低17%。中国将一步步推进温室气体减排的目标，为应对气候变化作出更多贡献。

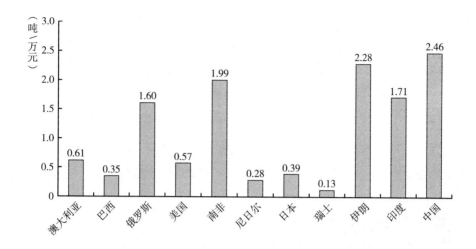

图 2 - 13　2007 年单位 GDP 二氧化碳排放量国际比较

三　小结

从国际比较中可以初步概括出中国生态文明建设呈现的一些特点。

1. 整体呈进步态势，步伐还可加快

中国生态文明建设各领域中，除农药施用强度、单位 GDP 水耗等少数指标领域的建设还未能实现持续进步态势外，其他大多数指标均呈现出进步趋势，显现了生态文明建设的初步成效。但国际比较显示，生态文明建设已逐渐成为世界各国的普遍潮流，与一些生态环境基础较好，或建设速度较快的国家相比，中国生态文明建设的进步优势并不十分突出。在确立中长期目标的基础上，中国建设的步伐还可以加快，进一步增强竞争力。

2. 部分建设领域成绩逐渐显现，但亟待加强的建设领域仍占多数

在进行国际比较的 18 个指标中，中国具有相对优势的领域为 8 个，还有待提升的领域为 10 个，从待提升的领域指标数量和具体数值差距上看，中国面临的建设压力仍然较大，尤其是在环境质量和协调程度方面。从二级指标看，中国发展优势明显的领域主要集中在社会发展方面，占据 4 个指标；生态活力方面有2 个指标成绩尚可，而环境质量和协调程度都仅有 1 个指标可纳入此范围。

3. 环境保护、节能减排任务艰巨

二级指标中，环境质量和协调程度需要重点关注的建设领域最多，分别为3个和4个。其中，在中国4项逆指标排名都较为靠前，分别是环境质量领域的农药施用强度，协调程度领域的单位GDP能耗、单位GDP二氧化硫排放量和单位GDP二氧化碳排放量。单位GDP二氧化碳排放量的排名最为靠前，2007年在各国中处于第8位。近20年以来，中国在农药施用总量、能源消费总量上持续走高，给环境保护、节能减排带来的压力不断增加，需要更多政策支持和建设投入。

4. 社会发展领域小有突破

在人均GDP、城镇化率、人均预期寿命等社会发展领域建设中，中国2011年获得一些可喜进展。人均GDP跨入3万元行列，并达到3.5万元以上，与2010年一样保持了17%以上的增幅。城镇化率首度超过50%，进一步缩小了与世界平均水平的距离。人均预期寿命方面，上海和北京分别达到80.26岁和80.18岁，达到高收入国家人均预期寿命水平，此前尚未有省份实现这一水平。

5. 大部分省份均有建设亮点，在一些领域中达到世界平均水平或先进水平

生态活力方面，森林覆盖率指标有6个省份达到世界前50强水平，分别是福建、江西、浙江、广西、海南和广东；其中福建达到世界第25位水平，江西和浙江分别达到第32位和第33位水平。自然保护区的有效保护高于世界平均水平的省份有9个，为西藏、青海、四川、甘肃、黑龙江、新疆、辽宁、吉林和内蒙古；其中西藏和青海已经达到世界第11位和第12位的水平。

环境质量方面，空气质量指标，省会城市拉萨和海口的PM10年均值达到2009年世界平均水平和世界卫生组织过渡时期目标-2水平之上，昆明、广州、福州则达到世界卫生组织过渡时期目标-1。

社会发展方面，人均GDP已实现中高国家收入水平的省份有天津、上海、北京、江苏、浙江、内蒙古、广东、辽宁、福建和山东10个省份，其中天津、上海和北京超过了世界平均水平。北京和上海的服务业产值占GDP比例达到中高收入国家水平，北京超过世界平均水平。城镇化水平方面，达到高收入国家水平的有上海、北京、天津3个直辖市，广东、辽宁、浙江和江苏达到高收

入国家水平，福建、内蒙古、黑龙江、重庆和吉林达到世界平均水平以上。人均预期寿命达到高收入国家水平的有上海和北京。北京也是人均教育经费投入达到世界平均水平以上的唯一省份。除北京以外，上海、天津、西藏、浙江和青海的人均教育经费投入都达到中高收入国家水平。

协调程度方面，天津的生活垃圾无害化处理率已经实现100%，达到世界先进水平；重庆也已经接近这一水平。在单位GDP能耗上，9个省份已经达到中等收入国家水平，分别是北京、广东、浙江、江苏、上海、福建、江西、海南和天津，前7个省份同时也达到了中高收入国家水平。单位GDP水耗实现了高收入国家水平的有上海、北京、天津、山东、广东、浙江、福建、重庆、陕西和辽宁10省份。

这些在不同建设领域中达到世界平均水平或世界先进水平省份的总数达到23个，占据了中国31个省份中的大多数。其中能在5个以上领域中实现较高水平的省份有北京、上海、天津、广东、浙江和福建。北京、上海、天津三个直辖市的优势主要体现在社会发展和协调程度领域，广东、浙江和福建则在生态活力和环境质量上也有所兼顾。总体上看，各省有所建树的领域次序分别为社会发展、协调程度、生态活力和环境质量。这反映了协调经济社会发展与生态环境保护两者之间的关系仍然是各省份生态文明建设面临的主要课题。

G.3
第三章
生态文明建设类型

我国各省份自然地理条件、经济社会发展水平、主体功能区定位各不相同。生态文明建设最新评价结果显示，目前各省份各二级指标得分及相互之间的关系各异，表现出不同特点，属于不同类型。因此，划分生态文明建设类型，提高生态文明建设的针对性，对于各省份确立恰当有效的建设策略，具有重要意义。

最新类型分析结果显示，与 2010 年相比，2011 年我国生态文明建设类型仍保持基本稳定，仍可划分为六大类型：均衡发展型、社会发达型、生态优势型、相对均衡型、环境优势型和低度均衡型，其中有 4 个省份的生态文明建设类型发生了变化。不同类型的省份均有各自的长处和短处，应相应采取针对性的生态文明建设策略。

一　划分方法

对 31 个省份的生态文明建设进行类型分析，由于样本数偏少，难以严格按照聚类分析方法来划分，因此参照聚类分析方法，即根据各省份 4 个生态文明建设二级指标得分所属等级①，以及它们之间的相互关系，归纳总结不同的生态文明建设特点，并根据不同特点划分类型。具体划分方法如下。

首先，将 2011 年各省生态文明建设 4 个二级指标得分，按照"平均值 + 标准差"的方法，划分为从高到低的 4 个等级（见表 3 - 1）。

---

① 生态活力和环境质量二级指标，可以反映各省的生态环境状况；社会发展和协调程度二级指标，可以综合反映经济社会发展情况。不同的生态文明建设类型，反映各省份经济社会与生态环境之间不同的相互关系。

表 3－1 四个二级指标得分及等级

地 区	生态活力	地 区	环境质量	地 区	社会发展	地 区	协调程度
黑龙江	30.46	西 藏	21.27	北 京	25.58	北 京	30.95
辽 宁	29.45	青 海	19.07	上 海	25.58	天 津	29.81
四 川	29.45	云 南	17.60	天 津	24.48	重 庆	27.77
广 东	27.92	广 西	16.87	浙 江	22.55	江 苏	26.86
海 南	27.92	贵 州	16.87	江 苏	21.73	山 东	25.94
江 西	27.92	海 南	16.13	广 东	20.63	浙 江	25.72
吉 林	27.42	内蒙古	16.13	福 建	18.98	福 建	25.26
北 京	26.40	四 川	16.13	山 东	18.70	上 海	25.03
浙 江	25.89	吉 林	16.13	辽 宁	18.15	广 东	24.81
广 西	24.88	新 疆	16.13	海 南	17.60	西 藏	24.30
重 庆	24.37	重 庆	15.40	内蒙古	17.33	安 徽	24.12
云 南	24.37	黑龙江	15.40	吉 林	15.95	内蒙古	23.90
湖 北	24.37	陕 西	15.40	宁 夏	15.68	陕 西	23.67
福 建	23.86	北 京	14.67	重 庆	15.13	海 南	22.99
内蒙古	23.86	湖 南	14.67	西 藏	14.70	四 川	22.53
山 东	23.86	广 东	13.93	山 西	14.58	河 北	22.53
湖 南	23.35	辽 宁	13.93	新 疆	14.58	广 西	22.30
青 海	23.35	福 建	13.93	黑龙江	14.30	河 南	22.30
山 西	22.85	安 徽	13.93	贵 州	14.03	江 西	22.08
天 津	22.34	河 南	13.93	湖 南	13.75	湖 南	22.08
陕 西	22.34	天 津	13.20	湖 北	13.75	辽 宁	21.39
上 海	21.32	江 苏	13.20	广 西	13.48	湖 北	21.39
江 苏	21.32	江 西	13.20	陕 西	13.48	吉 林	20.71
西 藏	21.32	河 北	13.20	河 北	13.48	山 西	20.71
甘 肃	21.32	上 海	12.47	四 川	12.93	云 南	19.12
贵 州	20.31	山 西	12.47	青 海	12.93	青 海	18.21
新 疆	20.31	宁 夏	12.47	江 西	12.65	贵 州	17.98
安 徽	19.80	浙 江	11.73	甘 肃	12.38	黑龙江	16.84
河 北	19.80	湖 北	11.73	云 南	11.83	新 疆	16.61
河 南	19.80	山 东	11.00	安 徽	11.83	宁 夏	16.39

说明：▨覆盖的省份，为第 1 等级。▦为第 2 等级，□为第 3 等级，■为第 4 等级。

其次，全面考察各省份 4 项二级指标所处等级（分为四个等级），并赋予相应等级分。处于第一等级获得 4 分等级分，第二等级获得 3 分等级分，第三等级获得 2 分等级分，第四等级则获得 1 分等级分（见表 3－2）。

表 3 – 2　各省四个二级指标等级分

地 区	类 型	地 区	类 型	地 区	类 型	地 区	类 型
黑龙江	4321	浙 江	3143	湖 南	2322	甘 肃	2121
辽 宁	4232	广 西	3322	青 海	2421	贵 州	1321
四 川	4323	重 庆	3324	山 西	2222	新 疆	1321
广 东	4243	云 南	3412	天 津	2244	安 徽	1213
海 南	4333	湖 北	3122	陕 西	2323	河 北	1223
江 西	4222	福 建	2233	上 海	2243	河 南	1212
吉 林	4322	内蒙古	2333	江 苏	2244	宁 夏	1221
北 京	3344	山 东	2133	西 藏	2423		

　　表格说明：类型栏中的数字，分别表示该省生态活力、环境质量、社会发展、协调程度四项二级指标所得等级分。比如，黑龙江为 4321，表示黑龙江的生态活力等级分为 4 分，环境质量等级分为 3 分，社会发展等级分为 2 分，协调程度等级分为 1 分。

　　从各省四个二级指标等级分来看，只有贵州和新疆同为 1321，其他省份四个二级指标等级分各不相同。目前我国各省生态文明建设类型特征还不够明显，只能通过进一步归纳各省生态文明建设的相似之处来粗略划分。

　　总体来看，目前我国只有少数省份经济社会发展水平和生态环境质量均较好；有些省份经济社会发展水平较高，但生态环境压力较大；有些省份生态环境较好，经济社会发展水平却相对较差；有些省份经济社会和生态环境都一般；还有少数省份经济社会和生态环境均欠佳。

　　根据各省份生态文明建设的这些不同特点，目前归纳出我国 6 大生态文明建设类型，即均衡发展型、社会发达型、生态优势型、相对均衡型、环境优势型和低度均衡型（见表 3 – 3）。

　　要说明的是，由于各二级指标得分是由其下属三级指标得分加权求和所得，而各三级指标得分又是相对评价得分，即在指标原始数据的基础上，按照正态分布原则构建数据序列，并基于"平均分 + 标准差"的方法，赋予相应的 1 ~ 6 分等级分，这已经对各省份三级指标原始数据之间的差距有所抹平；在此基础上，各省份二级指标等级分又对各二级指标得分之间的差距有所抹平，因此各省份的二级指标等级分在很大程度上掩盖了各省份

表3-3 各省所属的生态文明建设类型

均衡发展型	社会发达型	生态优势型	相对均衡型	环境优势型	低度均衡型	二级指标等级分
		黑龙江				4321
		辽 宁				4232
		四 川				4323
广 东						4243
海 南						4333
		江 西				4222
		吉 林				4322
北 京						3344
	浙 江					3143
			广 西			3322
重 庆						3324
				云 南		3412
			湖 北			3122
	福 建					2233
			内蒙古			2333
	山 东					2133
			湖 南			2322
				青 海		2421
			山 西			2222
	天 津					2244
			陕 西			2323
	上 海					2243
	江 苏					2244
				西 藏		2423
					甘 肃	2121
					贵 州	1321
					新 疆	1321
					安 徽	1213
			河 北			1223
					河 南	1212
					宁 夏	1221

之间的真实差距。所以，根据二级指标等级分划分的生态文明建设类型，也只是大致的划分，希望对各省份把握生态文明建设特点、定位目标、制定策略具有一定参考价值。

下面将对各生态文明建设类型的特点和建设策略展开分析。

二 2011 年六大类型

1. 均衡发展型的特点及建设策略

属于均衡发展型的，除了 2010 年的海南、广东、北京之外，2011 年新增了重庆市。均衡发展型省份的生态文明建设整体状况是目前最好的，各方面生态文明建设成效显著，发展均衡，且发展趋势向好。

虽然这 4 个省份的经济社会发展水平有所差别，但它们经过不懈努力，基于自身实际走出了各有特色的绿色发展道路，开始迈向协调发展的新阶段，经济社会和生态环境各方面开始均衡发展。数据显示，除了广东的环境质量稍差（排名全国第 16 位），重庆的社会发展水平相对较差（排名全国第 14 位），这些省份生态文明建设在其他各方面均表现不错，处于全国第一、第二等级①。该生态文明建设类型雷达图见图 3 - 1。

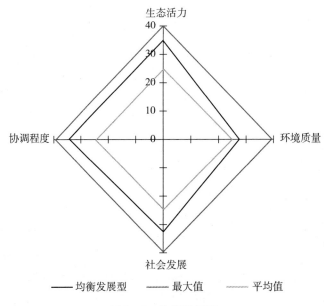

图 3 - 1 均衡发展型

---

① 本书所列数据，具体指标数据主要来源于《中国统计年鉴》，各二级指标和生态文明指数（ECI）得分及排名，均为课题组根据统计测算方法所得。

下一步的生态文明建设中，均衡发展型省份可采取"稳中求进、重点攻关"的策略。在已经取得显著成绩的基础上，保持良好发展势头，重点解决较为突出的问题，克服生态文明建设中的相对短板。比如，北京空气质量在直辖市和省会城市中处于靠后位置，海南省的农药施用强度全国最高，广东省的农药施用强度也高居前三位，重庆市的产业结构有待进一步升级优化，等等，这些方面需要引起高度关注并予重点攻关。

2. 社会发达型的特点及建设策略

2011 年，虽然福建、山东的社会发展和协调程度为第二等级，但与第一等级的省份相差不大（福建、山东的社会发展指标排名全国第七位和第八位，协调程度排名第七位和第五位），因此，福建、山东与上海、天津、浙江、江苏一起，被划为社会发达型。

该类型的突出特点是，社会发展水平全国领先，协调发展程度也相对较高；但由于较长时期的经济快速发展给生态环境带来较大压力，积累了较多的生态环境债务，因此环境质量较差，生态活力也仅居中游水平。以天津为例，2011 年，其社会发展水平仅次于北京和上海，协调程度更是高居全国第二位，但生态活力排名第 20 位，环境质量排名第 21 位，可以说，社会发展水平高和生态环境质量低的特点同样鲜明。此类型雷达图见图 3 - 2。

社会发达型省份经济社会发展水平已经有了质的飞跃，产业结构不断调整优化，单位 GDP 资源消耗量和主要污染物排放量显著下降，可以预测，其环境库兹涅茨曲线拐点即将出现，有望在不久的将来迈进协调发展的新阶段。然而，破坏生态环境容易，修复生态环境很难，而且环境污染还具有累积效应和滞后效应，因此在以后相当长一段时间，这些省份仍需持续改善生态环境质量。

这些省份生态文明建设策略重点在于"协调发展，克服冲突"。进一步调整升级产业结构，带头发展绿色科技，提高协调发展能力，减轻生态环境压力。同时积极反哺生态环境，加强生态环境治理力度，积极偿还生态环境债务，夯实自然环境基底，拓展绿色发展空间，缓和经济发展与生态环境之间的冲突和对立。

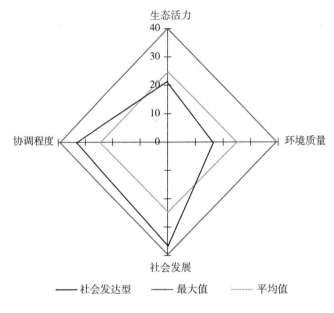

图 3 - 2　社会发达型

3. 生态优势型的特点及建设策略

生态优势型的特点就是生态活力均处于第一等级，全国领先，而环境质量、社会发展和协调程度其他三个方面均表现一般。

与 2010 年一样，生态优势型仍是东北三省吉林、黑龙江、辽宁和四川、江西这 5 个省份。以江西为例，2011 年，它的生态活力为全国并列第 4 位，属第一等级，而环境质量为并列第 21 位，社会发展为第 27 位，协调程度为全国第 19 位，表现欠佳。此类型雷达图见图 3 - 3。

这些省份具有良好的生态条件和自然资源比较优势，但目前尚未转化为经济优势。这些省份目前生态文明建设要将工作重点从生态建设向经济建设转移，充分利用好经济社会发展的后发优势，促进经济又好又快发展，弥补社会发展不足。同时要注意避免重蹈"先污染、后治理"的覆辙，坚持走新型工业化道路，最大限度降低经济发展的生态环境代价，真正走出一条经济与生态环境相协调的绿色发展道路。加快发展各项社会事业，大力提高各项社会公共服务水平，促进经济社会全面发展。因此，这些省份可坚持"后发优势，绿色发展"的生态文明建设策略。

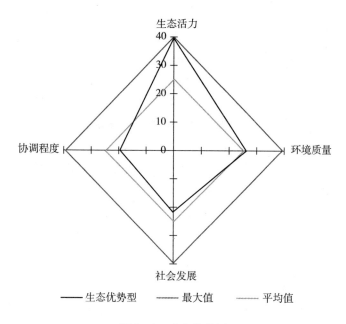

图 3 - 3 生态优势型

4. 相对均衡型的特点及建设策略

广西、湖南、湖北、内蒙古、陕西、山西、河北等 7 个省份，它们的共同特点是属于相对均衡型，没有突出的弱点，但也没有明显优势，各方面发展比较均衡。

具体来看，它们没有哪个二级指标排名处于全国第一等级，但也很少有处于第四等级的（除湖北的环境质量和河北的生态活力外），大多都处于第二等级和第三等级水平，各项指标发展也相对均衡。以湖南为例，2011 年，湖南的环境质量为第二等级，生态活力、社会发展和协调程度为第三等级，分别排名并列第 14、并列第 17、并列第 20、并列第 19 位，其生态文明建设成效相对均衡的特点比较鲜明，其他省份也基本类似。此类型雷达图见图 3 - 4。

相对均衡型省份要实现生态文明建设的大发展、大飞跃，一方面，要保持各个方面的稳步发展态势，齐头并进提升其生态文明建设整体水平；另一方面，还需找准自身比较优势，打造鲜明特色，在全面发展的基础上突出发展特色，并通过特色发展进一步带动整体发展。因此，可以考虑采用"整体推进、突出特色"的战略。

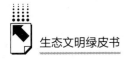

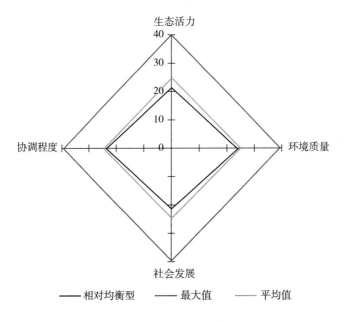

图3-4 相对均衡型

5. 环境优势型的特点及建设策略

云南、西藏、青海这3个西南地区的省份，属于环境优势型。它们的特点是自然环境质量良好，优势突出，大尺度的空气、水体和土地环境质量均排名全国第一等级，但其他方面的表现不尽如人意。

以青海为例，2011年，青海的环境质量高居全国第2名（第1名为西藏），但由于地处青藏高原，生态活力比较脆弱，仅排名第17位；另外，受其作为生态涵养区的生态功能区划和社会历史因素影响，社会发展和协调程度水平相对较低，排名并列倒数第5位和倒数第6位。此类型雷达图见图3-5。

这些省份虽然受到各种经济社会因素和自然地理条件影响，仍保持了良好的环境质量，为全国提供生态调节功能，因此非常难能可贵。在良好环境质量的基础上，要不以破坏环境为代价，走出一条特色经济社会发展道路，是这些省份面临的重大挑战。基于自身的实际条件，特别是根据其作为生态调节功能区的定位，在国家加强生态补偿、统筹发展的基础上，这些省份可以考虑采取"环境特色，错位发展"的生态文明建设战略。首先要继续打好"环境质量"这张特

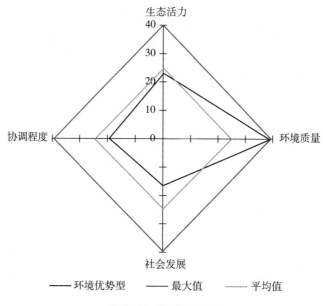

图 3 - 5　环境优势型

色牌。此外，在保护好环境的基础上，大力发展生态旅游、生态文化创意产业等新兴产业，抢先占领新兴产业高地，超越传统工业化发展模式，避免走传统工业化"先污染、后治理"的老路，从而实现基于环境优势的错位发展和特色发展。

6. 低度均衡型的特点及建设策略

由于各种原因，甘肃、宁夏、河南、新疆、安徽、贵州等省份，它们都有一两个生态文明建设二级指标处于全国第四等级和第三等级水平，且无第一等级的二级指标，因此概括为低度均衡型。此类型雷达图见图 3 - 6。

这些省份或者由于地处西北和华北地区，自然禀赋较差，生态活力欠佳；或者由于是能源大省或农业大省，能源生产和农业生产对环境破坏较大；而且由于受经济结构和自然地理条件影响，其经济社会发展水平和协调发展程度也排名相对靠后，因此，低度均衡型省份的生态文明建设任重道远。

从目前状况来看，这些省份要在短期内全面提升生态文明建设整体水平，难度较大，可以考虑选择"集中力量，重点突破"的策略，从基础较好的方面开始重点突破、重点发展。比如，贵州 2010 年曾是环境优势型，新疆目前也有成为环境优势型的基础条件，它们环境质量基础较好，可以通过进一步提

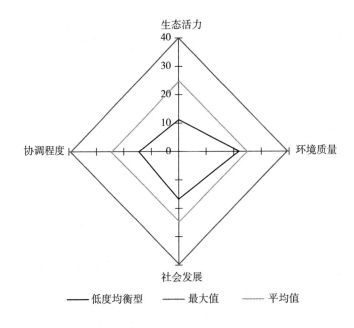

图 3-6　低度均衡型

高环境质量，发展成环境优势型。或者以重点抓弱项作为突破口，从而由低度均衡型发展为相对均衡型。比如，河南和安徽 2011 年的社会发展全国倒数第一第二，服务业产值占 GDP 比例、城镇化率、农村改水率等指标均在全国垫底，是明显的短板，因此可以考虑从产业升级、城市化发展和新农村建设等方面重点用力，促进生态文明建设整体水平提升。

三　类型变动分析

相比 2010 年，2011 年我国仍保持六大生态文明建设类型的基本格局。但由于各省份各项生态文明建设指标年度进步率各不相同，因此一些省份的指标排名、所属等级发生了变化，导致其生态文明建设类型发生了变化。

具体来说，重庆由相对均衡型变为均衡发展型，山西由低度均衡型变为相对均衡型，青海由低度均衡型变为环境优势型，而贵州则由环境优势型变为了低度均衡型（见表 3-4）。

表 3 - 4 2008 ~ 2011 年生态文明建设类型对比

生态文明建设类型	均衡发展型	社会发达型	生态优势型	相对均衡型	环境优势型	低度均衡型	年度类型变动省份
2011 年所属省（市、区）	海南、广东、北京、重庆	浙江、天津、上海、江苏、福建、山东	四川、吉林、黑龙江、辽宁、江西	广西、湖南、湖北、内蒙古、陕西、山西、河北	云南、西藏、青海	甘肃、宁夏、河南、新疆、安徽、贵州	重庆、山西、青海、贵州
2011 年省份数目	4	6	5	7	3	6	4
2010 年所属省（市、区）	海南、广东、北京	浙江、天津、上海、江苏、福建、山东	四川、吉林、黑龙江、辽宁、江西	重庆、广西、湖北、内蒙古、陕西、湖南、河北	云南、西藏、贵州	青海、山西、甘肃、新疆、安徽、宁夏、河南	福建、广西、河北、安徽
2010 年省份数目	3	6	5	7	3	7	4
2009 年所属省（市、区）	海南、北京、广东	浙江、天津、上海、江苏、山东	四川、黑龙江、吉林、辽宁、江西	重庆、福建、内蒙古、湖北、陕西、湖南、安徽	广西、西藏、云南、贵州	青海、甘肃、新疆、宁夏、河北、山西、河南	山东、北京、黑龙江、辽宁、重庆、福建、内蒙古、云南、贵州、青海、河南
2009 年省份数目	3	5	5	7	4	7	11
2008 年所属省（市、区）	海南、广东、福建、重庆	北京、浙江、上海、天津、江苏	四川、吉林、江西	辽宁、黑龙江、湖南、云南、山东、陕西、安徽、湖北、河南	广西、西藏、青海	内蒙古、河北、宁夏、贵州、新疆、山西、甘肃	（注：评价起始年，无变动情况）
2008 年省份数目	4	5	3	9	3	7	

尽管目前重庆的社会发展水平排名全国第 14 位，属第三等级，仍与北京、广东、海南等其他均衡发展型省份有一定差距，但 2011 年，重庆社会发展进步率为 12.13%，高于其他均衡发展型省份，差距有望缩小。特别值得一提的是，重庆市 2011 的协调程度已经高居第三名，同时还保持着高达 15.94% 的

进步率，也远远高于均衡发展型其他三个省份。可以说，重庆已经开始走上一条协调发展的道路，生态文明建设发展趋势向好，因此，从2010年的相对均衡型转变为均衡发展型。

山西尽管2011年环境质量仍然较差，且退步6.99%，但没有第四等级的二级指标，各方面水平相对均衡，环境质量之外的其他二级指标也均保持了一定的进步态势，因此变为相对均衡型。

2011年，由于在环境保护方面付出了巨大努力，青海主要河流三类以上水所占比例由88.%上升到93.3%，好于二级天气天数占全年比例进步了1.29%，而农药施用强度降低了3.36%，因此青海的环境质量进步了3.18%，排名攀升到全国第2名（第1名为西藏），进入第一等级，变为了环境优势型。

相比2010年，贵州不再是环境优势型。因为在这一年间，贵州农药施用强度升高了11.83%，导致环境质量退步了1.98%，不再属于第一等级[1]。

四　基本结论

第一，2011年，我国生态文明建设类型仍可划分为六大类型：均衡发展型、社会发达型、生态优势型、相对均衡型、环境优势型和低度均衡型，与2010年相比，类型格局保持基本稳定。

第二，目前各生态文明建设类型各有短长。

2011年，我国各省份生态文明建设状况仍较为多样，各方面成效各不相同，六大类型只是根据相似之处粗略划分的，因而只具有相对比较意义。即使成效最显著的均衡发展型，也存在这样那样的问题，因此各类型各有短长，均不可盲目乐观，也不应妄自菲薄。

第三，生态文明建设类型是可变的，各省份应朝经济环境协调发展方向转变。

---

[1]　所有三级指标数值，均出自中华人民共和国国家统计局发布的《中国统计年鉴2011》和《中国统计年鉴2012》。所有二级指标得分及所属等级，则为测算所得。

2008～2011 年生态文明建设类型分析显示，在短期内，各省所属类型保持相对稳定，但由于各省前进步伐不一致，类型也就相应发生变化。2011 年，4 个省份所属的生态文明类型有所改变，重庆由相对均衡型变为均衡发展型，山西由低度均衡型变为相对均衡型，青海由低度均衡型变为环境优势型，而贵州则由环境优势型变为了低度均衡型。有些省份的类型变化可喜，有些则令人担忧。

第四，各省份应基于自身类型特点，相应确定生态文明建设发展策略。

生态文明建设的最终目标，是要实现各方面的全面协调发展，特别是实现经济与生态环境之间的协调发展。目前，各省份生态环境与经济发展的关系呈现出不同特点：生态优势型和环境优势型生态环境质量较好，但经济社会发展水平相对较差；社会发达型则经济社会发展水平较高，但生态环境压力较大；相对均衡型经济社会发展水平和生态环境质量均一般；低度均衡型省份则经济社会发展水平和生态环境质量均欠佳。然而，即使是均衡发展型省份，也并非4 个二级指标得分均排在第一等级。可以说，各省份均离协调发展目标有一定距离，只不过远近不同。因此，各省份应基于自身类型特点和实际情况，借鉴成功经验，相应确定有针对性的生态文明建设发展策略，或及时弥补短板，或进一步发挥优势，或在整体推进的基础上突出特色。

G.4

第四章

相关性分析

生态文明指标众多，本年度的生态文明指标除了总的 ECI 外，还包括 4 个二级指标和 22 个三级指标。这些指标相互之间是一种什么关系？各自在生态文明体系中起到了什么样的作用？本章的相关分析将重点针对这些问题进行回答。

与 2012 年版《生态文明绿皮书》类似，2013 年版绿皮书选用皮尔逊（Pearson）积差相关，并采用双尾检验的方法，对 2011 年的数据作相关性分析。在数据序列尚不完全充分的情况下，借鉴回归分析方法，选取了一次函数、二次函数、三次函数拟合趋势线中拟合度最高的一种，以预测性地显示各省份生态文明各个方面随其他因素变化而发生变化的基本趋势。

同时，鉴于经济发展对于生态文明建设和其他各三级指标的重要作用，本章将采用偏相关分析方法，控制人均 GDP 的影响，探讨各二级指标和三级指标对于 ECI 的独立影响和作用。

2011 年的相关性分析与 2009 年和 2010 年有较多相似之处，我们将重点分析出现的新情况，相似的方面可参考 2011 年和 2012 年版《生态文明绿皮书》相关内容。

一 ECI 相关性分析

（一）整体情况

2011 年各省份"生态文明指数"（ECI）得分与"绿色生态文明指数"

（GECI）得分呈高度正相关[①]，达到 0.890。这表明生态文明建设评价指标体系（ECCI）能较为稳定地反映各省份的生态文明建设状况。

（二）各二级指标与 ECI 相关性分析

2011 年，"生态文明指数"（ECI）得分与各二级指标的相关性程度，由高到低排列分别是：协调程度、社会发展、生态活力和环境质量。其中，协调程度、社会发展和生态活力与 ECI 高度正相关，环境质量与 ECI 不显著正相关（见表 4 - 1）。

表 4 - 1　2011 年 ECI、GECI 与二级指标相关性

	生态活力	环境质量	社会发展	协调程度
ECI	0.525 **	0.110	0.774 **	0.809 **
GECI	0.662 **	0.381 *	0.400 *	0.699 **

注：** 表示 p < 0.01；* 表示 p < 0.05。下同。

ECI 与协调程度、社会发展、生态活力的相关性，总体情况与 2010 年基本一致，具体分析参见 2012 年版《生态文明绿皮书》。

ECI 与环境质量的相关性由 2010 年的不显著负相关变成了 2011 年的不显著正相关，虽然相关系数还是不显著，但这在一定程度上说明了生态文明建设与环境质量的冲突不再那么严重，有向相互协调方向发展的趋势。

GECI 得分与协调程度和生态活力高度正相关，同时，GECI 与社会发展和环境质量也正相关显著（见表 4 - 1）。GECI 与环境质量的正相关显著正对应了其绿色生态文明的含义。

与 2010 年相似，协调程度与 ECI 的相关性拟合趋势线为上升直线，说明协调程度对生态文明建设的影响不仅非常大，而且非常直接（见图 4 - 1）。

社会发展对生态文明建设的影响也非常大，但随着社会发展水平不断提高，当社会发展达到一定程度的时候，它对生态文明建设的促进作用有所减弱（见图 4 - 2）。

[①]　高度相关，是指在采用双尾检验时，相关性在 0.01 水平上显著；显著相关，则指相关性在 0.05 水平上显著；相关性不显著或无显著相关，即指相关性在 0.05 水平上不显著。

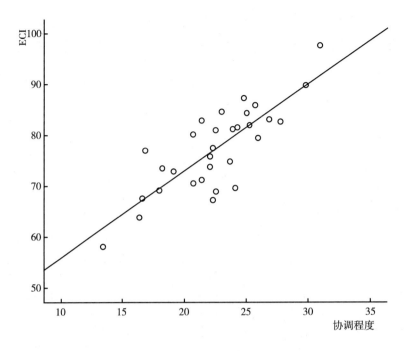

图 4 - 1　2011 年协调程度与 ECI 相关性

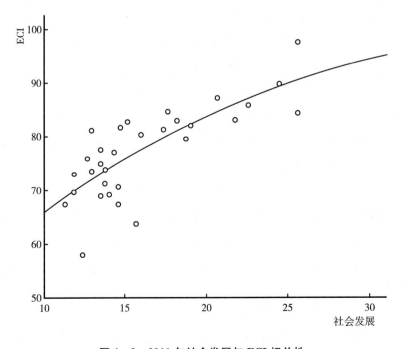

图 4 - 2　2011 年社会发展与 ECI 相关性

生态活力与 ECI 的相关性拟合趋势线为上升直线，但上升速度相对协调程度来讲较为缓慢，生态活力改善对生态文明建设的促进作用还有待加强（见图 4 - 3）。

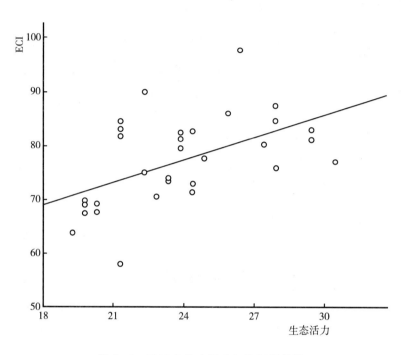

图 4 - 3　2011 年生态活力与 ECI 相关性

　　环境质量与 ECI 不显著正相关，这与 2010 年的不显著负相关相比有所改善，但大部分省份环境质量都还较差，还需要加大治理力度，在发展经济的同时注重对环境的保护（见图 4 - 4）。

　　与往年相同，各省生态文明建设在一定程度上有赖于协调程度、社会发展和生态活力的提升。同时，环境质量的作用较 2010 年有所提高，至少由负相关转变为正相关，这表明在一定程度上缓解了环境质量与生态文明建设的矛盾，但环境质量对生态文明的提升作用还有待提高。

（三）控制人均 GDP 之后，二级指标与 ECI 的偏相关分析

　　人均 GDP 是衡量国家和地区经济水平和社会发展程度的核心指标，也是生

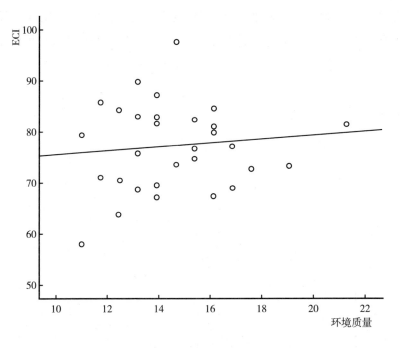

图 4 – 4　2011 年环境质量与 ECI 相关性

态文明建设必须重点关注的指标。2005～2011 年的 7 年间，人均 GDP 与 ECI 都呈高度正相关，说明人均 GDP 与生态文明建设之间的紧密关系（见表4 –2）。

表 4 – 2　2005～2011 年度人均 GDP 与 ECI 的相关度

	与 ECI 相关度	相关度在三级指标中的排名
2005 年人均 GDP	0. 645 **	5
2006 年人均 GDP	0. 686 **	3
2007 年人均 GDP	0. 522 **	8
2008 年人均 GDP	0. 529 **	9
2009 年人均 GDP	0. 729 **	3
2010 年人均 GDP	0. 692 **	3
2011 年人均 GDP	0. 718 **	1

　　如 2010 年出版的第一版《生态文明绿皮书》所述，虽然人均 GDP 并不是影响生态文明建设最重要的和决定性的因素，但是，经济发展是各项事业发展的基础，在生态文明建设中起着不可替代的基础性作用。2011 年，人均 GDP

与 ECI 的相关性在三级指标中已经排名第一，同时 ECI 指标中的很多指标都会受到人均 GDP 的影响（其他 21 个三级指标中有 13 个与人均 GDP 相关性显著，4 个二级指标中有 3 个与人均 GDP 相关性显著）。

在未控制人均 GDP 影响的情况下，二级指标与 ECI 之间的关系受到了人均 GDP 的影响，而未能表现出其与 ECI 的真实关系。一些二级指标看似与 ECI 相关性不显著，实则是由于受到人均 GDP 的影响，而未能表现出其真实的高相关性；而另一些表现出与 ECI 显著相关的指标，实则是在人均 GDP 的作用下表现出来的一种伪相关，甚至是反向的相关。

偏相关分析正好能解决这一问题，在控制了人均 GDP 之后，将各个指标与 ECI 的 "纯相关" 系数展现出来，有利于我们更加真实地分析二级指标与 ECI 的关系。

偏相关分析显示：生态活力、协调程度和社会发展三个二级指标依然保持与 ECI 的显著正偏相关，其中生态活力的相关系数有所提高，社会发展和协调程度的相关系数有所下降（社会发展的相关系数由高度相关降为显著相关）；环境质量则由不显著相关变为高度正偏相关。

表 4-3　2011 年 ECI 与二级指标的相关系数和偏相关系数

	生态活力	环境质量	社会发展	协调程度
相关系数	0.525 **	0.110	0.774 **	0.809 **
偏相关系数	0.664 **	0.582 **	0.416 *	0.627 **

环境质量与 ECI 的偏相关分析显示，二者的高度正相关在很大程度上解释了未控制人均 GDP 之前相关分析中不显著的原因。相关分析显示，人均 GDP 与环境质量二级指标表现为负相关显著（-0.371 *）。这表明，在全国范围内经济发展越好，人均 GDP 越高，环境质量反而越差，因此，良好的环境质量对生态文明建设的促进作用，被较差的经济社会发展水平所拖累；而较差的环境质量对生态文明建设的阻碍作用，却被良好的经济社会发展水平所掩盖。在之前相关分析中未排除人均 GDP 的影响时，环境质量对 ECI 的影响被人均 GDP 及其他经济社会发展指标严重干扰，当排除经济发展的影响因素后，环境质量对生态文明建设的作用才真正体现出来。

二 二级指标相关性分析

ECCI 各项二级指标，是对生态文明建设的生态建设、环境治理、社会进步、协调发展等领域的反映。这些领域，本身又包括一些具体建设方面。那么，到底是哪些因素影响了各省在这些领域的表现？分析各二级指标的相关性，将有利于揭示影响生态文明建设主要领域的关键因素。

（一）二级指标相互之间的相关性

（1）二级指标间的相关性分析。

2011 年，除了"社会发展"与"协调程度"指标之间高度正相关（0.655 **）外，其他二级指标之间的相关性均不显著（如表 4 – 4）。

表 4 – 4　2011 年二级指标之间的相关性

	生态活力	环境质量	社会发展	协调程度
生态活力	1	0.088	0.137	0.104
环境质量	0.088	1	– 0.307	– 0.106
社会发展	0.137	– 0.307	1	0.655 **
协调程度	0.104	– 0.106	0.655 **	1

"社会发展"与"协调程度"指标高度正相关，就如 2011 年和 2012 年版《生态文明绿皮书》所分析的，原因在于二者都受到经济发展水平（特别是人均 GDP）的重要影响。因为"社会发展"和"协调程度"指标具有不同含义，也不能相互替代，所以二者都有必要保留。

与 2009 年相比，2011 年延续 2010 年的趋势，社会发展、协调程度与环境质量之间的负相关性不再显著，且协调程度与环境质量的负相关系数有了较大幅度的下降。这些都传递出一个积极信号，从全国层面来看，经济社会发展与大尺度自然环境之间的紧张关系，开始有所缓和。

（2）控制人均 GDP 之后，二级指标间的偏相关分析。

偏相关分析显示，在控制了人均 GDP 之后，四个二级指标之间的偏相关系数都呈现为不显著相关，大部分偏相关系数较相关系数都有所降低，更加真实地揭示了各个方面之间的相互关系。

首先，各二级指标的偏相关不显著（见表4-5），表明在控制了经济发展变量之后，排除了经济发展对生态文明建设各方面的影响，各二级指标之间是相互独立的，体现了指标体系设置的合理性，也能够更真实地反映生态文明建设各个方面的实际情况。

表4-5 2011年二级指标之间的偏相关分析

	生态活力	环境质量	社会发展	协调程度
生态活力	1			
环境质量	0.132	1		
社会发展	0.145	0.116	1	
协调程度	0.057	0.216	0.071	1

其次，在控制了人均GDP变量之后，环境质量与社会发展、协调程度的相关性，由控制之前的负相关（分别为-0.307，-0.106）变为了正相关（分别为0.116，0.216）。这表明，过分追求人均GDP的增长，很可能会导致环境质量下降；在排除了经济发展对环境的破坏作用之后，促进社会发展，提高协调程度，与提高环境质量并不矛盾。因此，生态文明建设的关键，是要找到一条环境友好的绿色经济发展之路，在经济建设过程中兼顾环境保护。

（二）各二级指标内部的相关性

与2009年和2010年一样，各二级指标与自身三级指标之间，大多存在显著相关性，且与三级正指标之间呈正相关，与三级逆指标之间呈负相关，这充分说明各三级指标具有鲜明的指标性和代表性。

同时，2011年仍有6项指标与各自所属的二级指标之间关联度不显著，它们分别是：建成区绿化覆盖率、自然保护区的有效保护、湿地面积占国土面积比重、水土流失率、农药施用强度、环境污染治理投资占GDP比重，比2010年少了环境空气质量这一项，多了农药施用强度这一项。就如2011年和2012年版《生态文明绿皮书》所述，这些指标的相关性不显著，各有各的原因，并不意味着这些指标所代表的方面，对于生态文明建设各个领域不重要。

（1）生态活力相关性分析。

与2009年和2010年相似，2011年，生态活力除了与森林覆盖率显著正相关外，与其他三项指标的相关性仍不显著。4项三级指标之间的相关性，也与2009年和2010年类似（见表4-6）。

表4-6　生态活力各三级指标的相关性

	森林覆盖率	建成区绿化覆盖率	自然保护区的有效保护	湿地面积占国土面积比重
森林覆盖率	1	0.445*	-0.376*	-0.240
建成区绿化覆盖率	0.445*	1	-0.674**	0.086
自然保护区的有效保护	-0.376*	-0.674**	1	-0.155
湿地面积占国土面积比重	-0.240	0.086	-0.155	1
生态活力	0.620**	0.313	0.101	-0.062

2008~2011年连续4年，生态活力都与森林覆盖率之间有显著正相关性，体现了森林对于提高生态活力、保障生态健康和安全的关键作用。

（2）环境质量相关性分析。

环境质量的4个三级指标中有2个指标与环境质量正相关显著，为地表水体质量和环境空气质量。与2010年相比，环境空气质量开始与环境质量正相关显著；而农药施用强度则由显著负相关变为不显著负相关（如表4-7）。

表4-7　环境质量各三级指标相关性

	地表水体质量	环境空气质量	水土流失率	农药施用强度
地表水体质量	1	0.205	-0.123	0.280
环境空气质量	0.205	1	-0.437*	0.312
水土流失率	-0.123	-0.437*	1	-0.551**
农药施用强度	0.280	0.312	-0.551**	1
环境质量	0.606**	0.401*	-0.054	-0.325

环境空气质量由不显著正相关变为显著正相关，表明空气质量对环境质量的影响已经越来越明显，注重环境空气质量治理已经成为保护生态环境各项举

措中最为重要的内容之一。

2010 年的相关分析显示，农药的使用及其相关的农业面源污染，已经成为导致我国环境质量退化的重要原因，不仅威胁到国土生态安全，而且带来食品安全隐患，成为影响我国生态文明建设的一大短板。2011 年的数据则显示，农药施用强度由显著负相关变为不显著负相关，这一方面受到地表水体质量与环境质量相关性高度正相关的影响，另一方面，也可能表明农药对于环境的破坏作用虽然还在继续，但其破坏强度有所下降，形势有所缓解。

（3）社会发展相关性分析。

2011 年社会发展相关性分析与 2009 年和 2010 年都非常类似。

2011 年，社会发展各三级指标，均与社会发展二级指标高度正相关，相关度由高到低排列分别为：人均 GDP、城镇化率、农村改水率、人均教育经费投入、人均预期寿命、服务业产值占 GDP 比例。除了人均预期寿命与服务业产值占 GDP 比例、人均教育经费投入之间的相关性不显著外，其他各三级指标之间均显著正相关。特别是人均 GDP、城镇化率、农村改水率三个指标，与各项社会发展三级指标均存在显著的正相关性（见表 4 – 8）。

表 4 – 8　2011 年社会发展各三级指标相关性

	人均 GDP	服务业产值占GDP 比例	城镇化率	人均预期寿命	人均教育经费投入	农村改水率
人均 GDP	1	0.551 **	0.935 **	0.789 **	0.707 **	0.717 **
服务业产值占 GDP 比例	0.551 **	1	0.518 **	0.332	0.793 **	0.549 **
城镇化率	0.935 **	0.518 **	1	0.867 **	0.618 **	0.705 **
人均预期寿命	0.789 **	0.332	0.867 **	1	0.335	0.544 **
人均教育经费投入	0.707 **	0.793 **	0.618 **	0.335	1	0.670 **
农村改水率	0.717 **	0.549 **	0.705 **	0.544 **	0.670 **	1
社会发展	0.933 **	0.699 **	0.875 **	0.734 **	0.762 **	0.792 **

由此可见，经济规模、城市化发展水平、经济结构、科技发展水平和社会福利水平，都是影响社会发展水平的重要因素，而且，这些方面之间也相互影响，其中，人均 GDP 又是核心要素。这方面的具体分析可参见 2012 年版《生态文明绿皮书》。

（4）协调程度相关性分析。

2011 年协调程度相关性也与 2009 年和 2010 年非常类似。

除了环境污染治理投资占 GDP 比重与协调程度相关性不显著外，其余指标均与协调程度二级指标显著相关，各项三级指标之间，也大多存在一定的相关性（见表 4 - 9）。具体分析，也可参见 2011 年版和 2012 年版的《生态文明绿皮书》。

表 4 - 9　2011 年协调程度各三级指标相关性

	工业固体废物综合利用率	单位 GDP 化学需氧量排放量	单位 GDP 氨氮排放量	城市生活垃圾无害化率	环境污染治理投资占 GDP 比重	单位 GDP 能耗	单位 GDP 水耗	单位 GDP 二氧化硫排放量
工业固体废物综合利用率	1	- 0.400 *	- 0.418 *	0.173	- 0.557 **	- 0.498 **	- 0.537 **	- 0.262
单位 GDP 化学需氧量排放量	- 0.400 *	1	0.796 **	- 0.510 **	0.128	0.539 **	0.475 **	0.485 **
单位 GDP 氨氮排放量	- 0.418 *	0.796 **	1	- 0.310	0.024	0.369 *	0.350	0.400 *
城市生活垃圾无害化率	0.173	- 0.510 **	- 0.310	1	0.060	- 0.263	- 0.219	- 0.212
环境污染治理投资占 GDP 比重	- 0.557 **	0.128	0.024	0.060	1	0.521 **	0.535 **	0.207
单位 GDP 能耗	- 0.498 **	0.539 **	0.369 *	- 0.263	0.521 **	1	0.436 *	0.891 **
单位 GDP 水耗	- 0.537 **	0.475 **	0.350	- 0.219	0.535 **	0.436 *	1	0.220
单位 GDP 二氧化硫排放量	- 0.262	0.485 **	0.400 *	- 0.212	0.207	0.891 **	0.220	1
协调程度	0.437 *	- 0.804 **	- 0.733 **	0.646 **	- 0.017	- 0.711 **	- 0.432 *	- 0.684 **

（5）控制人均 GDP 之后，二级指标与所属三级指标的偏相关分析。

正如前文所述，人均 GDP 是一个重要的影响因素，为了厘清各三级指标与所属二级指标之间的关系，采用偏相关分析，控制人均 GDP 在其中的影响，探讨其间的相互关系。

偏相关分析显示，共有社会发展和协调程度方面 5 个三级指标与所属二级指标的相关系数显著降低。城镇化率、人均预期寿命、人均教育经费投入与所属的社会发展二级指标的相关性，由之前的高度正相关变为不显著正偏相关；工业固体废物综合利用率和单位 GDP 氨氮排放量（新增设指标）与所属的协调程度二级指标的相关性由之前的显著正相关和高度负相关变为不显著正偏相关和负偏相关（见表 4 – 12、表 4 – 13）。

在排除了人均 GDP 的影响后，这几个指标与所属二级指标的相关性显著减弱。这表明经济发展与城镇化发展、社会福利提高、科技教育事业发展、新兴工业发展是高度一致的，人均 GDP 是导致城镇化率、人均预期寿命、人均教育经费投入与社会发展高度正相关的深层原因，也是导致工业固体废物综合利用率、单位 GDP 氨氮排放量与协调程度高度正相关的深层原因。

同时，在排除了人均 GDP 的影响后，有些指标虽然相关度有所降低，但仍然非常显著。比如，服务业产值占 GDP 比例、农村改水率、单位 GDP 化学需氧量排放量、单位 GDP 能耗、单位 GDP 二氧化硫排放量等指标。此外，在排除了人均 GDP 的影响后，有些指标的相关度反而有所上升。比如，城市生活垃圾无害化率、单位 GDP 水耗。这说明，人均 GDP 并不会全面影响社会发展和协调程度的各方面。比如，人均 GDP 对产业结构、能源和水资源利用效率、环境治理、农村建设的影响相对有限。产业结构优化升级，建设资源节约型和环境友好型社会，建设社会主义新农村，都不能只依赖经济发展水平提高这个内生机制，还需要充分调动规章制度、宣传教育、公众参与等外生机制。

生态活力和环境质量与三级指标之间的相关性受人均 GDP 影响相对较小，相关系数与偏相关系数之间的差别不是太大（见表 4 – 10、表 4 – 11）。

表 4 – 10　2011 年生态活力各三级指标的相关分析和偏相关分析

		森林覆盖率	建成区绿化覆盖率	自然保护区的有效保护	湿地面积占国土面积比重
生态活力	相关系数	0.620 **	0.313	0.101	− 0.062
	偏相关系数	0.643 **	0.301	0.132	− 0.144

表4-11 2011年环境质量各三级指标的相关分析和偏相关分析

		地表水体质量	环境空气质量	水土流失率	农药施用强度
环境质量	相关系数	0.606**	0.401*	−0.054	−0.325
	偏相关系数	0.533**	0.415*	−0.192	−0.297

表4-12 2011年社会发展各三级指标的相关分析和偏相关分析

		人均GDP	服务业产值占GDP比例	城镇化率	人均预期寿命	人均教育经费投入	农村改水率
社会发展	相关系数	0.933**	0.699**	0.875**	0.734**	0.762**	0.792**
	偏相关系数	—	0.561**	0.257	0.178	0.288	0.493**

表4-13 2011年协调程度各三级指标的相关分析和偏相关分析

		工业固体废物综合利用率	单位GDP化学需氧量排放量	单位GDP氨氮排放量	城市生活垃圾无害化率	环境污染治理投资占GDP比重	单位GDP能耗	单位GDP水耗	单位GDP二氧化硫排放量
协调程度	相关系数	0.437*	−0.804**	−0.733**	0.646**	−0.017	−0.711**	−0.432*	−0.684**
	偏相关系数	0.282	−0.632**	−0.339	0.723**	−0.050	−0.624**	−0.489**	−0.545**

三 三级指标相关性分析

为了进一步分析生态文明建设中哪些因素起到了关键性作用，我们再次进行了三级指标与ECI之间的相关性分析。

分析发现，2011年，有12项三级指标与ECI高度相关，1项与ECI显著相关，同时有9项指标与ECI相关性不显著。

由于《生态文明绿皮书》一年一版，2011年诸多三级指标与ECI的相关性与2010年及2009年非常相似，为减少重复，本节只重点分析发生明显变化的指标。

（一）三级指标与ECI的相关性分析

1. 13项三级指标与ECI显著相关

2011年，共有13项三级指标与ECI达到显著相关，按相关度由高到低的顺序排列，它们分别是：人均 GDP、单位 GDP 二氧化硫排放量、城镇化率、单位 GDP 氨氮排放量、单位 GDP 能耗、人均教育经费投入、人均预期寿命、单位 GDP 化学需氧量排放量、服务业产值占 GDP 比例、水土流失率、农村改水率、城市生活垃圾无害化率、环境空气质量（见表 4 - 14）。

表 4 - 14　2011 年与 ECI 显著相关的三级指标

相关度排名	三级指标	与 ECI 相关度	所属二级指标
1	人均 GDP	0.718**	社会发展
2	单位 GDP 二氧化硫排放量	-0.692**	协调程度
3	城镇化率	0.680**	社会发展
4	单位 GDP 氨氮排放量	-0.663**	协调程度
5	单位 GDP 能耗	-0.654**	协调程度
6	人均教育经费投入	0.636**	社会发展
7	人均预期寿命	0.611**	社会发展
8	单位 GDP 化学需氧量排放量	-0.596**	协调程度
9	服务业产值占 GDP 比例	0.572**	社会发展
10	水土流失率	-0.539**	环境质量
11	农村改水率	0.533**	社会发展
12	城市生活垃圾无害化率	0.444**	协调程度
13	环境空气质量	0.355*	环境质量

在与 ECI 显著相关的 13 项三级指标中，包括社会发展类全部 6 项、协调程度类 5 项，环境质量类 2 项。

与 2009 年和 2010 年一样，2011 年，全部 6 项社会发展三级指标均与 ECI 显著相关。而且，6 项指标与 ECI 的相关性拟合线趋势图，也与 2009 年和 2010 年相似。由此可见，以人均 GDP 为代表的社会发展程度是影响生态文明建设的重要因素。同时，在后面的偏相关分析中也会看到，由于社会发展三级指标相互之间的相关性和影响程度较高，当控制人均 GDP 之后，社会发展其他三级指标的作用也会随之显著下降。

2011 年，与 ECI 显著相关的 5 项协调程度三级指标，分别为单位 GDP 二氧化硫排放量、单位 GDP 氨氮排放量、单位 GDP 能耗、单位 GDP 化学需氧量排放量、城市生活垃圾无害化率。与 2010 年相比，与 ECI 显著相关的指标减少了工业固体废物综合利用率、工业污水达标排放率、单位 GDP 水耗三项；增加了单位 GDP 氨氮排放量、单位 GDP 化学需氧量排放量、城市生活垃圾无害化率三项。这说明，加强"三废"治理还需要在减少二氧化硫排放上下功夫，同时要注意在提高协调程度方面，对于单位 GDP 氨氮排放量、单位 GDP 化学需氧量排放量指标，要与单位 GDP 能耗、单位 GDP 水耗、单位 GDP 二氧化硫排放量一样高度重视。

2011 年，环境质量三级指标与 ECI 的相关性显示，水土流失率和环境空气质量这两项指标与 ECI 显著相关。与 2010 年有所不同，减少了农药施用强度，增加了环境空气质量指标。近年来，空气质量已经成为严重影响整体环境质量和生态文明建设的一个重要指标。在过去几版的绿皮书中由于环境空气质量指标仅局限于省会城市数据，因此未能与 ECI 显著相关。在 2011 年数据中，虽然也有类似的问题，但由于全国空气污染程度有加重趋势，环境空气质量对生态文明建设的影响也日益加重，其显著性也逐步提高。而农药施用强度则与环境质量的相关性由显著负相关变为不显著负相关，所以与 ECI 的相关性也有所下降，正相关性不再显著。

2011 年，生态活力当中没有指标与 ECI 显著相关。与 2010 年的结果相比，减少了森林覆盖率和建成区绿化覆盖率这两项指标。城市建成区绿化和森林绿化是国土绿化的关键，虽然 2011 年森林覆盖率和建成区绿化覆盖率与 ECI 相关不显著，但在后面的偏相关分析中发现，在排除了经济发展的因素后，森林覆盖率与 ECI 仍然高度相关。由此也表明，绿化建设尤其是森林绿化在我国生态安全和生态文明建设中具有基础性地位。

2. 9 项三级指标与 ECI 相关度不显著

由于种种原因，2011 年有 9 项三级指标与 ECI 相关度不显著（见表 4 - 15）。

在生态活力方面，四个三级指标都不显著。自然保护区的有效保护和湿地面积占国土面积比重指标在很大程度上受自然条件和生态功能区划限制，且指标变化较慢，因此与 ECI 的相关性不够显著。森林覆盖率和建成区绿化覆盖率由 2010 年的显著相关变为 2011 年的不显著相关，原因在上文已经分析，在后面的偏相关分析中会发现，在排除了经济发展的因素后，森林覆盖率与 ECI 仍然高度相关。

表 4 – 15　2011 年与 ECI 相关不显著的三级指标

所属二级指标	三级指标	与 ECI 相关度
生态活力	森林覆盖率	0.292
	建成区绿化覆盖率	0.339
	自然保护区的有效保护	– 0.047
	湿地面积占国土面积比重	0.301
环境质量	地表水体质量	0.076
	农药施用强度	0.304
协调程度	工业固体废物综合利用率	0.268
	环境污染治理投资占 GDP 比重	– 0.115
	单位 GDP 水耗	– 0.334

在环境质量方面，地表水体质量虽然与 ECI 的相关性仍然不够显著，但在后面的偏相关分析中会发现和森林覆盖率一样，在排除了经济发展的因素后，地表水体质量与 ECI 仍然高度相关。农药施用强度与 ECI 的相关性由 2010 年的显著正相关变为不显著正相关。这并不表示农药施用强度对生态文明建设起促进作用且这种作用在下降，而是由于农药施用强度是一个逆向指标，且与环境质量呈负相关。正如前两版《生态文明绿皮书》所述，由于受到地理气候、农业生产、经济条件影响，农药施用强度与生态活力、协调程度和社会发展这 3 个二级指标均有一定的正相关性，因此最终导致它与 ECI 有正相关性。

在协调程度方面，工业固体废物综合利用率、单位 GDP 水耗和环境污染治理投资占 GDP 比重与 ECI 指标相关性不显著。如前两版《生态文明绿皮书》所述，环境污染治理投资占 GDP 比重指标虽然能在一定程度上反映各省份的环境治理投入力度，但由于受到 GDP 总量的直接影响，它对环境治理投入的反映程度打了折扣，从而影响了它与 ECI 的相关度。工业固体废物综合利用率和单位 GDP 水耗则由 2010 年的显著相关变为不显著相关，这可能与全国范围内工业固体废物综合利用率的整体提高和单位 GDP 水耗的整体下降有关系。

（二）控制人均 GDP 之后，三级指标与 ECI 的偏相关分析

在未控制人均 GDP 影响的情况下，很多三级指标与 ECI 之间的关系受到了人均 GDP 的影响，未能表现出其与 ECI 的真实关系。一些三级指标看似与

ECI 显著相关，实则是由于受到人均 GDP 影响而表现出高相关；一些三级指标看似与 ECI 不显著相关，却是由于受到人均 GDP 的影响而未能表现出真实的高相关。

通过偏相关分析，正好能解决这一问题，在控制了人均 GDP 之后，各个指标与 ECI 之间的"纯相关"系数展现出来。这有利于我们更加准确地分析三级指标与 ECI 之间的真实关系。

在控制人均 GDP 之后，各三级指标与 ECI 的偏相关系数见表 4 - 16。22个三级指标与 ECI 的关系，可以根据相关系数和偏相关系数的显著性分为四类：相关显著偏相关显著、相关显著偏相关不显著、相关不显著偏相关显著、相关不显著偏相关不显著。

表 4 - 16　三级指标与 ECI 的相关系数和偏相关系数

分类	三级指标	与 ECI 相关系数	与 ECI 偏相关系数
	人均 GDP	0.718 **	—
相关显著偏相关显著（n=5）	单位 GDP 二氧化硫排放量	− 0.692 **	− 0.559 **
	单位 GDP 能耗	− 0.654 **	− 0.537 **
	水土流失率	− 0.539 **	− 0.475 **
	城市生活垃圾无害化率	0.444 **	0.442 *
	环境空气质量	0.355 *	0.555 **
相关显著偏相关不显著（n=7）	城镇化率	0.680 **	0.298
	单位 GDP 氨氮排放量	− 0.663 **	− 0.053
	人均预期寿命	0.611 **	0.339
	人均教育经费投入	0.636 **	0.082
	单位 GDP 化学需氧量排放量	− 0.596 **	− 0.118
	服务业产值占 GDP 比例	0.572 **	0.179
	农村改水率	0.533 **	− 0.016
相关不显著偏相关显著（n=2）	森林覆盖率	0.292	0.576 **
	地表水体质量	0.076	0.617 **
相关不显著偏相关不显著（n=7）	建成区绿化覆盖率	0.339	0.178
	自然保护区的有效保护	− 0.047	0.228
	湿地面积占国土面积比重	0.301	− 0.217
	农药施用强度	0.304	0.296
	工业固体废物综合利用率	0.268	− 0.118
	环境污染治理投资占 GDP 比重	− 0.115	− 0.270
	单位 GDP 水耗	− 0.334	− 0.316

与 ECI 相关系数显著、偏相关系数也显著的三级指标有 5 个，分别是：单位 GDP 二氧化硫排放量、单位 GDP 能耗、城市生活垃圾无害化率、水土流失率和环境空气质量，其中 3 个为协调程度指标，2 个为环境质量指标。这表明，不管是否考虑人均 GDP 的影响，这些指标都与 ECI 紧密关联，都可能对生态文明建设产生重要影响。

在协调程度方面，通常经济社会发展水平越高，协调程度也会越高（协调程度和社会发展的相关系数为 0.655**，人均 GDP 与协调程度的相关系数为 0.682**）。因此，有些协调程度指标对于 ECI 的贡献，部分是源自经济增长的传导效应，如下文所述的单位 GDP 氨氮排放量和单位 GDP 化学需氧量排放量指标。而单位 GDP 二氧化硫排放量、单位 GDP 能耗、城市生活垃圾无害化率这三个指标，在排除了经济发展的因素后仍与 ECI 表现出高度相关，表明这三个指标对于 ECI 的作用是相对独立的。不管处于什么经济发展水平的省份，要想搞好生态文明建设，都需要加强这些方面的建设。

目前人均 GDP 与环境质量呈显著负相关（-0.371*），也就是说，在经济发展的同时，环境质量有不同程度的下降，因此，环境质量与 ECI 的真实关联，可能被人均 GDP 干扰。从偏相关的数据来看，在环境质量方面，水土流失率和环境空气质量偏相关系数仍然显著，并且环境空气质量的显著度还有所提升，达到高度相关（地表水体质量与 ECI 的相关系数为 0.076，偏相关系数更是上升为 0.617**）。这说明空气质量和土壤质量对于 ECI 的作用也是相对独立的，不管经济发展水平如何，环境因素都对生态文明建设具有重要影响。

与 ECI 相关系数显著而偏相关系数不显著的三级指标有 7 个，分别是：服务业产值占 GDP 比例、城镇化率、人均预期寿命、人均教育经费投入、农村改水率、单位 GDP 氨氮排放量和单位 GDP 化学需氧量排放量，其中 5 个社会发展指标（除人均 GDP 指标外，社会发展其他所有指标偏相关系数都变得不显著）、2 个协调程度指标。

在社会发展方面，服务业产值占 GDP 比例、城镇化率、人均预期寿命、人均教育经费投入、农村改水率等 5 个三级指标，均与人均 GDP 之间高度正相关（相关系数分别为 0.551**，0.935**，0.789**，0.707**，0.717**），各

项指标都与经济发展具有很强的联动性，经济发展越好，人均 GDP 越高，则城镇化率也相应越高，人均预期寿命也越长，人均教育经费投入就越多，农村改水率也越高。因此，这些社会发展指标与人均 GDP 协同发展，相互促进，共同对 ECI 产生作用。

在协调程度方面，单位 GDP 氨氮排放量和单位 GDP 化学需氧量排放量这两个逆向指标，和人均 GDP 呈现出高度的负相关（相关系数为 -0.836^{**} 和 -0.625^{**}），这表明经济发展越快，人均 GDP 越高，单位 GDP 产出造成的化学需氧量排放量和氨氮排放量迅速下降，这可能与产业结构升级调整（人均 GDP 与服务业产值占 GDP 比例相关系数为 0.551^{**}）及技术进步有关系。因此，单位 GDP 氨氮排放量和单位 GDP 化学需氧量排放量这两个指标对于 ECI 的作用，也相对依附于经济发展的作用。

这表明这些指标与 ECI 的相关性，在很大程度上受人均 GDP 的影响，这些方面对于生态文明的促进作用，主要是随着经济发展水平的提高而显现出来，它们对生态文明建设的作用，是一种相对附属和间接的作用。

这 7 个三级指标相关显著而偏相关不显著，揭示了对生态文明起着重要作用的多个因素，是在经济因素的驱动下起作用的，也充分说明了经济因素在生态文明建设中的基础地位和重要作用。这也充分说明了生态文明建设不能孤立进行，而是要融入经济建设、政治建设、文化建设和社会建设的各方面和全过程，要与经济建设一道来推进。在中国特色社会主义建设事业"五位一体"的总体布局中，也不能忽视经济建设的基础地位和重要作用。

与 ECI 相关系数不显著、偏相关系数显著的三级指标有 2 个，为森林覆盖率和地表水体质量，其中生态活力指标和环境质量指标各一个。

在相关分析中，由于各个指标都在一定程度上受到经济发展因素的影响，其中社会发展和协调程度受经济发展的正面影响更大一些，而生态活力和环境质量则受经济发展的负面影响更大一些。因此，在一般的相关分析当中，常常会看到社会发展和协调程度对 ECI 的影响较大，而生态活力和环境质量的影响则相对较小。

然而，当控制了人均 GDP 的影响之后，森林覆盖率和地表水体质量这两个生态活力和环境质量的指标，它们与 ECI 的相关性，由之前的不显著正相关，变为高度正偏相关，生态活力与环境质量对 ECI 的影响被凸显了出来。这种"纯相关系数"揭示了生态活力和环境质量在生态文明建设中的重要地位。

与 ECI 相关系数不显著、偏相关系数也不显著的三级指标有 7 个，分别是：建成区绿化覆盖率、自然保护区的有效保护、湿地面积占国土面积比重、农药施用强度、工业固体废物综合利用率、环境污染治理投资占 GDP 比重、单位 GDP 水耗，其中生态活力指标 3 个、环境质量指标 1 个、协调程度指标 3 个。

由于受到自然地理条件、工业基地布局、GDP 总量和水资源总量等因素影响，又由于有些数据变化本身比较慢，统计不够及时，这些指标与 ECI 的相关系数不显著。人均 GDP 对自然地理条件、工业基地布局、水资源总量的影响本身也很有限，因此，控制人均 GDP 指标以后，这些指标与 ECI 的偏相关性仍然不显著。

三级指标与 ECI 的相关分析和偏相关分析的整体情况总结如下。

第一，一些因素能够独立推动生态文明的进步。诸如环境质量中的水土流失率、环境空气质量，协调程度中的单位 GDP 二氧化硫排放量、单位 GDP 能耗、城市生活垃圾无害化率等因素。这些因素不论经济发展水平如何，都显著影响生态文明建设状况和进步程度。

第二，一些因素与经济因素组合协同，共同推动生态文明建设。这些因素主要集中于社会发展类指标和协调程度中的单位 GDP 化学需氧量排放量和单位 GDP 氨氮排放量。这些指标本身受经济发展的因素影响比较大，在生态文明建设中主要以经济发展为基础，协同进步，共同促进生态文明的发展。

第三，一些因素对生态文明建设具有重要意义，但很容易被人均 GDP 所掩盖。比如，生态活力中的森林覆盖率，环境质量中的地表水体质量，它们与 ECI 的相关性不显著，但与 ECI 的偏相关性则高度显著，这说明生态活力与环境质量对生态文明建设的积极作用被人均 GDP 干扰而未凸显出来。

第四，还有一些因素，由于自然、历史以及数据变化慢和统计不及时等原因，目前对生态文明建设的作用尚未体现出来，需要跟踪研究，也需要重点加强建设。

四　相关性分析结论

由于时间间隔较短，2011 年的情况与之前两年有很多相似之处，因此 2013 年版《生态文明绿皮书》的相关性分析将重点讨论新情况和新内容，相似的部分可参考 2012 年和 2011 年版的《生态文明绿皮书》。

（一）ECI 相关性分析

与往年相同，ECI 与 GECI 之间高度正相关，ECI 与各二级指标的相关性程度，由高到低排列分别是：协调程度、社会发展、生态活力和环境质量。其中，协调程度、社会发展和生态活力与 ECI 高度正相关。而环境质量与 ECI 则由 2010 年的不显著负相关，变为 2011 年的不显著正相关，虽然还是不显著相关，但负相关变为正相关，初步表明当前生态文明建设与环境质量的冲突不再那么严重，有向相互协调方向发展的趋势。

二级指标与 ECI 的偏相关分析则显示，环境质量与 ECI 的相关性由不显著正相关变为高度偏正相关。环境质量与 ECI 的不显著正相关结果会给人们一种虚假的表象，以为在生态文明建设中环境质量这方面不重要。但实际上这是由于环境质量受到了经济发展的极大制约，许多省份的经济发展还在很大程度上以破坏环境为代价。因此，当经济发展方面的指标提升的时候，环境质量反而出现下降，因而在相关分析的数据上表现出环境质量与 ECI 的正相关性不显著，甚至如 2010 年数据呈现出负相关。在控制人均 GDP、排除经济发展的影响后，环境质量与 ECI 的相关性由不显著正相关变为高度偏正相关，揭示并凸显了环境质量本来所具有的对生态文明建设的重要作用。由此可见，各省在发展经济的同时更需要注意保护生态环境，以免走上以破坏环境为代价的虚假经济发展和生态文明建设道路。

（二）二级指标相关性情况

与 2010 年相同，除了社会发展与协调程度之间高度正相关（0.655）之外，其他二级指标之间的相关性均不显著。同时，偏相关分析显示，在控制了人均 GDP 之后，四个二级指标之间的相关系数都呈现为不显著正相关。这表明生态文明评价指标的四个二级指标设置合理，能够较为独立地来评价生态文明的各个方面。此外，二级指标间相关分析与偏相关分析的对比结果（环境质量与社会发展、协调程度为负相关：－0.308，－0.105，偏相关为正相关：0.116，0.216）表明，环境保护与社会发展和协调程度并不矛盾，只是在发展经济的同时要非常重视环境保护，切勿将经济发展与环境保护对立起来，使其成为二者相互冲突的发展模式。

各三级指标与所属二级指标的相关分析结果显示，与 2010 年类似，各二级指标与三级指标之间大多存在显著相关性，这充分说明各三级指标具有鲜明的指标性和代表性。

与 2010 年相比，环境空气质量开始与环境质量正相关显著，而农药施用强度则由显著负相关变为不显著负相关。这表明空气质量对环境质量的影响已经越来越凸显，近年来空气污染日益受到重视，环境空气治理已经成为保护生态环境各项举措中最为重要的内容之一。2011 年农药施用强度由显著负相关变为不显著负相关，说明农药对于环境的破坏作用虽然还在继续，但其破坏强度有所下降，形势有所缓解。

偏相关分析的结果则显示，共有 5 个三级指标与所属二级指标的相关系数显著降低。而从其所属二级指标中可以看到，生态活力和环境质量与三级指标之间的相关性受人均 GDP 影响相对较小，相关系数与偏相关系数之间几乎没有太大的变化；而社会发展与协调程度则受人均 GDP 影响较大，多个指标由高度或显著相关变为不显著偏相关。

同时，在排除了人均 GDP 的影响后，有些指标虽然相关度有所降低，但仍然非常显著。比如，服务业产值占 GDP 比例、农村改水率、单位 GDP 化学需氧量排放量、单位 GDP 能耗、单位 GDP 二氧化硫排放量等指标。此外，在排除了人均 GDP 的影响后，有些指标的相关度反而有所上升。比如，城市生活垃圾无害化率、单位 GDP 水耗。这说明，人均 GDP 并不会全面影响社会发展和协调程度的各方面，如人均 GDP 对产业结构、能源和水资源利用效率、环境治理、农村建设的影响相对有限。产业结构优化升级，建设资源节约型和环境友好型社会，建设社会主义新农村，都不能只依赖经济发展水平

提高这个内生机制，还需要充分调动规章制度、宣传教育、公众参与等外生机制。

（三）三级指标相关性情况

2011年，有12项三级指标与ECI高度相关，1项与ECI显著相关，同时有9项指标与ECI无显著相关性。在与ECI显著相关的13项三级指标中，包括社会发展类全部6项指标、协调发展类5项指标和环境质量类2项指标。

在控制了人均GDP之后的偏相关分析显示，很多三级指标与ECI的关系受到了人均GDP的影响，而未能表现出其与ECI的真实关系。分析发现共有9项指标的相关系数发生了变化，其中7项相关系数显著的指标其偏相关系数不显著，2项相关系数不显著的指标其偏相关系数显著。

相关系数显著、偏相关系数不显著的7项指标包括5个社会发展指标和2个协调程度指标。这些指标受人均GDP的影响较大，这些方面对于生态文明的促进作用，主要是随着经济发展水平的提高而显现出来，它们对生态文明建设的作用，是一种相对附属和间接的作用。相关系数不显著、偏相关系数显著的2项指标为生态活力类的森林覆盖率指标和环境质量类的地表水体质量指标。

在相关分析当中，由于各个指标都在一定程度上受到经济发展因素的影响，其中社会发展和协调程度受经济发展的正面影响更大一些，而生态活力和环境质量则受经济发展的负面影响更大一些。因此，在一般的相关分析当中，常常会看到社会发展和协调程度对ECI的影响较大，而生态活力和环境质量的影响则相对较小。然而，当控制了人均GDP的影响之后，生态活力和环境质量指标与ECI的相关性，由之前的不显著正相关，变为高度偏相关，生态活力与环境质量对ECI的影响被凸显了出来。这种"纯相关系数"揭示了生态活力和环境质量在生态文明建设中的重要地位。

总之，在三级指标中，有一些因素能够独立推动生态文明的进步。诸如环境质量中的水土流失率、环境空气质量，协调程度中的单位GDP二氧化硫排放量、单位GDP能耗、城市生活垃圾无害化率等因素。这些因素不论经济发展水平如何，都显著影响生态文明建设状况和进步程度。

有一些因素与经济因素组合协同，共同推动生态文明建设。这些因素主要集中于社会发展类指标和协调程度中的单位 GDP 化学需氧量排放量和单位 GDP 氨氮排放量。这些指标本身受经济发展的因素影响比较大，在生态文明建设中主要以经济发展为基础，协同进步，共同促进生态文明的发展。

　　有一些因素对生态文明建设具有重要意义，但很容易被人均 GDP 所掩盖。比如，生态活力中的森林覆盖率，环境质量中的地表水体质量，它们与 ECI 的相关性不显著，但与 ECI 的偏相关性则高度显著，这说明生态活力与环境质量对生态文明建设的积极作用被人均 GDP 干扰而未凸显出来。

　　还有一些因素，由于自然、历史以及数据变化慢和统计不及时等原因，目前对生态文明建设的作用尚未体现出来，需要跟踪研究，也需要重点加强建设。

Ⅱ.5

第五章
年度进步指数

美丽中国是生态文明建设的目标指向，生态文明建设是实现美丽中国的必由之路。生态文明建设进步指数分析反映全国及各省年度生态文明建设的实际成效和变化情况，对于切实推进我国生态文明建设具有重要指导意义。与生态文明指数（ECI）的相对评价不同，生态文明建设进步指数是基于三级指标的原始数据，直接计算出三级指标进步率，再由三级指标进步率及其指标权重，加权求和得出。其中，三级指标进步率算法，正指标用本年度数据除以上一年度数据（逆指标用上一年度数据除以本年度数据），减去 1，再乘以 100%。二级指标进步指数，由相应的三级指标进步率及其指标权重，加权求和得出。最后，根据二级指标进步指数及其权重，加权求和计算出总体生态文明建设进步指数。生态文明建设进步指数为正值，表明生态文明建设整体状况有所改善，反之则表示生态文明建设整体状况出现下滑。

一 全国整体生态文明建设进步指数

2010~2011 年度，全国整体生态文明建设进步指数分析显示，我国生态文明建设保持了连续上升的良好态势，全年生态文明建设进步指数为 2.87%。这意味着我国向建成美丽中国、实现中华民族永续发展的目标又迈出了坚实的一步。

具体分析各核心考察领域进步态势发现，本年度，全国生态活力水平扭转了下滑的趋势，开始小幅回升；环境质量方面有效遏制住持续退化的走势，实现了近 10 年来的首次逆转；社会发展水平则延续了近年来高速增长的态势；协调发展能力继续稳步提升，但提升速度有所放缓。各方面进步态势见图 5-1。

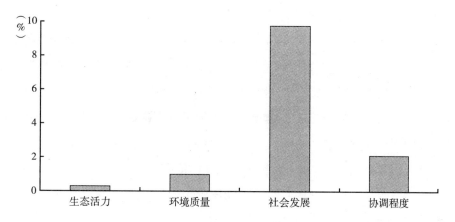

图 5 – 1　2010～2011 年生态文明建设核心考察领域进步态势

　　其中，全国生态活力增强主要源于建成区绿化覆盖率的提高。建成区绿化覆盖率是衡量我国城市人居环境质量及居民生活福利水平的重要指标之一，国际公认城市绿化覆盖率达到 50% 时，可保持良好的城市环境。近年来，虽然我国建成区绿化覆盖率不断提升，截至 2011 年底已达 39.22%，但离国际上的良好标准仍有一定差距。本年度，自然保护区占辖区面积比重基本保持稳定。此外，新一轮的全国森林资源清查和湿地资源调查工作都正在进行中，由于其所需时间周期较长，因此数据都没有更新，未能及时反映我国森林资源和湿地资源的变化情况。

　　环境质量持续退化的趋势终于实现扭转，主要得益于地表水体质量的明显改善。随着经济社会的快速发展，人民群众对干净的水、新鲜的空气、洁净的食品、优美宜居的环境等方面的要求越来越高。良好的环境，越来越成为人民群众最关心、最直接、最现实的利益问题。因此，各地都不断加大对水、大气、土壤等污染治理力度，环境基础设施建设日益完善。目前，全国超过 2/3 的省份工业污水达标排放率都保持在 90% 以上，地表水体质量明显改善，主要河流 Ⅰ～Ⅲ 类水河长比例回升至 64.2%；虽然没有关于全国整体环境空气质量的数据发布，但从各地级市的数据来看，我国整体环境空气质量在持续向好。

　　尽管如此，现阶段我国的整体环境形势依然严峻，地表水体质量不达标率仍在30%以上，而地下水的污染问题则更为严重，最新的《中国环境状况公报2012》显示，有57.3%的地下水不达标（见图5-2）；空气质量方面，国家制定了新的《环境空气质量标准》，将大气中直径小于或等于2.5微米的细颗粒物（PM2.5）以及臭氧浓度等指标纳入监测范围，监测标准更加严格。目前按照旧版的空气质量标准，全国325个地级城市中，有91.4%的城市能够达标，但根据新的标准，达标城市比例将锐减至40.9%，113个环保重点城市的不达标率更是达到76.1%。此外，我国土壤污染也呈日趋加剧的态势，据国土资源部统计，目前全国耕种土地面积的10%以上已受重金属污染，而农业面源污染中化肥、农药的过量施用是导致污染的重要原因之一。2010~2011年度，我国平均化肥施用量达468.65千克/公顷，是国际公认使用安全上限（225千克/公顷）的2倍以上；农药施用强度不断攀升，目前达14.68千克/公顷，是世界平均水平的2.5倍，过量施用的农药、化肥中大部分直接进入生态系统，造成大量土壤重金属、激素的有机污染。农药施用强度在生态文明建设评价指标体系（ECCI）中作为逆指标，其进步只能表明农药施用强度降低，对环境的污染没有进一步加剧，尚不能直接等同于环境质量的改善，而其持续走高的现状则意味着农业面源污染还在进一步加剧，要彻底扭转其恶化的趋势还任重而道远。

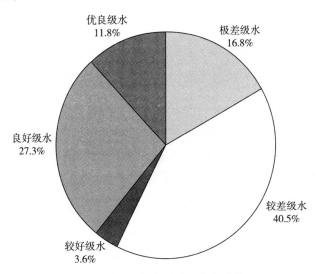

图5-2　2012年全国地下水水质状况

建设美丽中国，殷实富裕但环境退化不行，山清水秀但贫困落后也不行，因此经济社会发展也是生态文明建设的应有之义。2010~2011年度，我国社会发展水平延续了近年来高速增长的态势，其中人均GDP保持了17%以上的增长速度，是助推经济社会发展的主要驱动因素。随着我国经济实力和综合国力的增强，各级政府更加注重保障和改善民生，提高教育、卫生等公共服务水平，人均教育经费投入、农村改水率和人均预期寿命等方面都有显著提升；产业结构调整优化和城镇化进程均稳步推进，服务业产值占GDP比例和城镇化率明显上升。

2010~2011年，全国整体协调发展能力继续稳步提升，但上升速度有所放缓。随着我国以可持续发展为目标的资源节约型、环境友好型社会建设的深入推进，单位国内生产总值资源能源消耗量不断下降，主要污染物的无害化处理及排放控制成效显著。但环境污染治理投入力度有所波动，本年度环境污染治理投资占GDP比重下降近10%；固体废弃物的回收综合利用比例也有明显下滑，降低10%以上。当务之急，一方面，需要尽快在全社会推广使用能够减少工业固体废物产生量和危害性的先进生产工艺和技术设备，降低固体废物产生量；另一方面，加快发展循环经济，促进固体废弃物的综合循环利用，提高资源能源利用效率，全面提升我国可持续发展能力。

具体从各核心考察领域进步指数分析，2011年社会发展仍是推动我国生态文明建设进步的主要因素，除此之外，其余各方面水平也都有不同程度的提升（见表5-1），表明我国正向着全面均衡发展的方向迈进。

表5-1　2010~2011年全国生态文明建设进步指数

单位：%

	总进步指数	生态活力	环境质量	社会发展	协调程度
2010~2011年度进步指数	2.87	0.30	0.98	9.75	2.12

二　省域生态文明建设进步指数

为反映2010~2011年度各省份在整体生态文明建设及诸具体领域所取得的实际成效，切实推进各省域生态文明建设水平全面提升，课题组具体分析了

各省的整体生态文明建设进步指数和生态活力、环境质量、社会发展、协调程度等各核心考察领域的进步指数。

1. 整体进步指数分析

各省域整体生态文明建设进步指数分析显示，2010～2011年度，全国有30个省份整体生态文明建设水平实现了不同程度提升，仅广东省整体生态文明建设水平继上年度大幅提高后有所回落（见图5－3）。

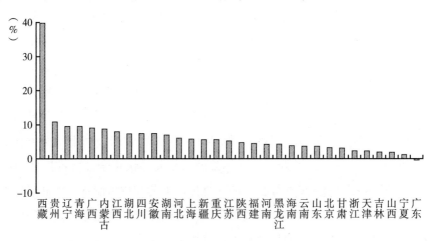

图5－3　2010～2011年各省生态文明建设进步态势

注：由于西藏数据特殊，年度进步指数较大，按10:1的比例绘制，其余省份均按1:1绘制。

其中，西藏自治区整体生态文明建设进步指数遥遥领先，达399.49%。此外，进步指数超过10%的省份还有贵州省，而其余整体生态文明建设水平提高的省份，提升幅度都在10%以内。广东省作为唯一生态文明建设水平有所下滑的省份，下降幅度为0.27%。各省域整体生态文明建设进步指数及排名见表5－2。

西藏自治区整体生态文明建设水平进步幅度最大，是源于其协调程度的大幅提升。贵州省整体生态文明建设进步指数位居第二，是得益于社会发展和协调程度的显著提高。而广东省整体生态文明建设水平有所退步，则是由于协调程度、环境质量和生态活力均有所下降。

2. 生态活力进步指数分析

2010～2011年度，生态活力进步指数分析显示，全国生态活力增强的省份

表 5 – 2　2010～2011 年各省生态文明建设进步指数及排名

单位：%

排名	地　区	生态文明建设进步指数	排名	地　区	生态文明建设进步指数
1	西　藏	399.49	17	陕　西	4.63
2	贵　州	10.89	18	福　建	4.59
3	辽　宁	9.57	19	河　南	4.39
4	青　海	9.52	20	黑龙江	4.31
5	广　西	9.23	21	海　南	3.98
6	内蒙古	8.88	22	云　南	3.81
7	江　西	7.95	23	山　东	3.74
8	湖　北	7.48	24	北　京	3.29
9	四　川	7.41	25	甘　肃	3.12
10	安　徽	7.36	26	浙　江	2.39
11	湖　南	7.12	27	天　津	2.29
12	河　北	6.01	28	吉　林	2.08
13	上　海	5.89	29	山　西	2.01
14	新　疆	5.76	30	宁　夏	1.21
15	重　庆	5.74	31	广　东	− 0.27
16	江　苏	5.26			

有 24 个，另外 6 个省份生态活力水平有不同程度降低，而北京由于上年度建成区绿化覆盖率指标数据缺失，自然保护区占辖区面积比重没有变化，森林覆盖率、湿地面积占国土面积比重指标数据未更新，生态活力数据上没有变化。各省域生态活力进步态势见图 5 – 4。

　　生态活力增强的省份中，安徽省提高幅度最大，为 2.18%，江西次之，提高幅度也在 2% 以上，黑龙江、贵州、宁夏、天津、广西、重庆、辽宁等省的提升幅度在 1%～2%，其余进步省份提高幅度在 1% 以内。由于我国新一轮的森林资源清查和湿地资源调查工作都还在进行中，涉及的指标均没有数据更新，因此本年度各省的生态活力进步指数相对偏低。生态活力水平下降幅度最大的省份是福建，为 − 2.41%，另外广东的下降幅度也在 1% 以上。各省域生态活力进步指数及排名见表 5 – 3。

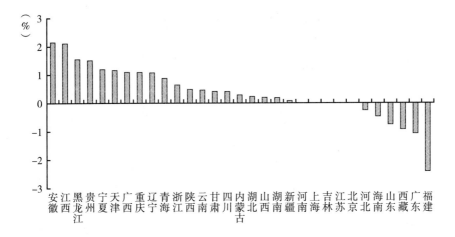

图 5 - 4　2010～2011 年各省生态活力进步态势

表 5 - 3　2010～2011 年各省生态活力进步指数及排名

单位：%

排名	地　区	生态活力	排名	地　区	生态活力
1	安　徽	2.18	17	湖　北	0.25
2	江　西	2.13	18	山　西	0.20
3	黑龙江	1.57	19	湖　南	0.19
4	贵　州	1.52	20	新　疆	0.09
5	宁　夏	1.21	21	河　南	0.03
6	天　津	1.19	21	上　海	0.03
7	广　西	1.10	23	吉　林	0.02
7	重　庆	1.10	23	江　苏	0.02
9	辽　宁	1.09	25	北　京	0.00
10	青　海	0.88	26	河　北	- 0.24
11	浙　江	0.65	27	海　南	- 0.47
12	陕　西	0.48	28	山　东	- 0.74
13	云　南	0.47	29	西　藏	- 0.91
14	甘　肃	0.41	30	广　东	- 1.05
14	四　川	0.41	31	福　建	- 2.41
16	内蒙古	0.29			

　　安徽省生态活力进步幅度最大，主要得益于建成区绿化覆盖率和自然保护区占辖区面积比重显著提高。江西生态活力增强，则源于其自然保护区占辖区面积比重明显增加。福建、广东和山东生态活力退步幅度较大，是由于它们的

自然保护区占辖区面积比重有所降低，河北、海南和西藏生态活力减弱，是建成区绿化覆盖率的下滑所致。

3. 环境质量进步指数分析

环境质量进步指数分析显示，本年度，全国有 18 个省份环境质量有所改善，而其余 13 个省份的环境质量仍在持续退化。各省域环境质量进步态势见图 5-5。

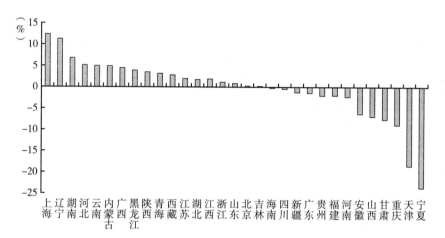

图 5-5　2010~2011 年各省环境质量进步态势

其中，上海市环境质量进步幅度最大，达 12.35%，辽宁次之，其进步幅度也在 11% 以上，其余环境质量改善的省份，提高幅度都在 7% 以内。环境质量退化的省份中，宁夏退步幅度最大，达 23.81%，天津次之，下降幅度为 18.67%，其余 11 个省份环境质量的下降幅度在 9% 以内。各省域环境质量进步指数及排名见表 5-4。

上海和辽宁环境质量进步指数较高，主要是得益于地表水体质量的显著改善和农药施用强度明显下降。而湖南、河北、云南、内蒙古、广西环境质量的改善，则是源于地表水体质量的提高。宁夏、天津、山西的环境质量大幅下降，是由于地表水体质量的恶化和农药施用强度的攀升。重庆环境质量退步，是由于其地表水体质量下降。甘肃的环境质量降低，主要是由于农药施用强度的大幅攀升。安徽环境质量退化，是由于其地表水体质量、省会城市环境空气质量均有所下降且农药施用强度上升所致。

表 5 - 4 2010～2011 年各省环境质量进步指数及排名

单位：%

排名	地区	环境质量	排名	地区	环境质量
1	上　海	12.35	17	北　京	0.30
2	辽　宁	11.39	18	吉　林	0.21
3	湖　南	6.99	19	海　南	-0.25
4	河　北	5.03	20	四　川	-0.56
5	云　南	4.97	21	新　疆	-1.28
6	内蒙古	4.92	22	广　东	-1.50
7	广　西	4.48	23	贵　州	-1.98
8	黑龙江	3.89	24	福　建	-2.09
9	陕　西	3.45	25	河　南	-2.37
10	青　海	3.18	26	安　徽	-6.49
11	西　藏	2.80	27	山　西	-6.99
12	江　苏	1.91	28	甘　肃	-7.65
13	湖　北	1.80	29	重　庆	-9.00
14	江　西	1.72	30	天　津	-18.67
15	浙　江	1.19	31	宁　夏	-23.81
16	山　东	0.90			

4. 社会发展进步指数分析

2010～2011 年度，全国所有省份的社会发展水平均有显著提高。各省域社会发展进步态势见图 5 - 6。

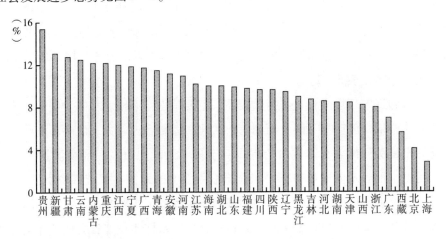

图 5 - 6 2010～2011 年各省社会发展进步态势

全国社会发展进步指数在10%以上的省份有13个,其中贵州省社会发展程度提升幅度最大,为15.38%,是因为其人均GDP、服务业产值占GDP比例、城镇化率、人均预期寿命和人均教育经费投入均有显著提高。上海社会发展水平提高幅度最小,为2.7%,是由于人均教育经费投入有所下滑。人均GDP的快速增长和人均教育经费投入的大幅提升是推动各省社会发展水平提高的主要驱动因素。同时,由于指标数据更新周期的问题,本年度城镇化率指标的进步率反映了其近两年的变化情况,人均预期寿命指标的进步率更是体现了其近十年来的变化情况,因此本年度各省社会发展进步指数都相对偏高。各省域社会发展进步指数及排名见表5-5。

表5-5 2010~2011年各省社会发展进步指数及排名

单位:%

排名	地 区	社会发展	排名	地 区	社会发展
1	贵 州	15.38	17	福 建	9.77
2	新 疆	13.03	18	四 川	9.65
3	甘 肃	12.72	19	陕 西	9.61
4	云 南	12.50	20	辽 宁	9.41
5	内蒙古	12.14	21	黑龙江	8.99
6	重 庆	12.13	22	吉 林	8.72
7	江 西	11.96	23	河 北	8.54
8	宁 夏	11.89	24	湖 南	8.41
9	广 西	11.71	24	天 津	8.41
10	青 海	11.49	26	山 西	8.14
11	安 徽	11.11	27	浙 江	7.88
12	河 南	10.93	28	广 东	6.87
13	江 苏	10.15	29	西 藏	5.55
14	海 南	9.97	30	北 京	4.00
15	湖 北	9.94	31	上 海	2.70
16	山 东	9.88			

5. 协调程度进步指数分析

本年度,全国有30个省份的协调发展能力获得了不同程度提升,提高幅度超过10%的省份有17个,仅广东省的协调程度有所回落。各省域协调程度进步态势见图5-7。

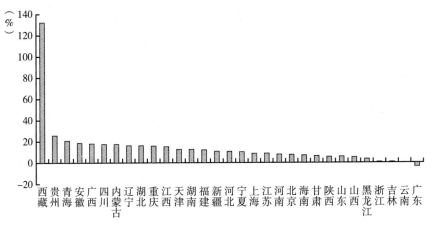

图 5 - 7　2010～2011 年各省协调程度进步态势

注：由于西藏数据特殊，年度进步指数较大，按 10∶1 的比例绘制，其余省份均按 1∶1 绘制。

　　西藏自治区协调程度进步指数最高，达 1326.96%，主要是由于其环境污染治理投资占 GDP 比重提高了数十倍，充分体现了国家对提升其协调发展能力的重视。贵州和青海协调程度提升幅度也较大，都在 20% 以上，其中，贵州是得益于环境污染治理投资占 GDP 比重的上升和单位 GDP 能耗、单位 GDP 水耗、单位 GDP 二氧化硫排放量的显著下降；青海则是由于工业固体废物综合利用率、城市生活垃圾无害化率、环境污染治理投资占 GDP 比重均显著上升，且单位 GDP 能耗、单位 GDP 水耗和单位 GDP 二氧化硫排放量明显下降。广东省协调程度退步，主要是环境污染治理投资占 GDP 比重大幅下滑和工业固体废物综合利用率降低所导致。各省域协调程度进步指数及排名见表 5 - 6。

表 5 - 6　2010～2011 年各省协调程度进步指数及排名

单位：%

排名	地　区	协调程度	排名	地　区	协调程度
1	西　藏	1326.96	7	内蒙古	17.95
2	贵　州	25.85	8	辽　宁	16.93
3	青　海	21.08	9	湖　北	16.85
4	安　徽	19.26	10	重　庆	15.94
5	广　西	18.86	11	江　西	15.24
6	四　川	18.23	12	天　津	13.28

排名	地 区	协调程度	排名	地 区	协调程度
12	湖　南	13.28	23	甘　肃	6.60
14	福　建	12.60	24	陕　西	6.24
15	新　疆	11.29	25	山　东	6.02
16	河　北	11.23	26	山　西	5.74
17	宁　夏	10.76	27	黑龙江	4.22
18	上　海	9.56	28	浙　江	1.26
19	江　苏	9.47	29	吉　林	0.96
20	河　南	8.91	30	云　南	0.58
21	北　京	8.10	31	广　东	-3.43
22	海　南	7.26			

　　虽然本年度全国多数省份协调发展能力都有所提升，但工业固体废物综合利用率普遍降低的形势仍需引起我们的高度重视，分析显示，全国有21个省份的工业固体废物综合利用率存在不同程度的下降。各省在力争实现固体废物产生减量化的同时，需要加快发展循环经济，促进固体废弃物的综合循环利用，提高资源能源利用效率，全面提升可持续发展能力。

三　进步指数分析结论

　　全国整体及各省域的生态文明建设进步指数分析显示，我国生态文明建设呈局部地区、个别考察领域有小幅退步，但全国整体水平上升的良好态势。这意味着我国向建成美丽中国、实现中华民族永续发展的目标又迈出了坚实的一步。

　　2010～2011年度，国家层面生态文明建设全面进步，整体生态文明建设水平再创新高，进步指数为2.87%。其中，生态活力水平扭转了下滑的趋势，开始小幅回升；环境质量方面有效遏制住持续退化的走势，实现了近10年来的首次逆转；社会发展水平则延续了近年来高速增长的态势；协调发展能力继续稳步提高，但提升速度有所放缓。社会发展水平的上升仍是促进我国整体生态文明建设进步的主要驱动因素。

具体分析发现，生态活力增强是得益于建成区绿化覆盖率的提高。建成区绿化覆盖率是衡量我国城市人居环境质量及居民生活福利水平的重要指标之一，国际公认城市绿化覆盖率达到50%时，可保持良好的城市环境。虽然近年来我国建成区绿化覆盖率得到不断提升，但离国际上的良好标准仍有一定差距。

环境质量改善主要源于地表水体质量的好转。但整体环境形势依然严峻，地下水质污染状况严重，环境空气质量达标城市比例依据新的《环境空气质量标准》将下大幅下降，土地污染状况也堪忧，农业面源污染的问题仍有继续加剧的态势，要彻底扭转其恶化的趋势还任重而道远。

人均GDP仍然是我国经济社会发展水平高速增长的主要驱动因素。但由于现阶段我国高消耗、高污染、低产出、低效益的粗放型经济增长模式短时期内还难以根本改变，发展质量不高，经济快速发展的生态资源环境代价较高。产业结构的调整优化升级仍在坚定不移地艰难推进。

单位国内生产总值资源能源消耗量不断下降，和主要污染物的无害化处理及排放控制成效显著，推动了我国协调发展能力的稳步提升，但环境污染治理投入力度和固体废弃物的综合利用率有所波动。当务之急，一方面，要尽快降低固体废物产生量；另一方面，加快发展循环经济，促进固体废弃物的综合循环利用，提高资源能源利用效率，全面提升我国可持续发展能力。

各省年度生态文明建设进步指数分析显示，2010~2011年度，仅广东省整体生态文明建设水平有小幅回落，其余各省均有不同程度提升。具体到各核心考察领域，生态活力增强的省份有24个。由于我国新一轮的森林资源清查和湿地资源调查工作都还在进行中，涉及的指标均没有数据更新，本年度各省的生态活力进步指数相对偏低。全国有18个省份环境质量有所改善，农药施用强度的攀升仍是导致部分省域环境质量持续退化的主要原因。所有省份的社会发展水平均有显著提高。协调发展能力提升的省份也达30个，仅广东省继上年度大幅上升后有所回落，是由其环境污染治理投资占GDP比重大幅下滑和工业固体废物综合利用率降低所致。

G.6

第六章
驱动分析

中国省域生态文明建设评价指标体系（ECCI）从生态活力、环境质量、社会发展、协调程度四个核心考察领域，评价分析了我国在器物和行为层面的生态文明建设情况。其中，驱动分析根据生态文明建设进步指数的算法，基于2001~2011年全国及各省的数据，具体分析全国及各省域的整体生态文明建设年度发展态势和四个核心考察领域年度发展态势，并利用SPSS软件，对整体生态文明建设年度进步指数与各核心考察领域年度进步指数进行相关性分析，以探寻推动我国生态文明建设进步的主导因素和经济社会与生态环境的协调发展状况，为找准下一步生态文明建设的重点，实现经济社会与生态环境全面协调发展提供科学指导。

一 全国整体生态文明建设驱动分析

（一）全国生态文明建设发展态势

2001~2011年，全国生态文明建设年度进步指数分析显示，我国生态文明建设整体水平保持了稳定上升的态势，累计生态文明建设进步指数达67.82%，可持续发展能力得到显著增强。其中，2004~2005年度提升幅度最大，为5.87%；2002~2003年度提高幅度最小，为1.73%（见图6-1）。

具体从四个核心考察领域的建设情况分析，各方面的发展态势有所不同。其中，生态活力水平总体保持了增强的趋势，但近几年来，其发展进入了瓶颈期，增长的速度放缓，甚至个别年度出现了负增长；环境质量方面则呈持续退步走势，所幸2011年开始显现出扭转退化趋势的迹象；经济社会建设成就显

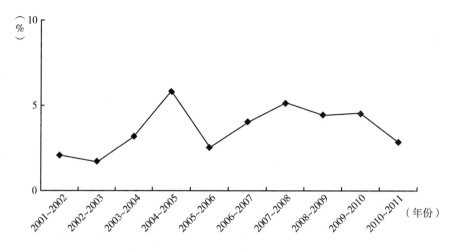

图6-1　全国整体生态文明建设进步态势

著，社会发展程度稳步加速提升；协调发展能力也逐年提高，虽然提升幅度起伏较大，但整体保持了加速增强的走势，表明我国正朝着全面协调发展的方向加速迈进。

1. 全国生态活力发展态势

生态活力进步指数分析发现，2001～2011年我国整体生态活力呈增强的态势，累计生态活力进步指数为19.57%。其中，2003～2004年度增强幅度最大，为5.06%；2006～2007年度和2009～2010年度有小幅退步。各年度进步态势见图6-2。

全国生态活力提高速度整体偏慢，与生态建设本身难度大、周期长、见效慢有直接关系。近年来，随着我国大规模植树造林、退耕还林、三北防护林建设、天然林资源保护、野生动植物保护及自然保护区建设、京津风沙源治理等一大批重大生态建设、保护工程的实施，森林面积不断增加，森林覆盖率稳步上升，累计进步率达到23.02%。而由于我国森林资源清查工作涉及的范围广、任务重，历时较长，森林资源清查数据大体每五年才更新发布一次，因此森林覆盖率指标数据仅在森林资源清查数据发布的年份才有变化，如2003～2004年度和2008～2009年度，森林覆盖率进步率都达到10%以上，其余年度则没有改变，这也直接推动了该年度生态活力的显著增强。而森林资源的实际

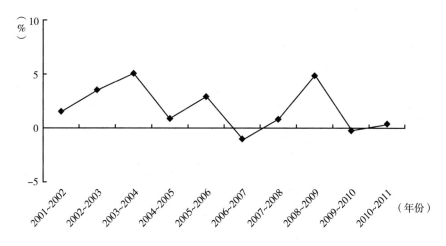

图 6 - 2　全国整体生态活力进步态势

变化情况则并非如此，其增加是一个循序渐进的过程，只是由于统计周期的原因，数据更新不及时未能精确反映出来。

建成区绿化覆盖率是与民生密切相关，人民群众能直接感受到，且建设周期短、见效快的重要人居环境指标，受到各级政府的高度重视。我国整体建成区绿化覆盖率保持了连续上升的走势，累计进步率达 38.2%，是推动生态活力增强的主要驱动因素。

自然保护区对保存生物基因库的相对完整，维护生物多样性，保障生态安全，发挥着巨大作用，具有重要的生态效益。全国自然保护区的有效保护总体有所加强，累计进步率为 15.74%。其中 2001~2006 年自然保护区的有效保护保持稳定上升的态势，但随着人口的急剧增长，经济社会的高速发展和城市规模的扩张，对土地资源的刚性需求上升，尤其是在 2007 年以后，部分自然保护区开始遭受新一轮土地开发的蚕食，以便满足矿业、农牧业或基础建设的用地需求，拉动地方经济发展。尽管目前未直接触及自然保护区核心区，但是试验区和缓冲区的削减，仍然会对自然保护区功能的发挥产生较大负面影响，这也是 2006~2007 年度和 2009~2010 年度生态活力退步的主要原因。

截至目前，我国仅发布过一次湿地资源调查数据，第二次全国湿地资源调查尚在进行中，因此湿地面积占国土面积比重指标数据没有更新，未能及时反

映我国湿地资源的变化情况。

总之，目前我国整体生态活力发展形势良好，但绝对水平偏低，且正进入发展的低谷期。由于生态建设难度较大，生态效益的显现还需要较长的时间周期，因此我国生态建设依然任重道远，需要全社会共同参与，齐心协力，推动生态活力持续增强。

2. 全国环境质量发展态势

2001～2011 年，我国整体环境质量呈不断退化的走势，累计退步达9.56%。其中，2003～2004 年度、2005～2006 年度和 2006～2007 年度退步的幅度均超过 3%；2010～2011 年度全国整体环境质量有所改善，开始出现扭转退化趋势的迹象，进步幅度为 0.98%。各年度进步态势见图 6－3。

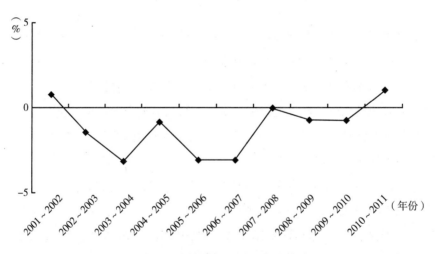

图 6－3　全国整体环境质量进步态势

具体分析显示，造成我国整体环境质量退化的原因，是以主要河流水质为代表的地表水体质量的恶化和农药施用强度的上升。目前，我国水体环境的污染源主要包括工业废水、生活污水和农业面源污染等三大类。其中，由于城市化进程的加速，城镇居民用水量不断增加，导致生活污水排放量持续攀升，已超过了工业废水排放量，成为水体环境的第一大污染源，对水体环境质量形成较大威胁。2001～2006 年，全国主要河流Ⅰ～Ⅲ类水河长比例呈总体降低的走势。随着各级政府对水体环境污染防治工作的日益重视，各类污水处理基础设施不断完善，工业废水和生活污水开始得到有效治理，2007 年以后基本遏制住了地表水体质量不断恶化的趋势，主要河流 I ～ Ⅲ类水河长比例开始出现回升的态势。

当前，农业面源污染是我国主要的环境污染源之一，化肥、农药的过量不当施用是造成污染的重要原因，这也是导致全国环境质量不断退化的主要影响因素。据联合国粮农组织研究统计，化肥对农作物的增产作用达 60%，施用农药也是农业生产中控制病虫草害的必要技术措施。由于经济社会发展对农产品的需求量不断增长，而我国又是一个耕地资源紧张的国家，为提高农作物产量、保障农产品供给，化肥、农药的施用强度连年走高。2011 年全国平均化肥施用折纯量已达 468.65 千克/公顷，是国际公认安全使用上限（225 千克/公顷）的 2 倍以上；农药施用强度累计增长近 50%，目前达 14.68 千克/公顷，且受农药使用技术等制约，农药实际利用率较低，大部分农药流失到环境中，有 60% ～ 70% 残留于土壤里，它们不仅会造成土壤污染、耕地质量退化，还会带来农产品的质量安全隐患，以致近年来有毒蔬菜事件频发，食品安全无从保证。

由于目前国家还没有发布各省整体环境空气质量的相关数据，只能暂时用省会城市空气质量达到二级以上天数占全年比重来代替，而全国整体的环境空气质量状况，分析中只好暂以缺失值处理。此外，调查水土流失面积所需时间周期长，数据更新慢，因此该指标的数据也没有变化。

环境质量与人们的生产、生活休戚相关，随着我国经济社会的快速发展，人民群众对干净的水、新鲜的空气、优美宜居的环境、安全的食品等方面的要求越来越高，良好宜居的环境已成为人民群众最关心、最直接、最现实的利益问题。享有良好宜居的环境也是人民群众应有的基本权利，是政府应当提供的基本公共服务。因此，当务之急是尽快解决损害群众健康的突出环境问题，同时充分认识改善环境质量的艰巨性、复杂性和长期性，做好打持久战的思想准备，坚持不懈地努力，构建全社会"同呼吸、共奋斗"，共同参与环境治理与保护的大格局，全面推动我国整体环境质量快速有效改善。

3. 全国社会发展发展态势

社会发展进步指数分析显示，2001 ～ 2011 年，全国整体社会发展程度持续平稳快速提升，累计社会发展进步指数达 170.36%，经济社会建设成就显著。其中，2004~2005 年度提高幅度最大，达 21.3%；其余年度上升幅度也都超过 5%。各年度具体进步态势见图 6-4。

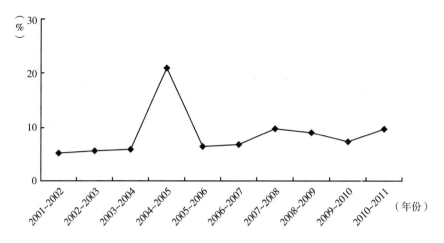

图 6-4　全国整体社会发展进步态势

我国经济社会发展所取得的巨大成就举世瞩目。其中，人均 GDP 和人均教育经费投入是推动经济社会快速发展的主要驱动因素。2001~2011 年，全国人均 GDP 由 7543 元增长到 35181 元，增长幅度达 366.41%；人均教育经费投入由 304.08 元增至 1297.89 元，增长幅度为 326.83%。全国经济结构调整也迈出新步伐，出现了明显的积极变化，第三产业产值占国内生产总值比重持续提升，累计进步率达 29.17%。城镇化建设稳步推进，2004~2011 年城镇人口比重累计提高 41.55%，大量的乡村人口由农村向城镇转移，促进了城乡经济的协调发展。随着经济实力的增强，社会各项事业蓬勃发展，卫生医疗水平明显提高，全社会居民生活质量显著改善，人口平均预期寿命由 71.4 岁延长到 74.83 岁，提高幅度为 4.8%；农村改水率也由 55.1% 增加到 72.05%。

总之，当前全国整体经济社会发展态势良好，但其绝对水平仍然不高，我国正处于并将长期处于社会主义初级阶段，经济社会发展水平与西方发达国家比较仍有一定差距。例如，全国人均 GDP 在世界银行的"世界发展指标"数据库 175 个国家和地区中仅排名中后，第三产业产值占国内生产总值比重距世界平均水平（70%）也还有较大差距（2011 年我国第三产业产值占国内生产总值比重为 43.4%）等。而且，现阶段我国经济社会发展程度不高和生态环境保护不够的问题同时存在，经济社会快速发展过程中资源环境代价过大，发展质量不高。因此，深化产业结构调整升级，推进经济社会发展方式绿色转型，在发展中保护、在保护中发展，不断提高经济社会发展质量，促进社会发展水平全面提升，仍是党执政兴国，实现中华民族伟大复兴的第一要务。

4. 全国协调程度发展态势

协调程度进步指数分析显示，2001～2011 年，全国整体协调发展能力逐年提高，虽然提升幅度有所波动，但整体保持了加速增强的态势，累计协调程度进步指数达 99.28%，表明我国正朝着协调发展的方向加速迈进。其中，2006～2007 年度协调程度增强幅度最大，为 12.22%。各年度具体进步态势见图 6－5。

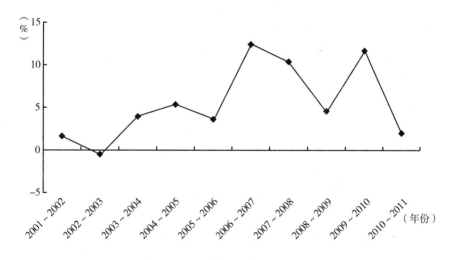

图 6－5 全国整体协调程度进步态势

我国在探索和推进生态文明建设的过程中，经历了一个从自发到自觉的转变。随着生态文明的内涵日益丰富，生态文明建设的战略地位被不断提升，被纳入中国特色社会主义事业五位一体的总体布局，成为贯穿于经济建设、政治建设、文化建设、社会建设全过程和各方面的重要发展战略，全国整体协调发展能力得到显著增强。具体表现为，全国单位国内生产总值资源能源消耗量明显下降，主要污染物排放控制成效显著。其中，2003～2011年，全国单位GDP水耗由247.48立方米/万元下降至67.71立方米/万元，下降幅度超过70%；2001～2011年，单位GDP能耗累计降低43.57%；单位GDP二氧化硫排放量也由20.30千克/万元减量至4.69千克/万元，削减幅度近77%，它们是推动全国整体协调发展能力显著增强的主要驱动因素。随着各级政府的日益重视，全国环境污染治理投入力度持续增强，2003～2011年环境污染治理投资占GDP比重累计提高7.91%；环境基础设施建设日益完善，工业废弃物和生活垃圾正逐步得到妥善处理，2001～2011年工业固体废物综合利用率从53.23%提高到60.39%，累计进步率为13.45%；目前，全国工业污水排放达标率达95.32%；城市生活垃圾无害化率由54.24%增加至79.70%，累计增长幅度达46.94%。

但是，与发达国家比较，我国当前经济社会发展对资源能源的依赖程度依然较高，主要污染物减排形势严峻。全国单位国内生产总值能耗在"十一五"期间累计下降达19.06%，但其绝对值在世界范围内仍然偏高，在世界银行"世界发展指标"数据库131个国家或地区中排名靠后；单位GDP二氧化硫等主要污染物排放量，虽然已提前完成了"十一五"规划中要求削减10%的目标任务，但其绝对水平依然过高，二氧化碳、二氧化硫等排放量居世界前列。

因此，推进生态文明，建设美丽中国，关键就是要按照生态文明要求，处理好经济社会发展与生态环境保护的关系，以生态环境保护优化经济社会的发展，在推进工业文明进程中建设生态文明，探索出一条科技含量高、经济效益好、资源消耗低、环境污染少、人力资源优势得到充分发挥的新型工业化道路，实现经济繁荣、生态良好、人民幸福。

（二）全国生态文明建设驱动分析

根据2001～2011年全国整体生态文明建设年度进步指数和四个核心考察领域年度进步指数，利用SPSS软件展开相关性分析，结果显示，生态文明建设年度进步指数与社会发展年度进步指数和协调程度年度进步指数均呈显著正相关，生态文明建设年度进步指数与生态活力年度进步指数呈负相关，生态文明建设年度进步指数与环境质量年度进步指数之间相关性不显著（见表6-1）。

表6-1　生态文明建设进步指数与二级指标进步指数相关性

	生态活力	环境质量	社会发展	协调程度
生态文明	-0.321	0.058	0.704*	0.693*

生态文明建设年度进步指数与社会发展年度进步指数、协调程度年度进步指数均呈显著正相关关系，表明全国整体生态文明建设进步态势与社会发展和协调程度的进步态势一致性较高（见图6-6、图6-7），社会发展水平和协调发展能力是推动我国生态文明建设水平持续提高的主要驱动因素。

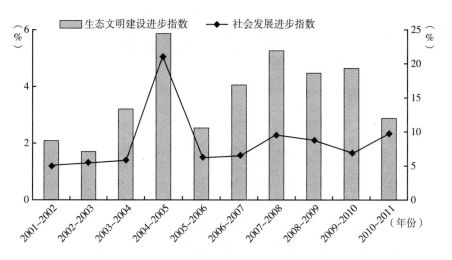

图6-6　全国整体生态文明建设进步态势与社会发展进步态势

而社会发展水平与协调程度又都受到经济发展状况的影响。我国正处于并将长期处于社会主义初级阶段，作为一个发展中国家，发展仍是我国当前的首要任务。只有经济持续健康发展，经济实力不断增强后，才能够逐步完善与民生密切相关的医疗、卫生、教育等基本公共服务，从而推动各项社会事业全面发展；才能为节能减排以及环境污染治理提供强大的物质基础和技术、资金支

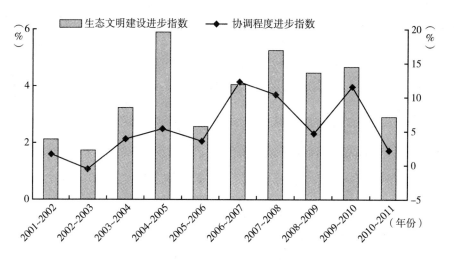

图6-7 全国整体生态文明建设进步态势与协调程度进步态势

持,促进协调发展能力有效提升。生态文明建设年度进步指数、社会发展年度
进步指数和协调程度年度进步指数与人均 GDP 年度进步率的相关性分析结果
(见表6-2),则佐证了经济发展状况对社会发展与协调程度乃至整体生态文
明建设水平提升的重要作用。

表6-2 人均 GDP 进步率与整体生态文明建设、社会发展和协调程度进步指数相关性

	社会发展	协调程度	生态文明
人均 GDP 进步率	0.909 **	0.359	0.776 **

分析发现,人均 GDP 年度进步率与社会发展年度进步指数、协调程度年
度进步指数和整体生态文明建设年度进步指数均呈正相关关系。其中社会发展
年度进步指数与人均 GDP 年度进步率高度相关,相关性系数达 0.909;生态文
明建设年度进步指数与人均 GDP 年度进步率相关性也达显著水平,相关系数
为 0.776。全国整体生态文明建设进步态势与人均 GDP 增长态势较一致(见
图6-8)。因此,归根结底,经济发展水平是现阶段推进我国整体生态文明建
设水平不断提升的主要驱动力。

生态文明建设年度进步指数与生态活力年度进步指数呈负相关,也从另一
个侧面印证了目前我国经济发展驱动整体生态文明建设水平提升的特点。由于

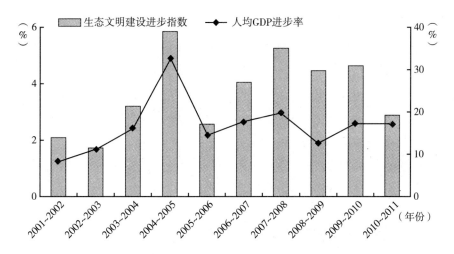

图 6 - 8 全国整体生态文明建设进步态势与人均 GDP 进步态势

现阶段我国高消耗、高污染、低产出、低效益的粗放型经济增长模式尚未根本改变，发展质量不高，经济快速发展仍在以牺牲生态改善为代价。而反映经济增长的人均 GDP 年度进步率与社会发展年度进步指数和协调程度年度进步指数呈正相关，且社会发展年度进步指数、协调程度年度进步指数又与整体生态文明建设年度进步指数呈正相关，因此生态活力年度进步指数与社会发展年度进步指数和协调程度年度进步指数呈负相关（见表 6 - 3），进而整体生态文明建设年度进步指数与生态活力年度进步指数也呈负相关关系。

表 6 - 3　二级指标年度进步指数相关性

	生态活力	环境质量	社会发展	协调程度
生态活力	1	- 0.270	- 0.227	- 0.597
环境质量	- 0.270	1	0.223	- 0.201
社会发展	- 0.227	0.223	1	0.090
协调程度	- 0.597	- 0.201	0.090	1

环境质量年度进步指数与整体生态文明建设年度进步指数之间相关性不显著。这是由于目前我国正处于工业化中期阶段，传统工业文明的弊端已日益显现，发达国家曾经历上百年逐步出现的环境问题，在我国快速发展过程中集中爆发，情况更加复杂，环境建设的任务也更为艰巨。随着经济社会发展水平的

提高，我国不断加大节能减排以及环境污染治理的力度，协调发展能力显著增强，但绝对的资源能源消耗量和主要污染物排放量仍然较高，对环境质量造成较大冲击；而生态建设和环境治理效益的发挥又需要较长的周期，因此，虽然我国整体生态文明建设水平在经济增长的驱动下稳步提升，但人们能够切身感受到的环境质量还没有明显改善。

二 我国省域生态文明建设驱动分析

（一）省域生态文明建设发展态势

根据 2001～2011 年全国 31 个省级行政区（未包括港澳台）的数据，各省域生态文明建设进步态势分析表明，所有省份的整体生态文明建设水平均有提升，累计生态文明建设进步指数在 50% 以上，其中，西藏累计进步幅度最大，达 439.44%。具体分析各省域历年进步态势发现，北京、天津、河北、内蒙古、江苏、浙江、江西、河南、广西、海南、重庆、四川、贵州、甘肃等 14 个省（自治区、直辖市）整体生态文明建设水平保持了稳定上升的走势；其余省份的生态文明建设走势则有所波动，个别年度整体生态文明建设水平出现小幅回落。各省域历年整体生态文明建设进步指数见表 6 - 4。

1. 省域生态活力发展态势

各省域历年生态活力进步指数分析显示，2001～2011 年全国共 30 个省份生态活力水平有不同程度增强，仅天津市整体生态活力略有减弱。各省域中，西藏生态活力累计增强幅度最大，达 884.69%，是由于建成区绿化覆盖率的大幅提高；天津生态活力水平下降，是由自然保护区面积的萎缩导致。分析各省域历年发展态势发现，全国仅山西、黑龙江、江西、湖南、青海和宁夏等 6 个省份的生态活力水平保持了连续增强的走势，而其余省份虽然整体生态活力有所增强，但其走势并不稳定，在部分年度有所下滑。各省域历年生态活力进步指数见表 6 - 5。

2. 省域环境质量发展态势

各省域历年环境质量发展态势分析显示，2001～2011 年全国仅河北、山

表 6-4 2001~2011 年各省生态文明建设进步态势

单位：%

年份	2001~2002	2002~2003	2003~2004	2004~2005	2005~2006	2006~2007	2007~2008	2008~2009	2009~2010	2010~2011	2001~2011
北京	3.47	2.11	5.56	8.10	5.24	3.25	0.84	10.96	2.11	3.38	90.56
天津	6.51	2.80	0.01	3.02	2.65	1.23	1.42	5.92	4.58	2.43	59.42
河北	12.12	2.76	7.00	6.88	1.92	2.17	8.61	7.00	4.90	6.13	92.95
山西	85.80	-3.07	5.41	6.54	4.62	15.37	4.15	5.39	10.31	2.07	173.93
内蒙古	0.90	4.35	12.74	4.70	8.36	4.09	5.27	8.03	6.38	9.08	129.44
辽宁	3.57	3.94	5.79	-1.45	1.68	1.48	6.71	4.96	4.62	9.75	64.15
吉林	3.00	2.61	2.02	1.23	-1.37	11.35	2.35	4.70	7.20	2.09	56.07
黑龙江	5.63	1.76	0.81	1.25	-0.29	3.77	10.50	3.93	5.35	4.36	54.04
上海	10.46	8.69	3.72	4.67	6.80	3.76	10.21	27.55	-6.74	5.99	121.92
江苏	3.49	1.63	11.17	5.45	1.59	2.75	2.31	6.38	2.30	5.36	76.42
浙江	3.88	9.51	2.56	2.83	0.72	3.84	10.93	0.34	2.78	2.40	56.33
安徽	2.87	0.85	1.75	-1.60	9.06	9.53	6.22	4.90	3.28	7.56	72.65
福建	0.36	2.55	5.23	4.80	-1.07	5.71	3.13	3.31	5.40	4.73	50.00
江西	5.42	1.95	3.41	3.37	4.03	4.74	4.38	8.53	8.55	8.11	89.29
山东	13.02	-0.13	5.41	7.13	5.74	11.51	4.58	6.15	0.23	3.80	100.69
河南	2.78	2.42	10.18	2.87	2.17	4.25	4.41	5.65	5.81	4.49	72.40
湖北	3.56	3.80	4.85	4.08	-2.09	4.50	6.66	5.65	2.59	7.66	66.16
湖南	1.04	-1.03	6.45	6.76	4.99	5.16	6.73	7.19	3.78	7.26	83.15
广东	3.84	-0.52	1.12	7.30	2.84	1.54	3.31	5.23	28.74	-0.31	62.95
广西	2.59	0.89	3.55	5.15	2.20	5.32	5.47	8.20	3.52	9.43	91.54
海南	1.29	0.47	9.03	1.11	2.56	4.93	2.08	3.72	6.41	4.06	63.72
重庆	2.58	8.48	17.88	4.53	4.04	6.00	4.52	12.83	5.63	5.91	171.63
四川	3.29	3.97	8.57	4.62	3.00	6.80	4.41	3.97	2.28	7.61	89.33
贵州	5.73	4.29	11.63	4.74	4.01	3.07	4.06	8.88	5.84	11.17	119.95
云南	1.46	1.96	6.20	5.38	-1.51	9.41	4.06	8.61	4.49	3.82	59.77
西藏	-0.22	17.84	10.73	0.25	12.87	29.45	-1.84	66.24	-6.14	413.70	439.44
陕西	5.60	-0.86	8.63	2.28	10.69	3.38	6.23	9.05	9.99	4.69	105.08
甘肃	0.94	3.67	8.99	1.36	2.76	5.46	0.37	11.28	4.14	3.19	73.60
青海	3.29	1.29	4.99	-0.38	4.13	5.00	3.89	2.09	5.55	9.75	69.04
宁夏	-0.08	12.28	23.71	8.31	5.30	5.03	5.33	10.22	8.67	1.32	137.12
新疆	3.52	0.12	19.52	1.93	-2.36	4.79	8.01	10.62	2.69	5.88	79.82

表6-5 2001~2011年各省生态活力进步态势

单位：%

年份	2001~2002	2002~2003	2003~2004	2004~2005	2005~2006	2006~2007	2007~2008	2008~2009	2009~2010	2010~2011	2001~2011
北京	1.40	7.67	9.58	1.88	-0.54	-2.45	0.42	23.29	0.04	0.00	46.14
天津	6.95	2.14	7.23	0.36	0.47	-0.30	-1.63	0.47	-11.66	1.19	-0.04
河北	34.91	1.20	9.19	6.20	2.18	-1.24	0.93	10.52	1.35	-0.24	88.52
山西	268.83	0.84	7.69	3.57	0.51	0.64	1.22	2.98	1.11	0.20	315.12
内蒙古	1.27	19.93	17.71	-4.12	0.62	1.05	1.95	5.95	0.43	0.29	47.11
辽宁	3.84	0.91	5.14	-1.53	-0.64	-1.16	0.07	2.63	6.63	1.09	17.60
吉林	0.43	4.65	1.19	1.07	-0.03	0.21	-0.13	1.43	0.36	0.02	9.62
黑龙江	1.92	1.70	4.12	3.22	5.87	2.97	2.65	3.87	1.71	1.57	37.16
上海	22.20	3.64	-8.87	0.31	5.25	0.11	0.00	75.71	-19.91	0.03	55.11
江苏	4.61	3.48	28.88	6.09	-3.76	-3.20	-2.41	14.79	-7.96	0.02	49.24
浙江	3.79	26.31	3.73	0.68	0.68	0.03	0.08	2.31	-12.41	0.65	16.63
安徽	0.04	0.47	2.58	-7.51	5.21	8.57	-0.35	3.76	-3.28	2.18	11.02
福建	3.06	2.02	3.72	3.04	-2.04	0.48	0.37	0.42	2.30	-2.41	11.23
江西	15.93	2.75	5.10	3.33	1.66	4.17	4.67	2.64	1.16	2.13	59.56
山东	4.27	-2.58	1.61	12.79	0.34	0.47	0.48	9.92	-7.83	-0.74	15.85
河南	2.53	0.13	28.17	0.45	0.36	1.34	-0.20	9.83	-0.64	0.03	45.62
湖北	3.26	10.24	8.05	0.14	0.77	-0.43	0.03	6.34	-1.06	0.25	30.44
湖南	1.69	6.45	5.18	2.03	1.50	0.49	0.40	4.24	3.45	0.19	29.41
广东	4.35	1.08	-0.12	2.32	2.34	0.48	1.45	2.61	14.09	-1.05	31.11
广西	-2.23	-0.44	7.21	1.07	0.04	-0.93	0.91	10.98	0.95	1.10	20.79
海南	0.89	-0.73	12.32	-1.55	2.87	0.64	0.63	2.36	10.36	-0.47	28.22
重庆	0.25	-0.01	4.45	0.87	1.81	4.85	2.13	22.88	-2.08	1.10	39.34
四川	3.62	4.34	15.60	5.36	2.51	0.29	-0.60	5.61	1.52	0.41	45.53
贵州	13.60	7.45	12.39	-2.82	3.61	0.82	-0.47	11.32	1.03	1.52	57.33
云南	2.48	4.04	12.23	0.97	0.84	3.05	-9.55	8.39	2.95	0.47	24.72
西藏	-1.01	11.34	34.97	-0.04	0.04	2.16	0.78	4.79	-2.63	-0.91	884.69
陕西	11.01	-2.67	19.59	-0.05	4.86	0.61	0.44	5.58	3.21	0.48	49.89
甘肃	1.97	7.71	16.43	3.59	3.34	-2.41	-6.18	22.57	-0.80	0.41	56.73
青海	0.61	0.91	2.22	1.80	3.00	0.52	0.39	1.95	0.12	0.88	14.68
宁夏	2.25	30.33	68.99	3.51	4.00	2.41	1.96	24.17	0.03	1.21	188.86
新疆	2.13	-0.42	66.83	0.36	-1.00	0.69	0.01	16.27	-1.05	0.09	108.17

西、辽宁、黑龙江、上海、山东、河南、四川、陕西等 9 个省份整体环境质量有所改善，其余省份环境质量退化的趋势尚未根本扭转。其中，山东省累计环境质量进步幅度最大，为 180.19%，主要得益于地表水体质量和省会城市环境空气质量的显著改善；宁夏环境质量累计退步幅度最大，达 -37.62%，则是由于地表水体质量持续恶化和农药、化肥的施用强度快速上升导致农业面源污染加剧造成的。从各省域历年发展态势来看，全国没有保持连续改善的省份，环境治理工作还在曲折中艰难前行。各省域历年环境质量进步指数见表 6-6。

3. 省域社会发展发展态势

各省域历年社会发展进步态势分析发现，2001 ~ 2011 年全国所有省份社会发展程度均有提高，累计提升幅度都在 50% 以上，反映了近年来各省在经济社会发展方面所取得的巨大成就。其中，内蒙古社会发展程度进步幅度最大，达 331.62%，主要得益于其人均 GDP 的大幅提升，并且随着经济实力的增强，加大了对教育、卫生等基本公共服务的投入力度，人均教育经费投入和农村改水率都显著提升。具体分析各省域历年发展态势，全国有 30 个省份的社会发展程度都保持了连续提高的走势，仅上海市在 2009 ~ 2010 年度有所回落，主要是由于其受国际金融危机影响较大，人均 GDP 和服务业产值占 GDP 比例有小幅下滑。各省域历年社会发展进步指数见表 6-7。

4. 省域协调程度发展态势

各省域历年协调程度发展态势分析显示，2001 ~ 2011 年全国所有省份协调发展能力均显著提升，表明各省正朝着协调发展的方向加速迈进。其中，西藏累计协调程度进步幅度最大，达 476.26%，主要得益于环境污染治理投资占 GDP 比重大幅提升。重庆市次之，为 378.04%，源于其单位国内生产总值资源能源消耗量显著降低，并且随着环境污染治理投入力度的加大，主要污染物综合治理能力明显增强，单位国内生产总值主要污染物排放量得到有效控制。具体分析各省域历年发展态势发现，虽然全国所有省份整体协调发展能力都在提高，但仅有河北、上海、江苏、重庆、四川、宁夏等 6 个省份保持了连续上升的走势，其余省份的发展态势则有所波动，在部分年度出现回落。因此，在"十二五"时期，我国转方式、调结构的任务依然艰巨。各省域历年协调程度进步指数见表 6-8。

表6-6 2001~2011年各省环境质量进步态势

单位：%

年份	2001~2002	2002~2003	2003~2004	2004~2005	2005~2006	2006~2007	2007~2008	2008~2009	2009~2010	2010~2011	2001~2011
北京	3.36	-5.21	3.19	0.30	-6.17	7.91	-5.53	-0.27	1.97	0.30	-4.12
天津	10.97	0.20	-20.05	-8.48	10.39	-14.38	-7.77	-0.76	25.08	-18.67	-31.22
河北	-1.44	2.81	7.33	-1.17	-9.20	-9.36	17.38	0.40	-0.57	5.03	6.65
山西	15.21	-16.53	10.48	3.87	-9.98	26.64	-15.88	-2.13	24.56	-6.99	1.76
内蒙古	-2.67	-11.72	4.99	-12.29	12.01	-2.14	-7.07	-4.47	1.22	4.92	-13.47
辽宁	1.22	4.86	5.14	-10.74	-0.58	1.37	6.39	-0.75	-5.63	11.39	14.76
吉林	3.23	0.90	-14.50	1.85	-10.37	6.31	-1.73	-1.55	-0.03	0.21	-16.20
黑龙江	16.87	0.29	-11.07	0.85	-12.06	5.75	15.64	-2.04	-0.27	3.89	37.01
上海	10.08	14.58	9.35	-6.63	0.61	-4.75	33.31	4.00	-1.92	12.35	99.93
江苏	0.90	-8.91	1.87	-4.62	1.83	0.16	-3.65	0.19	4.90	1.91	-7.01
浙江	2.45	-1.06	-5.01	1.31	-4.54	1.02	-3.79	1.61	5.67	1.19	-2.65
安徽	6.46	-2.53	-3.93	-5.68	7.15	-6.35	1.79	4.49	-1.20	-6.49	-6.76
福建	-0.40	-4.20	-1.60	2.94	1.68	-2.49	-1.44	-0.24	1.62	-2.09	-6.96
江西	-5.69	3.03	-5.85	-5.35	1.81	-7.83	-1.50	-0.17	-2.11	1.72	-17.56
山东	48.67	-8.51	6.47	7.62	8.71	32.93	-0.46	0.87	0.26	0.90	180.19
河南	4.28	3.97	0.62	-4.90	1.86	-6.97	-0.72	-0.78	11.97	-2.37	7.11
湖北	4.58	-1.40	-0.52	0.38	-12.04	3.92	1.37	0.28	-3.03	1.80	-5.98
湖南	-6.26	-6.05	-3.81	4.43	-4.60	5.82	1.31	-0.55	0.97	6.99	-2.65
广东	4.04	-2.89	6.14	5.07	-3.00	6.15	-0.04	-0.93	0.17	-1.50	-10.64
广西	-0.21	3.36	-1.15	-4.45	2.51	-6.61	-1.80	0.37	-3.58	4.48	-6.06
海南	-5.87	0.40	-4.57	-4.71	-5.29	-5.87	-7.64	-10.30	0.26	-0.25	-25.35
重庆	-0.51	3.95	0.42	1.65	-0.35	1.80	-0.54	-1.23	2.28	-9.00	-2.11
四川	0.81	2.95	-0.20	-1.19	0.99	3.49	-0.26	-0.81	-1.64	-0.56	3.45
贵州	3.34	-1.22	-1.89	0.30	-9.24	-7.90	-3.19	1.22	-2.19	-1.98	-19.76
云南	-2.89	-1.52	-5.78	3.02	-4.68	-7.48	-0.71	0.20	-5.27	4.97	-16.40
西藏	-21.55	57.26	-5.84	0.22	-5.52	-4.52	-5.42	10.00	-3.46	2.80	-12.11
陕西	-0.34	-1.29	3.85	-6.63	10.93	-9.20	0.32	-5.40	14.75	3.45	8.99
甘肃	-1.30	-6.35	2.45	-5.63	-12.91	-6.64	-0.56	-4.83	-9.89	7.65	-35.27
青海	0.87	4.10	-1.07	-0.64	-0.64	-6.77	-2.37	-2.09	2.41	3.18	-2.85
宁夏	-19.42	1.86	-0.61	3.38	-5.72	-8.40	-1.49	-0.16	-2.97	-23.81	-37.62
新疆	3.94	-3.84	-7.64	1.82	-3.30	1.79	-0.80	0.46	0.54	-1.28	-8.39

表6－7 2001~2011年各省社会发展进步态势

单位：%

年份	2001~2002	2002~2003	2003~2004	2004~2005	2005~2006	2006~2007	2007~2008	2008~2009	2009~2010	2010~2011	2001~2011
北京	7.72	4.90	5.30	13.29	5.93	0.59	5.15	5.83	3.42	4.00	86.47
天津	7.08	6.64	6.49	4.97	6.23	3.30	6.58	11.29	7.19	8.41	132.45
河北	5.26	6.29	7.01	13.53	7.75	7.22	8.14	6.92	6.17	8.54	148.13
山西	5.54	7.79	6.72	20.34	6.50	7.55	8.49	8.75	7.07	8.14	204.87
内蒙古	7.22	9.14	7.27	23.17	7.76	9.53	12.47	16.53	7.79	12.14	331.62
辽宁	5.37	4.36	5.77	7.61	5.64	5.19	9.06	9.50	7.13	9.41	140.73
吉林	6.17	5.52	5.79	12.29	8.38	7.26	9.84	8.09	6.57	8.72	168.00
黑龙江	5.51	5.01	6.94	6.92	5.28	4.76	8.59	7.73	5.63	8.99	113.84
上海	5.36	5.55	6.27	2.15	4.79	3.92	5.41	6.40	-1.96	2.70	54.61
江苏	6.11	7.60	8.45	11.42	8.92	6.88	8.90	7.38	8.10	10.15	172.27
浙江	9.56	8.41	8.12	10.09	6.06	7.24	5.60	4.70	6.56	7.88	142.72
安徽	6.28	7.96	7.36	13.51	8.07	6.56	9.60	8.04	8.82	11.11	188.35
福建	5.63	5.84	5.59	6.08	6.88	8.62	7.61	7.83	6.74	9.77	134.40
江西	6.99	5.41	7.19	11.92	6.39	6.91	8.82	11.15	8.08	11.96	190.49
山东	6.08	6.26	7.42	9.90	9.34	7.70	9.30	5.68	7.05	9.88	157.22
河南	4.44	8.16	7.74	12.37	9.02	9.54	10.67	5.13	7.21	10.93	183.50
湖北	5.34	5.17	5.64	8.70	7.95	6.47	10.30	7.56	8.41	9.94	146.09
湖南	4.99	8.22	6.75	9.91	8.08	7.23	9.18	10.86	7.30	8.41	170.69
广东	4.43	7.12	8.54	12.27	8.24	6.68	6.84	5.75	3.70	6.87	123.18
广西	7.90	7.08	3.83	15.80	5.51	8.98	9.96	6.28	8.54	11.71	194.04
海南	4.11	3.99	5.19	10.02	6.50	7.92	10.32	10.21	11.49	9.97	164.00
重庆	7.38	5.01	14.05	14.43	9.64	4.48	11.67	9.16	8.82	12.13	234.22
四川	5.99	8.92	7.43	9.24	7.69	6.88	10.57	10.30	9.14	9.65	190.41
贵州	5.51	7.57	5.93	14.39	8.15	9.25	13.21	13.81	10.14	15.38	239.41
云南	4.98	4.39	6.76	14.13	5.20	8.40	9.12	7.00	8.37	12.50	156.97
西藏	10.47	6.98	8.19	14.96	8.38	3.97	8.43	5.52	6.41	5.55	167.86
陕西	6.60	6.12	7.17	12.83	8.70	6.36	12.31	15.12	9.18	9.61	232.61
甘肃	6.53	6.39	6.16	18.41	7.33	6.71	10.18	7.83	8.81	12.72	191.39
青海	7.66	5.91	5.11	9.38	7.34	9.42	8.66	10.21	9.70	11.49	213.91
宁夏	6.96	5.77	5.33	21.94	6.48	8.72	14.94	12.60	9.36	11.89	243.29
新疆	6.14	4.90	4.70	9.12	6.13	5.28	6.66	6.44	7.77	13.03	136.12

表6-8 2001~2011年各省协调程度进步态势

单位：%

年份	2001~2002	2002~2003	2003~2004	2004~2005	2005~2006	2006~2007	2007~2008	2008~2009	2009~2010	2010~2011	2001~2011
北京	2.77	-0.29	3.29	16.07	18.15	7.62	2.64	9.55	3.40	8.39	200.83
天津	2.73	2.63	1.83	12.05	-2.70	11.79	7.17	12.24	5.41	13.76	130.62
河北	2.94	1.92	4.60	8.48	5.20	9.88	10.76	7.94	11.27	11.63	118.11
山西	3.35	-5.23	-1.13	2.10	17.20	27.80	17.54	10.58	12.17	5.95	126.89
内蒙古	-1.30	-3.70	16.57	12.54	14.07	7.67	12.02	12.79	14.84	18.59	172.27
辽宁	3.68	6.08	6.87	-1.21	2.86	1.73	12.01	8.08	7.77	17.53	92.58
吉林	3.32	-0.23	11.35	-6.39	-3.20	28.58	2.57	9.89	19.27	1.00	76.10
黑龙江	1.91	0.64	1.32	-4.23	-2.31	2.58	16.18	5.44	12.54	4.37	42.40
上海	2.39	11.90	10.84	18.24	13.81	12.98	8.22	9.21	0.03	9.90	248.27
江苏	2.35	2.83	1.46	7.56	1.88	7.68	6.62	1.42	6.96	9.80	95.32
浙江	1.12	0.48	2.72	1.15	0.71	7.28	35.14	-5.38	13.54	1.31	77.74
安徽	1.04	-1.28	0.96	-3.05	14.84	23.05	13.48	4.21	9.13	19.95	110.08
福建	-5.35	5.38	11.04	6.94	-7.23	14.47	5.94	5.55	10.13	13.05	70.49
江西	1.27	-1.89	5.37	3.53	6.29	12.24	5.05	18.46	23.37	15.79	122.77
山东	2.64	3.65	7.15	-0.70	6.74	10.80	8.90	6.22	3.71	6.24	94.84
河南	0.94	-0.17	0.19	4.13	-0.39	11.10	8.26	6.11	7.21	9.23	68.63
湖北	1.98	-0.06	4.70	7.38	-5.02	8.52	14.40	14.20	6.08	17.45	96.69
湖南	2.64	-11.34	14.36	10.94	12.82	8.03	15.02	12.86	3.62	13.75	135.72
广东	2.80	-5.63	2.24	10.47	3.64	4.28	5.06	11.61	79.15	-3.55	103.68
广西	5.74	-3.55	2.82	8.52	1.94	17.08	11.88	11.93	7.48	19.54	159.04
海南	4.59	-0.62	17.36	1.71	4.85	14.42	4.50	10.10	3.18	7.52	91.73
重庆	3.78	22.30	45.50	3.53	5.45	10.96	5.51	14.59	13.45	16.51	378.04
四川	2.81	0.98	8.15	4.66	1.70	15.46	8.42	1.30	1.06	18.88	123.00
贵州	-0.40	2.62	23.68	8.84	10.47	8.52	7.33	8.27	13.12	26.77	196.06
云南	1.00	0.60	7.77	5.53	-6.24	27.70	12.12	15.51	9.93	0.60	80.80
西藏	7.67	5.31	-0.79	-9.23	40.94	96.38	-8.93	205.67	-19.80	1374.36	476.26
陕西	3.49	-3.41	1.81	3.53	17.70	12.54	11.90	18.10	14.14	6.46	139.32
甘肃	-2.32	4.52	7.78	-7.57	9.57	20.55	0.98	13.04	15.32	6.83	84.51
青海	4.69	-3.28	11.71	-8.88	6.31	14.39	8.40	-0.40	10.30	21.83	74.75
宁夏	5.79	5.54	6.89	7.31	13.17	14.14	6.84	1.59	24.62	11.14	131.09
新疆	2.88	0.10	0.19	-1.21	-8.77	10.56	22.77	14.53	4.47	11.69	72.74

（二）省域生态文明建设驱动分析

基于2001～2011年各省域整体生态文明建设年度进步指数与生态活力、环境质量、社会发展和协调程度核心考察领域的年度进步指数，利用SPSS软件进行相关性分析，全国有21个省份的生态文明建设水平提升主要依靠单一领域的驱动，另外10个省份则有2～3个驱动领域。

1. 单领域驱动

单领域驱动的省份，根据与整体生态文明建设年度进步指数显著相关的领域不同，又可进一步分为生态活力驱动、环境质量驱动和协调程度驱动三种类型，不同类型省份生态文明建设水平提升的主要驱动因素和经济社会发展与生态环境建设的协调发展状况不尽相同。

（1）生态活力驱动型。

属于生态活力驱动型的省份有北京、河北、江苏、河南、甘肃和新疆。这些省份生态活力年度进步指数与整体生态文明建设年度进步指数呈显著正相关（见表6－9），表明它们生态活力的进步态势与整体生态文明建设进步态势一致性较高，生态活力增强是推动整体生态文明建设水平提升的主导因素。

表6－9 生态活力驱动型省份进步指数相关性

省份	生态文明与生态活力	生态文明与环境质量	生态文明与社会发展	生态文明与协调程度	生态活力与社会发展	生态活力与协调程度	环境质量与社会发展	环境质量与协调程度
北京	0.697 *	0.099	0.483	0.58	0.11	－0.088	－0.231	－0.131
河北	0.768 **	0.491	－0.033	－0.061	－0.297	－0.523	0.027	0.172
江苏	0.904 **	0.231	0.194	－0.221	－0.026	－0.552	－0.146	0.04
河南	0.856 **	0.071	－0.19	0.073	－0.305	－0.338	－0.536	－0.357
甘肃	0.836 **	0.157	－0.392	0.584	－0.245	0.108	－0.122	－0.363
新疆	0.873 **	－0.416	－0.16	0.366	－0.347	－0.122	0.248	0.283

该类型的省份中，北京（ECI 2013排名第1位）和江苏（第7位）当前的生态文明建设水平居全国前列。根据产业结构指标的衡量标准，北京已基本完成工业化，其整体生态文明建设年度进步指数与生态活力、环境质量、社会发展、协调程度的年度进步指数均呈正相关；江苏的工业化程度也较高，其整

体生态文明建设年度进步指数与生态活力、环境质量、社会发展的年度进步指数呈正相关，表明它们都正在努力朝着各方面均衡发展的方向迈进。随着经济实力的增强，它们都加大了对生态环境反哺的力度，但由于长期的工业化进程中累积的生态环境问题，生态环境效益的显现较慢，生态环境要得到根本的治理与改善还需要较长的时间周期，因此它们生态活力和环境质量的年度进步指数与社会发展和协调程度的年度进步指数之间表现为负相关或者不显著正相关。

该类型的其余省份，河北（第27位）、河南（第29位）、甘肃（第31位）、新疆（第28位）当前的生态文明建设水平排名相对靠后，同时它们也是经济社会后发地区。由于它们的工业化程度不高，对生态环境的破坏相对较小，但对生态环境建设的投入力度不如发达地区，因此它们的生态环境改善较快速的社会发展而言偏慢，整体生态文明建设水平也相对落后，社会发展年度进步指数与生态活力年度进步指数和整体生态文明建设年度进步指数均呈负相关。它们在工业化进程中应认真吸取先发地区的经验教训，积极探索走避免"先污染，后治理"的新型工业化道路。

（2）环境质量驱动型。

天津和山东属于环境质量驱动型，它们的整体生态文明建设年度进步指数与环境质量年度进步指数显著正相关（见表6-10），表明各考察领域中环境质量的进步态势与整体生态文明建设的进步态势较一致，环境质量改善是推动该类省份整体生态文明建设水平提升的主导因素。

表6-10　环境质量驱动型省份进步指数相关性

省份	生态文明与生态活力	生态文明与环境质量	生态文明与社会发展	生态文明与协调程度	生态活力与社会发展	生态活力与协调程度	环境质量与社会发展	环境质量与协调程度
天津	-0.132	0.675*	0.554	0.05	-0.007	-0.192	0.175	-0.459
山东	0.51	0.908**	-0.057	0.13	0.073	-0.338	-0.209	0.04

受益于京津一体化发展和环渤海经济圈的产业发展，天津市经济社会发展较快，并不断加大了生态环境建设的力度，致力于实现全面均衡发展。目前，天津（第2位）生态文明建设水平全国领先，环境质量、社会发展、协调程

度的年度进步指数均与整体生态文明建设年度进步指数呈正相关。由于生态基础条件较差，生态建设效益的发挥较慢，因此生态活力年度进步指数与社会发展、协调程度的年度进步指数乃至整体生态文明建设年度进步指数都呈负相关；随着环境污染治理的加强，环境质量恶化的趋势有所缓解，但环境历史遗留问题依然严峻，环境质量年度进步指数与协调程度年度进步指数仍呈负相关。

山东（第15位）当前的生态文明建设水平居全国中游。虽然其生态环境基础条件薄弱，但在工业化进程中努力克服了传统工业文明的弊端，探索可持续发展的工业化道路，全面提升协调发展能力。全省生态活力、环境质量、协调程度的年度进步指数都与整体生态文明建设年度进步指数呈正相关。山东也是2001~2011年我国累计环境质量进步幅度最大的省份，但是与经济社会的快速发展相比，生态环境改善的速度仍有待提高，生态活力和环境质量的年度进步指数与社会发展和协调程度的年度进步指数呈不显著正相关甚至负相关，整体生态文明建设年度进步指数与社会发展年度进步指数也呈不显著负相关。

（3）协调程度驱动型。

属于协调程度驱动型的有内蒙古、吉林、浙江、福建、江西、广西、重庆、四川、贵州、云南、西藏、陕西和青海等，多达13个省份，这与我国现阶段整体协调程度是生态文明建设的主要驱动因素之一的发展现状一致。这些省份的协调程度年度进步指数与整体生态文明建设年度进步指数呈显著正相关（见表6-11），表明它们的协调程度进步态势与整体生态文明建设进步态势的一致性最高，协调发展能力的提升是推动生态文明建设水平进步的主导因素。

表6-11 协调程度驱动型省份进步指数相关性

省 份	生态文明与生态活力	生态文明与环境质量	生态文明与社会发展	生态文明与协调程度	生态活力与社会发展	生态活力与协调程度	环境质量与社会发展	环境质量与协调程度
内蒙古	0.335	0.583	-0.08	0.756*	-0.384	-0.33	-0.563	0.534
吉 林	-0.084	0.578	-0.291	0.916**	-0.368	-0.197	0.152	0.216
浙 江	0.477	-0.247	0.060	0.666*	0.287	-0.305	0.158	-0.177
福 建	0.262	-0.141	0.297	0.962**	-0.788**	0.066	-0.225	-0.347
江 西	-0.128	0.127	0.516	0.893**	-0.237	-0.451	0.033	0.056
广 西	0.437	0.017	0.389	0.876**	-0.363	0.067	-0.287	-0.264

省　份	生态文明与生态活力	生态文明与环境质量	生态文明与社会发展	生态文明与协调程度	生态活力与社会发展	生态活力与协调程度	环境质量与社会发展	环境质量与协调程度
重　庆	0.522	0.062	0.24	0.892**	−0.024	0.114	−0.383	0.03
四　川	0.407	0.129	−0.114	0.792**	−0.241	−0.218	−0.509	0.157
贵　州	0.438	0.367	0.14	0.763*	−0.6	−0.128	0.088	−0.196
云　南	0.439	−0.081	0.325	0.852**	−0.311	0.073	0.619	−0.333
西　藏	0.300	0.342	−0.448	0.849**	−0.05	−0.089	−0.207	−0.099
陕　西	0.533	0.625	0.258	0.710*	−0.209	−0.093	−0.182	0.226
青　海	−0.244	0.119	0.346	0.968**	−0.329	−0.281	−0.095	−0.089

该类型的省份中，除浙江（第4位）当前的生态文明建设水平排名相对靠前外，其余省份整体生态文明建设水平排名居中等或偏后的位置。其中，浙江、福建和云南生态优势明显，生态活力进一步增强的难度较大，而且由于经济社会发展中对大尺度的环境质量建设仍然重视不够，导致生态环境持续改善的步伐与经济社会发展的速度相去甚远，生态活力和环境质量的年度进步指数与社会发展和协调程度的年度进步指数呈负相关或正相关但不显著，环境质量年度进步指数与整体生态文明建设年度进步指数也呈负相关。

内蒙古、吉林、江西、四川、西藏、青海等6个省份，它们一方面经济社会发展的需求比较迫切，另一方面，虽然在生态环境方面也具备一定的比较优势，但整体生态环境相对脆弱，生态环境建设难度较大，尤其是一旦被破坏，将难以恢复，因此这些省份的生态活力年度进步指数或者社会发展年度进步指数与整体生态文明建设年度进步指数呈负相关，协调程度的增强是推动生态文明建设水平提高的主要驱动力。在全面建设小康社会的进程中，必须积极探索在发展中保护、在保护中发展的经济社会发展新道路。

广西、重庆、贵州和陕西等4个省份，在中国地图上正好连成了纵贯我国中部到南部的一条中轴线，它们的经济社会发展水平不高，生态文明建设水平也只排名全国中等。虽然这些省份经济社会发展与生态环境改善之间存在一定的冲突，表现为生态活力或环境质量的进步指数与社会发展或协调程度的进步指数呈负相关，但在总体上各方面发展相对均衡，生态活力、环境质量、社会发展、协调程度的年度进步指数均与整体生态文明建设年度进步指数呈正相关。

2. 多领域驱动

多领域驱动的省份，可进一步划分为生态活力和环境质量驱动、生态活力和社会发展驱动、生态活力和协调程度驱动、环境质量和协调程度驱动以及生态活力、环境质量和协调程度驱动五种类型。

（1）生态活力和环境质量驱动型。

生态活力和环境质量驱动型的省份是宁夏回族自治区，它的生态活力年度进步指数和环境质量年度进步指数均与整体生态文明建设年度进步指数呈显著正相关（见表6-12），表明整体生态文明建设的发展态势与生态活力增强和环境质量改善的态势较一致，生态活力和环境质量共同成为推进生态文明建设水平提高的主导因素。

表6-12　生态活力与环境质量驱动型省份进步指数相关性

省份	生态文明与生态活力	生态文明与环境质量	生态文明与社会发展	生态文明与协调程度	生态活力与社会发展	生态活力与协调程度	环境质量与社会发展	环境质量与协调程度
宁夏	0.916 **	0.653 *	-0.227	-0.163	-0.404	-0.399	0.23	-0.129

宁夏（第30位）作为我国少数民族自治区之一，也是革命老区和集中连片贫困地区，当前整体生态文明建设水平相对落后。随着我国西部大开发战略的深入推进，宁夏坚持资源开发与生态环境保护相结合的原则，在经济社会发展方面进入了黄金时期，但由于受到水资源短缺和生态环境基础条件脆弱的制约，生态环境改善相对缓慢，生态文明建设推进任务艰巨，整体生态文明建设年度进步指数与社会发展和协调程度的年度进步指数均呈负相关。与较快的经济社会发展速度相比，生态环境建设效益不明显，因此生态活力年度进步指数与社会发展和协调程度年度进步指数，以及环境质量年度进步指数与协调程度年度进步指数都呈负相关，所幸环境质量持续恶化的趋势已基本得到遏制，环境质量年度进步指数与社会发展年度进步指数开始呈正相关。

（2）生态活力和社会发展驱动型。

上海属于生态活力和社会发展驱动型，其整体生态文明建设年度进步指数与生态活力年度进步指数和社会发展年度进步指数呈显著正相关（见表6-

13），表明生态活力和社会发展的进步态势与整体生态文明建设的发展态势一致性较高，生态活力的增强和社会发展水平的提升是推动整体生态文明建设进步的主导因素。

表6-13 生态活力与社会发展驱动型省份进步指数相关性

省份	生态文明与生态活力	生态文明与环境质量	生态文明与社会发展	生态文明与协调程度	生态活力与社会发展	生态活力与协调程度	环境质量与社会发展	环境质量与协调程度
上海	0.944 **	0.249	0.717 *	0.148	0.526	0.009	0.439	-0.238

上海作为我国首个完成工业化的省级行政区，虽然经济社会发展的速度有所放缓，但发展的质量明显提升。它不断利用经济社会发展取得的成果反哺生态环境，促进生态环境质量的持续改善，正朝着各方面均衡发展的方向迈进，整体生态文明建设年度进步指数与生态活力、环境质量、社会发展、协调程度的年度进步指数均呈正相关；经济社会发展与生态环境改善也基本实现了协调发展，生态活力年度进步指数与社会发展和协调程度的年度进步指数，以及环境质量年度进步指数与社会发展年度进步指数均呈正相关；但由于上海生态环境基础条件脆弱，工业化进程中积累的环境问题解决起来需要一个过程，因此环境质量年度进步指数与协调程度年度进步指数还呈负相关。

（3）生态活力和协调程度驱动型。

生态活力和协调程度驱动型的省份有安徽和海南，它们的整体生态文明建设年度进步指数与生态活力年度进步指数和协调程度年度进步指数呈显著正相关（见表6-14），表明其生态活力和协调程度的进步态势与整体生态文明建设的进步态势一致性较高，生态活力的增强和协调发展能力的提升是促进生态文明建设水平提高的主导因素。

表6-14 生态活力与协调程度驱动型省份进步指数相关性

省份	生态文明与生态活力	生态文明与环境质量	生态文明与社会发展	生态文明与协调程度	生态活力与社会发展	生态活力与协调程度	环境质量与社会发展	环境质量与协调程度
安徽	0.787 **	0.178	-0.333	0.927 **	-0.678 *	0.614	-0.42	-0.142
海南	0.859 **	0.076	0.149	0.768 **	0	0.455	-0.093	-0.377

安徽省是位于华东腹地的内陆后发省份，当前仍以承接先发地区产业转移作为经济社会发展的增长点，经济社会的快速发展在一定程度上以牺牲生态环境改善速度为代价，生态活力年度进步指数、环境质量年度进步指数乃至整体生态文明建设年度进步指数均与社会发展年度进步指数呈负相关。下一步需要积极调整产业结构、转变发展方式，实现经济社会与生态环境的协调发展。

海南生态环境基础条件较好，随着近年来旅游业的繁荣和现代农业的发展，生态文明建设各领域都取得了积极的进步，当前整体表现为全面均衡发展的态势，生态活力、环境质量、社会发展、协调程度的年度进步指数均与整体生态文明建设年度进步指数呈正相关；但是伴随着现代农业的发展，海南的农药施用强度持续攀升，居全国之首，农药、化肥的大量施用，导致农业面源污染形势加剧，对环境质量造成严重威胁，因此环境质量年度进步指数与社会发展和协调程度的年度进步指数呈负相关。

（4）环境质量和协调程度驱动型。

属于环境质量和协调程度驱动型的省份有山西、辽宁、黑龙江、湖北、湖南，这些省份的环境质量年度进步指数和协调程度年度进步指数与整体生态文明建设年度进步指数呈显著正相关（见表6－15），表明它们环境质量和协调程度的发展走势与整体生态文明建设的发展走势较一致，环境质量的改善和协调发展能力的提高是驱动生态文明建设水平提升的主导因素。

表6－15　环境质量与协调程度驱动型省份进步指数相关性

省 份	生态文明与生态活力	生态文明与环境质量	生态文明与社会发展	生态文明与协调程度	生态活力与社会发展	生态活力与协调程度	环境质量与社会发展	环境质量与协调程度
山 西	0.02	0.835 **	0.03	0.711 *	0.226	－ 0.41	－ 0.083	0.277
辽 宁	0.408	0.810 **	0.472	0.968 **	－ 0.022	0.258	0.092	0.746 *
黑龙江	－ 0.52	0.817 **	0.426	0.869 **	－ 0.104	－ 0.396	0.173	0.452
湖 北	0.149	0.752 *	0.247	0.895 **	－ 0.687 *	－ 0.261	－ 0.115	0.585
湖 南	－ 0.436	0.643 *	0.525	0.937 **	0.043	－ 0.535	0.382	0.445

该类型的省份中，除辽宁省（第8位）当前的生态文明建设水平排名全国中上游之外，其余省份均居全国中游。它们在生态文明建设各领域整

体相对较均衡，但由于经济增长过程中对生态系统的反哺较少，而且需要发挥其生态或资源优势服务当地经济社会发展，因此与经济社会的快速发展比较，当地生态活力持续增强的速度相对较慢，表现为生态活力年度进步指数与社会发展和协调程度的年度进步指数呈负相关或者不显著正相关，甚至部分生态基础条件较好的省份，如黑龙江、湖南等，整体生态文明建设年度进步指数与生态活力年度进步指数出现了负相关。所幸这些省份环境质量恶化的趋势基本得到控制，开始改善向好，环境质量年度进步指数与社会发展和协调程度的年度进步指数呈正相关。它们需要在加快经济社会发展的同时，加大对生态建设的投入力度，力争实现各领域的全面均衡发展。

（5）生态活力、环境质量和协调程度驱动型。

广东省属于生态活力、环境质量和协调程度驱动型，该省的生态活力年度进步指数、环境质量年度进步指数和协调程度年度进步指数都与整体生态文明建设年度进步指数呈显著正相关（见表 6 - 16），表明其整体生态文明建设的发展态势与生态活力、环境质量和协调程度的发展态势一致性较高，生态环境的改善和协调发展能力的提高是推动整体生态文明建设进步的主导因素。

表 6 - 16　生态活力、环境质量与协调程度驱动型省份进步指数相关性

省份	生态文明与生态活力	生态文明与环境质量	生态文明与社会发展	生态文明与协调程度	生态活力与社会发展	生态活力与协调程度	环境质量与社会发展	环境质量与协调程度
广东	0.674 *	0.660 *	0.027	0.871 **	－ 0.519	0.949 **	0.076	0.198

本年度评价结果显示，广东省（第 3 位）整体生态文明建设水平全国领先，且各领域发展较均衡，各考察领域年度进步指数均与整体生态文明建设年度进步指数呈正相关。随着经济实力的增强，广东不断加大对生态环境反哺的力度，生态建设和环境治理成效显著，生态活力明显增强，环境质量恶化的趋势得到有效控制，生态环境与经济社会的发展态势相对较协调，生态活力年度进步指数与协调程度年度进步指数高度正相关，环境质量年度进步指数与社会发展和协调程度的年度进步指数也呈正相关。

三　驱动分析结论

根据全国及各省域 2001～2011 年的整体生态文明建设年度进步指数和四个核心考察领域年度进步指数，对全国及各省份生态文明建设进行驱动分析，得出以下结论。

在全国层面，整体生态文明建设年度进步指数与社会发展年度进步指数和协调程度年度进步指数显著正相关，社会发展水平和协调发展能力的提升是当前驱动我国生态文明建设水平提高的主导因素。社会发展水平和协调发展能力又都受到经济发展状况的制约，与经济增长速度显著正相关。由于现阶段我国高消耗、高污染、低产出、低效益的粗放型经济增长模式尚未根本改变，经济发展速度较快，但质量不高，经济增长仍在以牺牲一定程度的生态改善为代价，因此生态活力年度进步指数与由社会发展和协调程度驱动的整体生态文明建设年度进步指数呈负相关。整体生态文明建设年度进步指数与环境质量年度进步指数相关性极不显著，这是由于我国正处于工业化中期阶段，传统工业文明的弊端正日益显现，发达国家经历上百年逐步显现的环境问题，在我国短时期内集中爆发，情况更为复杂，环境建设与治理的任务也更加艰巨。虽然随着经济社会发展水平的提高，我国在不断加大节能减排以及环境污染治理的力度，协调发展能力在显著增强，但绝对的资源能源消耗量和主要污染物排放量仍然较高，对环境质量造成较大冲击，而生态建设和环境治理效益的发挥又需要较长的周期，因此，人们能够切身感受到的环境质量还没有明显改善。

各省域层面分析显示，全国共有 21 个省份的整体生态文明建设发展态势由单一领域所主导，另外 10 个省份则有 2～3 个主导领域。单领域驱动的省份，根据与整体生态文明建设年度进步指数显著相关的领域不同，又可进一步分为生态活力驱动型（主要有北京、河北、江苏、河南、甘肃、新疆）、环境质量驱动型（主要有天津、山东）和协调程度驱动型（主要有内蒙古、吉林、浙江、福建、江西、广西、重庆、四川、贵州、云南、西藏、陕西、青海）三种类型。多领域驱动的省份，可进一步划分为生态活力和环境质量驱动型（主要有宁夏）、生态活力和社会发展驱动型（主要有上海）、生态活力和协调

程度驱动型（主要有安徽、海南）、环境质量和协调程度驱动型（主要有山西、辽宁、黑龙江、湖北、湖南）以及生态活力、环境质量和协调程度驱动型（主要有广东）五种类型。不同类型省份生态文明建设水平提升的主导因素和经济社会发展与生态环境建设的协调发展状况不尽相同，各省需要结合当地实际，因地制宜推动生态文明建设各领域全面均衡发展，努力建设美丽中国，切实提升我国生态文明水平与可持续发展能力。

第三部分　省域生态文明建设分析

Part Ⅲ　Provincial Eco-Civilization Construction Analysis

G.7
第七章
北京

一　北京 2011 年生态文明建设状况

2011 年，北京生态文明指数（ECI）为 97.59 分，排名全国第 1 位；去除"社会发展"二级指标后，绿色生态文明指数（GECI）为 72.02 分，全国排名第 1 位。具体二级指标情况见表 7-1。

表 7-1　2011 年北京生态文明建设二级指标情况汇总

二级指标	得　分	排　名	等　级
生态活力（满分为 39.6 分）	26.40	8	2
环境质量（满分为 26.4 分）	14.67	14	2
社会发展（满分为 26.4 分）	25.58	1	1
协调程度（满分为 39.6 分）	30.95	1	1

2011年北京生态文明建设继续保持均衡发展型的特点（见图7-1）。其中，环境质量、协调程度指标排名与2010年持平，而生态活力、社会发展指标各提升1个名次。此外，虽然环境质量指标排名不曾变化，但已属于全国第2等级，比2010年有所提高。

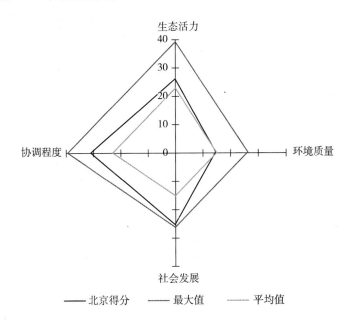

图7-1　2011年北京生态文明建设评价雷达图

虽然各项二级指标或保持了原有的良好发展态势，或有所改善，但部分三级指标的数据和排名却显示出一定的警示作用（见表7-2）。

在生态活力方面，与2010年相比，森林覆盖率、自然保护区的有效保护、湿地面积占国土面积比重等三级指标的数据和排名均没有变化。生态活力指标排名的提高则主要源于建成区绿化覆盖率的提高，达45.6%，居全国第2名。

在环境质量方面，虽然该项指标在全国的排名与往年相同，但已从第3等级迈进了第2等级，而这一进步则主要来自地表水体质量指标的提升，为76.6%，比2010年的排名提升了2个位次。同时，环境空气质量指标数据仍为78.36%，但排名却下降了1位。

在社会发展方面，人均GDP、服务业产值占GDP比例、城镇化率、人均预期寿命、人均教育经费投入、农村改水率各项指标排名基本上与2010年持平，位于全国前列（只有人均GDP指标略下降一位），但各指标数据均有所提高，这也使得社会发展指标排名从2010年的第2位上升至2011年的第1位。

在协调程度方面，环境污染治理投资占GDP比重为1.31%，比2010年下降了0.33个百分点，在全国仅位于中游水平，从第10名跌至第17名；而工业固体废物综合利用率、城市生活垃圾无害化率则有所提高，分别位列第14名和第3名。

表7-2　北京2011年生态文明建设评价结果

一级指标	二级指标	三级指标	指标数据	排名
生态文明指数（ECI）	生态活力	森林覆盖率	31.72%	15
		建成区绿化覆盖率	45.6%	2
		自然保护区的有效保护	7.97%	13
		湿地面积占国土面积比重	1.93%	26
	环境质量	地表水体质量	76.6%	10
		环境空气质量	78.36%	29
		水土流失率	24.9535%	17
		农药施用强度	16.9882 吨/千公顷	20
	社会发展	人均GDP	81658 元	3
		服务业产值占GDP比例	76.1%	1
		城镇化率	86.2%	2
		人均预期寿命	80.18 岁	2
		人均教育经费投入	3126.79 元	1
		农村改水率	99.54%	2
	协调程度	工业固体废物综合利用率	66.2631%	14
		单位GDP化学需氧量排放量	1.1887 千克/万元	1
		单位GDP氨氮排放量	0.1312 千克/万元	1
		城市生活垃圾无害化率	98.24%	3
		环境污染治理投资占GDP比重	1.31%	17
		单位GDP能耗	0.459 吨标准煤/万元	1
		单位GDP水耗	12.3062 立方米/万元	2
		单位GDP二氧化硫排放量	0.6024 千克/万元	1

从年度进步情况来看，北京2010～2011年度的生态文明进步指数为3.29%，全国排名第24位。其中，生态活力没有发生变化，列全国第25位；环境质量的进步指数仅为0.3%，居全国第17位；社会发展的进步指数为

4%，在全国排名第 30 位；协调程度的进步指数最高，达 8.1%，但仅列第 21 位。

纵观整个指标体系的数据和排名可以看出，社会发展和协调程度已成为北京市生态文明建设的绝对优势。二者的进步程度相对缓慢，这主要是因为北京原有的自身起点比较高；而环境质量指标已成为北京市生态文明建设的短板。除地表水体质量外，其他三级指标基本位于全国中游或中下游水平，尤其是环境空气质量指标，位于全国倒数第三位（仅好于新疆和甘肃）。与此同时，环境污染治理投资占 GDP 比重却呈下降趋势，这对北京市生态文明建设提出了极大的挑战。

二　分析与展望

2011 年，北京通过环境治理主题工作将生态文明建设与经济、社会发展保持同步，呈现出良好的发展态势。下文将简要介绍北京生态环境建设与管理的开展情况，总结经验与启示。

制度化措施和机制保障生态环境建设与管理的有效开展。2011 年，北京市发布实施了《北京市"十二五"时期环境保护和建设规划》，明确了"十二五"时期环境保护工作的目标和任务，同时制定了地方环保标准①，并实行环境准入机制，出台了《关于进一步推进规划环境影响评价工作的实施意见》，建立更严格的重大项目环境准入审查制度。同时，修订完善了《北京市水污染防治条例》，明确规定工业、城镇、农村和农业等水污染防治措施，并建立工作机制进行监督管理。此外，针对空气质量问题，北京市政府出台了《北京市清洁空气行动计划（2011～2015 年大气污染控制措施)》，按照区县功能定位，坚持结构减排、工程减排和管理减排并重，提高环境准入标准、限制高污染和高能耗产业发展，推进大气污染物总量减排，并强化部门监管、属地管

---

① 如《场地土壤环境风险评价筛选值》《污染场地修复验收技术规范》《重金属污染土壤填埋场建设与运行技术规范》《移动通信基站建设项目电磁环境影响评价技术导则》《在用柴油汽车排气烟度测量方法及限值（遥测法)》《固定式燃气轮机大气污染物排放标准》《生活垃圾填埋场恶臭污染控制技术规范》《地铁噪声与振动控制规范》等。

理和排污主体减排责任，形成齐抓共管的大气污染防治格局①。北京市政府还以文件的形式对 2011 年的具体任务进行分解，明确各相关主体的职责。

经济稳步发展为生态文明建设提供了动力与保障。2011 年，北京经济增速出现回调，全市 GDP 为 16000.4 亿元，同比增长 8.1%；人均 GDP 达 81658元；全市地方公共财政预算收入为 3006.3 亿元，比上年增长 27.7%②。在经济稳步增长的同时，大力推动调结构、转方式。2011 年，北京市第三产业实现增加值 12119.8 亿元，同比增长 8.6%。此外，在落实节能减排中，北京市制定实施了"十二五"时期主要污染物总量减排工作方案，与各区县政府、市各有关部门、各重点企业签订了"十二五"主要污染物总量削减目标责任书，并完善污染减排奖励政策，率先实行能耗强度和能源消费总量双控机制。同时着力推进产业结构调整，工业高耗能行业大幅收缩，提高清洁能源使用率，减少燃煤污染，深化水污染治理和污水再生利用，单位地区生产总值能耗、电耗、水耗低速增长，并根据"十二五"污染减排工作要求，深化机动车污染减排，启动畜禽养殖污染减排。但值得注意的是，在经济"稳中求进"的同时，环境污染治理投资占 GDP 比重却呈现出小幅下降的趋势，仅处于全国中游水平。环境质量已成为北京生态文明建设的薄弱环节，环境污染治理投入的减少在一定程度上影响着环境质量问题的缓解与改善，最终会影响生态文明建设与经济、社会发展的匹配程度。

在经济发展的同时，北京市注重"民生优先、幸福为本"，保障和改善民生的力度不断加大。在教育和卫生领域市级财政投入达 316.4 亿元，增长28.6%，其中人均教育经费投入达 3126.79 元/人，位列全国之首；实施城乡统一就业登记制度，保持就业形势稳定，城镇登记失业率为 1.39%；率先实现养老保障制度全覆盖和城乡居民养老保险标准统一，基本实现"老有所养"③。此外，北京市注重重点新城、小城镇和新农村的发展，设立小城镇发展基金，探索城镇化新模式，吸引央企参与小城镇开发，推进小城镇特

---

① 参见《北京市人民政府关于印发北京市清洁空气行动计划（2011～2015 年大气污染控制措施）的通知》（京政发〔2011〕15 号）。

② 数据来源：北京市 2012 年政府工作报告。

③ 数据来源：北京市 2012 年政府工作报告。

色化发展①，使得城镇化率达86.2%，居全国第2位。

北京在城市建设中还着重考虑生态问题，如进一步推动实施城南行动计划，制定加快西部地区转型发展的实施意见，建成开放了永定河"四湖一线"生态景观带，着手培育生态涵养发展区环境友好型产业等；通过建设、改造生活垃圾和污水处理设施，扩大造林绿化面积、提高林木绿化率，实施清洁空气行动计划等，进一步提升生态环境质量；开展"精细管理、美化市容"工作，实施环境秩序"三个百日整治"，加强市容环境卫生综合考评，提高城市精细化管理水平②。这些措施使得北京的生态环境质量有所提升，已属于全国第2等级，比2010年有所提高。

总体来说，北京的生态文明建设绝对水平是全国最高的，而且相对均衡，但也明显受到环境空气质量的制约。如何把以治理PM 2.5为重点的大气污染防治工作作为重大的民生工程，有效实施大气污染治理措施和清洁空气行动计划措施，是未来推动生态文明水平不断提高的方向和着力点。

---

① 参见《关于北京市2011年国民经济和社会发展计划执行情况与2012年国民经济和社会发展计划草案的报告》，《北京日报》2012年2月6日。
② 参见北京市2012年政府工作报告。

第八章

天津

一 天津 2011 年生态文明建设状况

2011 年，天津生态文明指数（ECI）为 89.83 分，排名全国第 2 位。具体二级指标得分及相应排名见表 8－1。去除"社会发展"二级指标后，天津绿色生态文明指数（GECI）为 65.35 分，全国排名第 7 位。

表 8－1 2011 年天津生态文明建设二级指标情况汇总

二级指标	得 分	排 名	等 级
生态活力（满分为 39.6 分）	22.34	20	3
环境质量（满分为 26.4 分）	13.20	21	3
社会发展（满分为 26.4 分）	24.48	3	1
协调程度（满分为 39.6 分）	29.81	2	1

天津 2011 年生态文明建设的基本特点是，社会发展、协调程度都居于领先水平，生态活力、环境质量居于全国中下游水平。在生态文明建设的类型上，天津属于社会发达型（见图 8－1）。

2011 年天津生态文明建设三级指标数据见表 8－2。

具体来看，在生态活力方面，天津湿地面积占国土面积比重达到 14.95%，位于全国第 3 位。自然保护区的有效保护率达到 8.06%，位于全国第 12 位。建成区绿化覆盖率和森林覆盖率则较低，居于全国中下游水平。

在环境质量方面，天津水土流失率为 3.43%，位于全国第 3 位。农药施用强度为 8.61 吨/千公顷，位于全国第 12 位。地表水体质量、环境空气质量

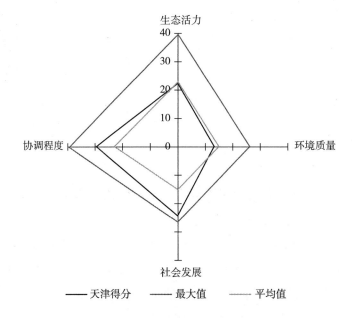

图 8 - 1　2011 年天津生态文明建设评价雷达图

表 8 - 2　天津 2011 年生态文明建设评价结果

一级指标	二级指标	三级指标	指标数据	排名
生态文明指数（ECI）	生态活力	森林覆盖率	8.24%	29
		建成区绿化覆盖率	34.53%	25
		自然保护区的有效保护	8.06%	12
		湿地面积占国土面积比重	14.95%	3
	环境质量	地表水体质量	7%	30
		环境空气质量	87.6%	20
		水土流失率	3.43%	3
		农药施用强度	8.61 吨/千公顷	12
	社会发展	人均 GDP	85213 元	1
		服务业产值占 GDP 比例	46.2%	5
		城镇化率	80.5%	3
		人均预期寿命	78.89 岁	3
		人均教育经费投入	2248 元	3
		农村改水率	97.51%	4
	协调程度	工业固体废物综合利用率	99.39%	1
		单位 GDP 化学需氧量排放量	2.09 千克/万元	3
		单位 GDP 氨氮排放量	0.2333 千克/万元	2
		城市生活垃圾无害化率	100%	1
		环境污染治理投资占 GDP 比重	1.55%	12
		单位 GDP 能耗	0.708 吨标准煤/万元	9
		单位 GDP 水耗	13.71 立方米/万元	3
		单位 GDP 二氧化硫排放量	2.042 千克/万元	6

两项指标稍弱，处于全国中下游水平。

在社会发展方面，天津人均 GDP 为 85213 元，居全国第 1 位。城镇化率为 80.5%，位于全国第 3 位。人均预期寿命为 78.89 岁，位于全国第 3位。人均教育经费投入为 2248 元，位于全国第 3 位。农村改水率为97.51%，位于全国第 4 位。服务业产值占 GDP 比例为 46.2%，位于全国第 5 位。

在协调程度方面，天津城市生活垃圾无害化率达到 100%，位于全国第 1位。工业固体废物综合利用率为 99.39%，位于全国第 1 位。单位 GDP 氨氮排放量为 0.2333 千克/万元，位于全国第 2 位。单位 GDP 化学需氧量排放量为2.09 千克/万元，位于全国第 3 位。单位 GDP 水耗为 13.71 立方米/万元，位于全国第 3 位。单位 GDP 二氧化硫排放量、单位 GDP 能耗、环境污染治理投资占 GDP 比重三项指标都居于全国上游水平。

天津 2010~2011 年度的生态文明建设进步指数为 2.29%，全国排名第 27位。二级指标的进步指数及其排名见表 8-3。

表 8-3　2011 年天津生态文明建设二级指标的
进步指数及排名

二级指标	进步指数（%）	排名
生态活力	1.19	6
环境质量	-18.67	30
社会发展	8.41	24
协调程度	13.28	12

天津 2010~2011 年度在生态活力、协调程度和社会发展方面进步较快。生态活力的进步主要得益于建成区绿化覆盖率的提高，协调程度的进步主要得益于环境污染治理投资占 GDP 比重的提高，以及单位 GDP 二氧化硫排放量、单位 GDP 能耗和单位 GDP 水耗的下降。社会发展方面的进步主要得益于人均GDP、人均教育经费投入的提高，环境质量的退步主要是由于地表水体质量的下降。部分变化较大的三级指标见表 8-4。

表 8 - 4   天津 2010 ~ 2011 年部分三级指标变动情况

三级指标	2010 年	2011 年	进步率(%)
环境污染治理投资占 GDP 比重(%)	1. 19	1. 55	30. 25
地表水体质量(%)	9. 20	7	-23. 91
单位 GDP 二氧化硫排放量(千克/万元)	2. 5	2. 042	22. 4
人均 GDP(元)	72994	85213	16. 74
人均教育经费投入(元)	1939. 22	2248	15. 92
单位 GDP 能耗(吨标准煤/万元)	0. 83	0. 708	17. 2
单位 GDP 水耗(立方米/万元)	16. 01	13. 71	16. 8
建成区绿化覆盖率(%)	32. 06	34. 53	7. 70

二 分析与展望

2011 年天津的生态文明建设继续在全国保持领先地位,并取得了显著的进步,全国排名从第 3 名上升到第 2 名。在保持经济高速增长的同时,天津在社会发展等方面也取得了明显的进步。由于天津的生态文明建设已经处于全国领先水平,进一步提高面临不少挑战,当前最需要着重努力的是完成节能减排和加快经济发展方式转型。

按照中央提出的"到 2020 年将天津市逐步建设成为经济繁荣、社会文明、科教发达、设施完善、环境优美的国际港口城市、北方经济中心和生态城市"的目标,天津制定了《天津市"十二五"污染减排工作方案》,确定了结构减排和工程减排并重的思路,将全市"十二五"减排指标和任务分解落实到各相关责任单位,并与 16 个区县政府、6 个市相关委局和 24 家企业签订了"十二五"主要污染物减排目标责任书。市政府进一步修改完善了减排责任考核办法,将考核结果纳入全市社会经济运行指标体系。

2011 年,在经济方面,天津坚持把推进大项目建设、推动科技型中小企业发展、推动楼宇经济发展三项措施作为转变发展方式、调整产业结构的战略重点。全年新推出重大项目 340 项,总投资超过 2. 2 万亿元,新增科技型中小企业 8500 家,税收超亿元楼宇由 27 个增加到 67 个。然而,天津的结构调整、优化、升级仍需要进一步攻坚，应着力提高现代制造业发展水平，大力发展战略性新兴产业，加快形成先导性、支柱性产业。

2011年，天津用于改善民生的资金达到政府财力的75%。大力提高人均教育经费投入，完善医疗卫生服务体系，提高最低工资标准，解决了许多群众最关心的利益问题。

2011年，天津市政府颁布实施《2011～2013年天津生态市建设行动计划》，计划三年内着重在节能降耗、污染减排、水环境治理、绿化、固体废物治理、农村环境综合整治、循环经济等七个方面开展工程治理。至2011年底时，生态市建设指标全部达到预期值，与2010年相比，有12项指标明显改善，西青区已经被环境保护部授予"国家生态区"称号。2011年，天津还成功举行了第40个纪念"六·五"世界环境日大型宣传活动。

天津在2011年启动第二个"生态城市建设三年行动计划"，环境污染治理投资占GDP比重从1.19%提高到1.55%。节能减排任务顺利完成，单位GDP二氧化硫排放量、单位GDP能耗、单位GDP水耗都出现一定程度的下降。"绿色天津"建设不断推进，2011年全市环境空气质量二级以上良好天数达到320天。天津进行了市容环境综合整治，建成区绿化覆盖率从32.06%提高到34.53%。但是由于工业的高速发展，地表水体质量的良好率从9.20%下降到7%。天津应继续以生态城市建设为重点开展生态文明建设，继续实施"生态城市建设三年行动计划"，治理河道，修建截污管道，新建扩建污水处理厂，淘汰车龄长、污染重的"黄标车"，淘汰中心城区和滨海新区核心区的燃煤供热锅炉，进一步改善大气环境质量。

G.9
第九章
河北

一 河北2011年生态文明建设状况

2011年，河北生态文明指数（ECI）为69.01分，排名全国第27位。具体二级指标得分及排名情况见表9-1。去除"社会发展"二级指标后，河北绿色生态文明指数（GECI）为55.53分，排名全国第27位。

表9-1　2011年河北生态文明建设二级指标情况汇总

二级指标	得　分	排　名	等　级
生态活力(满分为39.6分)	19.80	28	4
环境质量(满分为26.4分)	13.20	21	3
社会发展(满分为26.4分)	13.48	22	3
协调程度(满分为39.6分)	22.53	15	2

总体而言，河北在协调程度方面位居全国中游水平，在生态活力、环境质量和社会发展方面位居全国下游水平。生态文明建设的类型属于相对均衡型（见图9-1）。

具体来看，在生态活力方面，建成区绿化覆盖率高达42.07%，位居全国第4位；森林覆盖率和湿地面积占国土面积比重均位于全国中等水平，自然保护区占辖区面积比重较低，位于全国第29位。

在环境质量方面，农药施用强度和环境空气质量分别排名第15位和第18位，居全国中游水平。水土流失率和地表水体质量均排名第21位，居全国中下游水平。

在社会发展方面，除服务业产值占GDP比例和人均教育经费投入两项排

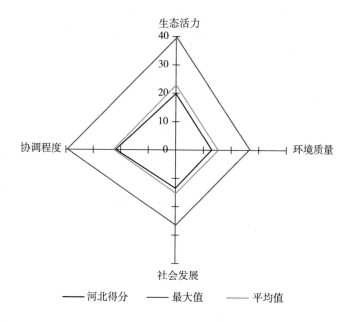

图 9 - 1　2011 年河北生态文明建设评价雷达图

名比较靠后外，人均 GDP、城镇化率、农村改水率、人均预期寿命四项指标均位于中等或中等偏下水平。

在协调程度方面，环境污染治理投资占 GDP 比重和单位 GDP 氨氮排放量分别排名第 5 位和第 9 位，位于全国上游水平；单位 GDP 化学需氧量排放量、单位 GDP 水耗两项指标位于全国中游水平；工业固体废物综合利用率、城市生活垃圾无害化率、单位 GDP 能耗、单位 GDP 二氧化硫排放量均排名 20 位以后，处于全国下游水平（见表 9 - 2）。

从年度进步情况来看，河北省 2010～2011 年度生态文明建设总进步指数为 6.01%，位于全国第 12 位。具体到各二级指标来看，进步指数高低不一。

生态活力进步指数为 - 0.24%，排名全国第 26 位。生态活力进步指数呈现负值的主要原因在于建成区绿化覆盖率略有下降，而其他三级指标值较上年没有变化。

环境质量进步指数为 5.03%，排名全国第 4 位。比较上年度数据，2011年度环境质量进步指数及排名上升比较明显。这主要得益于地表水体质量和环

表9-2 河北2011年生态文明建设评价结果

一级指标	二级指标	三级指标	指标数据	排名
生态文明指数（ECI）	生态活力	森林覆盖率	22.29%	19
		建成区绿化覆盖率	42.07%	4
		自然保护区的有效保护	3.05%	29
		湿地面积占国土面积比重	5.82%	12
	环境质量	地表水体质量	53.00%	21
		环境空气质量	87.67%	18
		水土流失率	32.2739%	21
		农药施用强度	13.1395 吨/千公顷	15
	社会发展	人均GDP	33969.00 元	14
		服务业产值占GDP比例	34.60%	24
		城镇化率	45.60%	21
		人均预期寿命	74.97 岁	16
		人均教育经费投入	999.8797 元	29
		农村改水率	83.90%	11
	协调程度	工业固体废物综合利用率	41.7313%	29
		单位GDP化学需氧量排放量	5.665 千克/万元	15
		单位GDP氨氮排放量	0.4663 千克/万元	9
		城市生活垃圾无害化率	72.56%	23
		环境污染治理投资占GDP比重	2.54%	5
		单位GDP能耗	1.30 吨标准煤/万元	23
		单位GDP水耗	58.3298 立方米/万元	14
		单位GDP二氧化硫排放量	5.76 千克/万元	21

境空气质量指标值上升和农药施用强度指标值下降，虽然上述指标值变化不是太大，但由于其他省份变化更为微弱，所以排名较上年度提升了4个名次。

社会发展方面进步指数为8.54%，位于全国第23位。观察其三级指标，虽然多项排名有所下滑，但多项指标值较上年度均有增长，其中人均GDP、人均预期寿命、人均教育经费投入增幅比较明显。

协调程度方面进步指数为11.23%，位于全国第16位。进一步观察三级指标可以发现，多数指标值有向好趋势。

二　分析与展望

近年来，河北生态文明建设取得了较大成效，但步伐稍落后于其他省份，2011 年 ECI 排名较上年下降了两个名次，说明河北在生态文明建设方面仍须进一步努力。

2011 年度，河北经济继续保持平稳较快发展，生产总值增长 11% 左右①。人均 GDP 达到 33969 元，已由上年度的第 21 位攀升到本年度的第 14 位，成绩卓然。但是，结构性矛盾、区域性矛盾仍然存在，经济增长下行压力持续增大。因此，河北应该在稳增长的基础上，以转变经济增长方式为主线，大力推进经济结构的战略性调整。不难预见，随着国务院批准河北沿海地区发展规划的启动实施以及京津冀区域经济一体化等重大经济机遇的来临，河北经济建设将会迎来一个迅速发展的时期。

2011 年，河北大力推进政风建设，坚持依法行政，完成重点立法项目 21 项，政府工作的透明度和公信力得到提高②。同时，党政部门以争优创先为契机，实现了领导干部思想和行动的统一。但是，还应该看到河北在加强生态文明建设的政治保障方面仍面临艰巨的任务，应当加快建立生态补偿机制，进一步加大重大生态工程建设力度。

如何由文化资源大省迈向文化强省，是实现河北文化大发展大繁荣的要义。2009 年河北印发了《关于命名首批河北省文化生态保护实验区的决定》，确定了首批 11 个省级文化生态保护实验区及 5 个民族传统节日保护示范地；2010 年又出台了《河北省省级文化生态保护区命名与管理暂行办法》，同时，一批企业、村庄荣获"全国生态文化示范基地""全国生态文化村""全国生态文化示范企业"等荣誉称号，这都为宣传和倡导生态文明起到了引领和示范作用。因此，河北今后一个时期内，仍应当大力围绕生态文明建设工作，开展针对性强、内容丰富的环保宣传活动，拓展"绿色创建"内容，深化创建

---

① 2012 年河北省政府工作报告。
② 2012 年河北省政府工作报告。

形式，创建示范单位，积极倡导建设生态文明的理念，构建起以燕赵文化为特色，以生态、和谐为内涵的生态文化体系。

近年来，河北加大了保障改善民生的力度，在社会建设方面取得了显著进步。2011年河北省政府工作报告显示，在"十一五"规划的五年中，河北城乡免费义务教育全面实现；公共文化事业扎实推进；全民健康水平进一步提升；医疗卫生体系不断健全。但是，本年度数据指标及排名显示，河北人均教育经费投入排名全国第29位，人均预期寿命居全国中等水平，城镇化率排名第21位，地表水体质量及水土流失率仍不理想。这说明，虽然河北在社会建设方面取得了显著进步，但整体水平仍有待提高。

《2011年河北省环境状况公报》显示，河北在污染减排工作上取得新进展，环境质量持续改善。同时，本年度评价指标数据也显示，河北在水资源保护、污染治理、城乡绿化、节能减排等方面也取得了明显进步。但相比较而言，河北的单位GDP二氧化硫排放量、城市生活垃圾无害化率、工业固体废物综合利用率等指标都排名全国中下游，这说明河北的污染治理和环境改善尚有很大的提升空间。

一 山西 2011 年生态文明建设状况

2011 年，山西生态文明指数（ECI）为 70.60 分，全国排名第 24 位。去除"社会发展"二级指标后，山西绿色生态文明指数（GECI）为 56.02 分，全国排名第 26 位。各项二级指标及排名情况见表 10-1。

表 10-1 2011 年山西生态文明建设二级指标情况汇总

二级指标	得 分	排 名	等 级
生态活力(满分为 39.6 分)	22.85	19	3
环境质量(满分为 26.4 分)	12.47	25	3
社会发展(满分为 39.6 分)	14.58	16	3
协调程度(满分为 26.4 分)	20.71	23	3

本年度山西生态文明建设保持着相对均衡型的特点（见图 10-1）。各项二级指标在全国的排名变化不大，都处于第三等级，其中生态活力和环境质量的位次与上一年度相同，分别排在全国第 19 位和第 25 位。社会发展排名有所退步，从第 14 名下降到第 16 名，不过协调程度从第 25 名上升到第 23 名。

在生态活力方面，建成区绿化覆盖率和自然保护区占辖区面积比重分别提高了 0.28 个和 0.02 个百分点，但前者的全国排名反而退后 2 位，后者排名未变。其他两项三级指标的数值和排名均未发生变化。

在环境质量方面，地表水体质量和环境空气质量都有所改善。但该省仍属

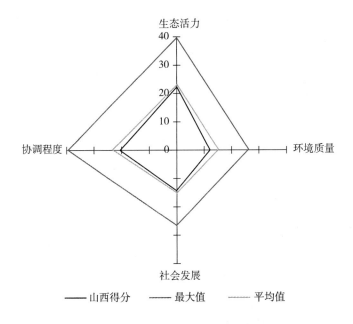

图 10 - 1　2011 年山西生态文明建设评价雷达图

于全国水体质量、空气质量较差的省份之一，上两项三级指标仍停留在第 29 位、第 25 位的位置上。此外，全省农药施用强度增长了 0.5 吨/千公顷以上，也给环境质量带来负面影响。

在社会发展方面，人均 GDP、城镇化率、人均预期寿命、人均教育经费投入和农村改水率都有所上升，但进步速度与兄弟省市相比并不突出，人均预期寿命和农村改水率的排名还分别后退了 1 位、2 位，另三项的全国排名不变。服务业产值占 GDP 比例下降了近 2 个百分点，排名后退了 3 位。

在协调程度方面，工业固体废物综合利用率下降了 8 个多百分点，环境污染治理投资占 GDP 比重下降了 0.04 个百分点，全国排名分别后退了 3 个、4 个位次。城市生活垃圾无害化处理率上升了近 4 个百分点，单位 GDP 能耗、水耗分别降低了 0.5 吨标准煤/万元、3 立方米/万元，但排名有所后退。单位 GDP 二氧化硫排放量降低了 1 千克/万元，保持在全国第 29 名的水平。

表 10 - 2　山西 2011 年生态文明建设评价结果

一级指标	二级指标	三级指标	指标数据	排名
生态文明指数（ECI）	生态活力	森林覆盖率	14.12%	23
		建成区绿化覆盖率	38.29%	16
		自然保护区的有效保护	7.42%	15
		湿地面积占国土面积比重	3.19%	22
	环境质量	地表水体质量	20.3%	29
		环境空气质量	84.38%	25
		水土流失率	59.4744%	26
		农药施用强度	6.9978 吨/千公顷	9
	社会发展	人均 GDP	31357 元	18
		服务业产值占 GDP 比例	35.2%	20
		城镇化率	49.68%	17
		人均预期寿命	74.92 岁	17
		人均教育经费投入	1261.346 元	17
		农村改水率	77.29%	15
	协调程度	工业固体废物综合利用率	57.4212%	20
		单位 GDP 化学需氧量排放量	4.3565 千克/万元	9
		单位 GDP 氨氮排放量	0.5256 千克/万元	12
		城市生活垃圾无害化率	77.5%	21
		环境污染治理投资占 GDP 比重	2.21%	6
		单位 GDP 能耗	1.762 吨标准煤/万元	28
		单位 GDP 水耗	50.9898 立方米/万元	12
		单位 GDP 二氧化硫排放量	12.4502 千克/万元	29

与上一年度相比，绝大多数三级指标向好的方面发展，但进步速度仍然不快。由于建成区绿化覆盖率和自然保护区占辖区面积比例有所上升，生态活力出现 0.20% 的轻微进步。农药施用强度增多的负效应超过水体、空气质量改善带来的正效应，环境质量出现 6.99% 的较大退步。在多项民生指标的带动下，社会发展出现 8.14% 的进步。单位 GDP 能耗、水耗和二氧化硫排放量下降和城市生活垃圾无害化处理率上升比较明显，协调程度出现 5.74% 的进步，但社会发展和协调程度的进步指数也仅排在全国第 26 位。综合起来，全省 ECI 进步指数为 2.01%，仅高于宁夏、广东两个省区。

二 分析与展望

山西 ECI 综合指数得分相对较低，四项二级指标都存在提高的强烈需求。人均 GDP 和各项民生事业的水平相对高一些，但也处于全国第 15 名及以后，社会发展对其他方面指标的带动能力有限。山西素有"煤海"之称，是国家发改委确定的五大能源基地之一。今后较长一段时期内，以煤炭为基础的工业仍将是山西的支柱产业。在 ECI 全国排名相对靠后的情况下，山西从自身特点出发开拓生态文明建设道路，对其他省市尤其是工业发达省市也有很强的示范意义。

山西今后应立足于以煤炭为基础的地域特点，让煤炭相关产业贴近绿色环保的要求，带动全省各项事业发展。为此，应延长加粗产业链条，在煤炭开采的基础上打造立体能源基地，发展煤制油、醇、气和焦油、粗苯回收深加工项目，加快煤化工初级产品向精细化工产品转变，尽可能提高最终产品附加值含量和资源就地转化率、原材料深加工率，改变单位 GDP 能耗和二氧化硫排放量在全国排名过于靠后的现状，从源头上解决环境治理难题。重视煤层气、焦炉煤气、天然气、煤制天然气和风能、太阳能、地热能的开发利用，大力促进特种钢、耐火材料、高性能纤维材料、纳米材料等新材料和汽车、重型矿山装备、智能煤机成套装备、高性能节能环保装置等高端制造业的发展。

在工业产业发展、升级的同时，加强以矿补农、以工补农工作，注重第一产业的农、林、牧多内涵发展，充分发挥北方杂粮、果品、木本油料作物、中草药、生态养殖方面的生产潜力，避免粮食种植过度发展带来更多的水土流失和农药污染。在已有的雁门关生态畜牧经济区、东西两山干果杂粮经济区、中南部无公害果菜经济区的基础上建构现代绿色农业体系，设法降低水土流失率和农药施用量。在有效改善环境质量的前提下，发展多种形式的旅游业，创建会议、休闲、养老等服务基地，适度发展房地产业，打造京、津等大城市的后花园。争取服务业产值占 GDP 比例的相对回升，减少经济发展对第二产业的过度依赖，实现第三产业发展与生态文明建设的良好互动。

山西有关部门在环境管理中开展了大量精细化工作，不断采用新机制、新方法，从2011年起着手对企业推行刷卡式控制管理制度，按照年初充值、年末核算、实时扣减、超量警告的原则进行动态管理。2011年5月，太原市施行全国第一个地方性矿山地质环境治理恢复保证金管理办法，国土资源部门根据不同矿种和开采活动，对矿山地质环境影响程度提出保证金标准。2011年12月，省人民政府印发《关于规范和加强矿山环境恢复治理保证金和煤矿转产发展资金提取使用管理的通知》，要求煤炭开采企业在矿井所在地县级财政部门开设"矿山环境恢复治理保证金存储专户"，企业自设"煤矿转产发展资金存储专户"，年终未足额提取两项资金的企业不得享受企业所得税税前扣除。

由于环境治理任务繁重，涉及的利益关系复杂多样，山西全民生态意识普及和环保舆论监督工作格外重要。有关部门为此制定了《山西省环境保护新闻发布制度》《山西省环境保护新闻通稿制度》和《山西省环境保护舆论监督制度》，建立新闻发布的快速反应协调机制和新闻舆情机制，确定环境保护违法违规行为、环境保护政策落实情况、环境保护法律法规执行情况、侵害群众环境合法权益的行为、环境保护工作不作为的党政领导干部五大监督重点。近年来，环保部门组织新闻媒体开展三晋环保行新闻采访活动、生态汾河新闻采访活动、"蓝天碧水工程"舆论监督行、污染减排新闻采访活动、省城大气污染联防联控新闻采访等多项活动，有效地把先进文化建设与生态文明建设结合起来。

在各项民生事业发展的同时，山西大力促进民众参与，保障民众环保知情权、表达权，扶持新的治理主体，通过社会建设形成生态文明建设的合力。2009年，山西省制定了《山西省环境保护公众参与办法》，为切实保障公众环保参与权提供法律依据。省环保厅联合团省委等部门持续开展以"宣传低碳生活、调查农村生态、弘扬生态文明"为主题的公益性环保宣传活动，开展农村生态环境调查，普及环保知识。2011年8月，省环保厅、财政厅联合印发《主要污染物排污权交易实施细则（试行）》，确定山西省排污权交易中心为省环保厅授权和指导下的全省唯一从事主要污染物排污权交易管理的社会公益性事业单位，具体负责为排污交易提供场所、平台、信息等服务。

　　总的来看，山西必须继续依托自身丰富的矿产资源，通过高技术、集聚式的产业发展做大经济总量，以此增强对生态文明各项事业的带动作用。在以煤为基、多元发展的过程中，必须及时进行政策引导，有效运用扶持、限制、禁止各种措施，防止工业生产给环境造成新的破坏。为完成繁重的公共环境治理任务，必须增强有关部门开展精细化管理的能力，继续开展体制创新，对有关土地、矿产、资金和排污的行为进行更严格的调控和管理，加强文化宣传和社会建设，形成生态文明建设的合力。

第十一章
内蒙古

一 内蒙古 2011 年生态文明建设状况

2011 年，内蒙古生态文明指数（ECI）综合得分为 81.22 分，全国排名第 12 位。去除"社会发展"指标，绿色生态文明指数（GECI）得分 63.89 分，全国排名第 11 位。2011 年内蒙古各项二级指标的得分、排名和等级情况见表 11 - 1。

表 11 - 1   2011 年内蒙古生态文明建设二级指标情况汇总

二级指标	得分	排名	等级
生态活力(满分为 39.6 分)	23.86	14	3
环境质量(满分为 26.4 分)	16.13	6	2
社会发展(满分为 26.4 分)	17.33	11	2
协调程度(满分为 39.6 分)	23.90	12	2

内蒙古的环境质量、协调程度、社会发展均居于全国中上游水平，生态活力也居全国中等水平，生态文明建设的类型属于相对均衡型（见图 11 - 1）。

具体从各项三级指标来看（见表 11 - 2），在所有正指标中，内蒙古 2011 年排名前 10 位的有 6 个指标，分别是自然保护区的有效保护（第 9 位）、环境空气质量（第 9 位）、人均 GDP（第 6 位）、城镇化率（第 9 位）、人均教育经费投入（第 7 位）、环境污染治理投资占 GDP 比重（第 2 位）；在所有逆指标中，水土流失率居高不下（第 30 位）、单位 GDP 化学需氧量排放量（第 22 位）、单位 GDP 能耗（第 25 位）、单位 GDP 水耗（第 21 位）和单位 GDP 二

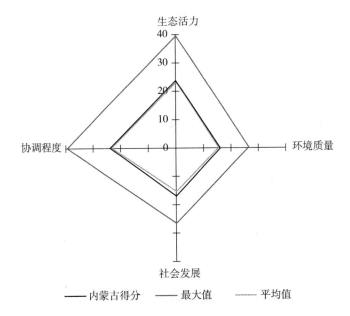

图 11 - 1   2011 年内蒙古生态文明建设评价雷达图

表 11 - 2   2011 年内蒙古生态文明建设评价结果

一级指标	二级指标	三级指标	指标数据	排名
生态文明指数（ECI）	生态活力	森林覆盖率	20.00%	21
		建成区绿化覆盖率	34.09%	27
		自然保护区的有效保护	11.67%	9
		湿地面积占国土面积比重	3.66%	20
	环境质量	地表水体质量	52.20%	22
		环境空气质量	95.07%	9
		水土流失率	67.20%	30
		农药施用强度	3.42 吨/千公顷	5
	社会发展	人均 GDP	57974 元	6
		服务业产值占 GDP 比例	34.9%	21
		城镇化率	56.62%	9
		人均预期寿命	74.44 岁	23
		人均教育经费投入	1676.15 元	7
		农村改水率	58.36%	27
	协调程度	工业固体废物综合利用率	58.05%	18
		单位 GDP 化学需氧量排放量	6.40 千克/万元	22
		单位 GDP 氨氮排放量	0.38 千克/万元	6
		城市生活垃圾无害化率	83.47%	17
		环境污染治理投资占 GDP 比重	2.76%	2
		单位 GDP 能耗	1.41 吨标准煤/万元	25
		单位 GDP 水耗	84.96 立方米/万元	21
		单位 GDP 二氧化硫排放量	9.81 千克/万元	26

氧化硫排放量（第 26 位）很高，但农药施用强度（第 5 位）和单位 GDP 氨氮排放量（第 6 位）依然保持了低水平。人均 GDP 和能耗水平的鲜明对比说明，内蒙古的经济发展方式尚未转变，依然是一种粗放式的经济增长方式。

内蒙古 2010～2011 年度生态文明的总进步指数为 8.88%，排名第 6位。4 项二级指标的进步指数皆为正增长，其中社会发展和协调程度的进步尤为明显（见表 11－3）。与 2010 年相比，内蒙古的人均 GDP 增长了10000 元，人均预期寿命、农村改水率和人均教育经费的投入也都快速增长，这与内蒙古重视城乡协调发展，加强新农村建设有直接的关系。协调程度的进步表明，内蒙古可持续发展也取得了很大的成绩，虽然单位 GDP能耗、水耗和二氧化硫的排放量还很高，但与 2010 年相比已经有了大幅度的降低，同时环境污染治理的投入和固体废物的综合利用率也都得到很大的提高。

表 11 –3　内蒙古 2010～2011 年度生态文明建设进步指数

	生态活力	环境质量	社会发展	协调程度
进步指数(%)	0.29	4.92	12.14	17.95
全国排名	16	6	5	7

二　分析与展望

2011 年内蒙古生态文明建设水平持续提高，尤其是社会发展和协调程度上升较快。但生态和环境的压力也在逐年增大。从三级指标的数据和进步指数来看，内蒙古生态活力和环境质量的进步缓慢，有些指标如水土流失率居高不下，环境空气质量也在下降。经济发展中的能耗、水耗和二氧化硫排放量仍然很高，这说明传统的经济增长方式还未转变，经济发展方式转型的任务还很艰巨。因此，转变发展方式、推动产业结构优化升级是内蒙古生态文明建设的关键。

第一，内蒙古需要在落实国家现有政策、法律法规的基础上，尽快制定和

出台操作性强的生态文明建设管理办法和实施细则，充分发挥环境和资源立法在生态保护和生态文明建设中的作用。建立健全资源有偿使用制度和生态环境补偿制度，进一步强化和完善保护环境的指标考核体系与领导政绩综合考核体系。

第二，走经济与生态文明建设协调发展之路。内蒙古当前的粗放经济发展模式与其脆弱的生态环境实际是矛盾的，在推动经济发展方式转型之外，还要继续加大生态环境治理的投入，保持生态环境的稳定。内蒙古的水土流失率居全国前列，要制定专门制度，建立生态补偿基金，持之以恒地进行防沙治沙建设；要逐步提高森林或草原覆盖率和自然保护区水平，继续贯彻实施退耕还林、退牧还草、轮牧等方式，提高草原自我修复能力。同时，针对地表水体质量较差的情况，要通过节能减排、重点流域水污染治理等手段来改善；2011年农药施用强度仍然排在全国第 5 位，但绝对量还在增加，未来农牧业的发展不能依赖增加化肥、农药施用强度，要向发展绿色有机农牧业转变。从内蒙古建成区绿化覆盖率的低水平现状看，随着内蒙古的城市化和农牧民集中定居的普遍化，城市或居住区对生态环境的压力越来越大。除了加大绿化或生态重建投入外，重要的是在城市化过程中把生态环境保护和尽量少破坏周边环境作为优先考虑因素。

内蒙古应当大力发展以农副产品为原料的加工业和高附加值的消费品工业。传统农牧业生产方式已经不再适应内蒙古当前人多耕地、草地少的现实，必须转变农牧业的发展方式，走生态农牧业发展之路。要完善农牧业行业上中下游的产业链，尤其是要加大配套服务业的建设，力争走出一条中国特色的农牧业发展道路。内蒙古日照充足，可利用风能居中国首位，可以大力发展太阳能、风能产业。

第三，把生态文明建设与发展教育科技文化统一起来。通过多种渠道弘扬人与自然和谐相处、共同发展的生态理念，发扬内蒙古传统的森林文化等优良文化传统，利用媒体和教育机构普及生态文明知识，增强全社会的环保参与意识、生态忧患意识，大力弘扬人与自然和谐相处的价值观。

最后，要把生态文明建设与和谐社会建设统一起来。人与生态环境的和谐要建立在人与人、人与社会和谐的基础之上，因此生态文建设要与加强社会管理、新农村新牧区建设结合起来。改革开放以来，牧区人口与牲畜大幅度增长是造成草原过度利用以及生态恶化的重要原因。要从根本上解决过牧超载的问题，就要下决心把一部分牧民转移出来。要与新型城镇化和新农村、新牧区建设与发展相结合，充分利用内蒙古地域空间大的优势，帮助牧民转移到生产生活条件较好的地区就业和生活。

G.12

第十二章

辽宁

一 辽宁 2011 年生态文明建设状况

2011 年，辽宁生态文明指数（ECI）为 82.92 分，排名全国第 8 位。具体二级指标得分及排名情况见表 12 – 1。去除"社会发展"二级指标后，辽宁绿色生态文明指数（GECI）为 64.77 分，全国排名第 8 位。

表 12 – 1 2011 年辽宁生态文明建设二级指标情况汇总

二级指标	得 分	排 名	等 级
生态活力（满分为 39.6 分）	29.45	2	1
环境质量（满分为 26.4 分）	13.93	16	3
社会发展（满分为 26.4 分）	18.15	9	2
协调程度（满分为 39.6 分）	21.39	21	3

辽宁 2011 年生态文明建设的基本特点是，生态活力居全国领先水平，社会发展居于中上游水平，环境质量、协调程度稍弱。在生态文明建设的类型上，辽宁属于生态优势型（见图 12 – 1）。

2011 年辽宁生态文明建设三级指标数据见表 12 – 2。

具体来看，在生态活力方面，自然保护区的有效保护和湿地面积占国土面积比重全国排名靠前，都位于全国第 7 位。建成区绿化覆盖率、森林覆盖率也居于全国中上游水平。

在环境质量方面，环境空气质量、农药施用强度居于全国中游水平。水土流失率、地表水体质量较弱，处于全国中下游水平。

在社会发展方面，人均 GDP（第 8 位）、城镇化率（第 5 位）、人均预期

174

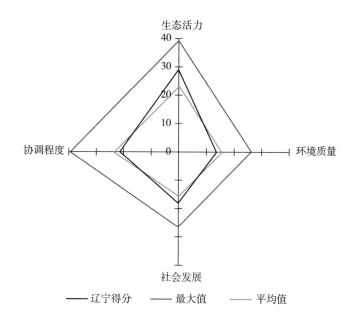

图 12 - 1　2011 年辽宁生态文明建设评价雷达图

表 12 - 2　辽宁 2011 年生态文明建设评价结果

一级指标	二级指标	三级指标	指标数据	排名
生态文明指数（ECI）	生态活力	森林覆盖率	35.13%	12
		建成区绿化覆盖率	39.78%	10
		自然保护区的有效保护	12.83%	7
		湿地面积占国土面积比重	8.37%	7
	环境质量	地表水体质量	42.1%	24
		环境空气质量	90.96%	15
		水土流失率	30.98%	20
		农药施用强度	13.85 吨/千公顷	16
	社会发展	人均 GDP	50760.00 元	8
		服务业产值占 GDP 比例	36.7%	17
		城镇化率	64.05%	5
		人均预期寿命	76.38 岁	8
		人均教育经费投入	1426.9 元	14
		农村改水率	69.22%	17
	协调程度	工业固体废物综合利用率	38.12%	30
		单位 GDP 化学需氧量排放量	6.04 千克/万元	17
		单位 GDP 氨氮排放量	0.5 千克/万元	10
		城市生活垃圾无害化率	80.45%	19
		环境污染治理投资占 GDP 比重	1.69%	10
		单位 GDP 能耗	1.096 吨标准煤/万元	21
		单位 GDP 水耗	41.48 立方米/万元	10
		单位 GDP 二氧化硫排放量	5.07 千克/万元	19

寿命（第8位）这三项指标处于全国上游水平。人均教育经费投入居于全国中上游水平。农村改水率、服务业产值占GDP比例较弱，处于全国中下游水平。

在协调程度方面，单位GDP水耗、环境污染治理投资占GDP比重、单位GDP氨氮排放量指标居于全国中上游水平。单位GDP化学需氧量排放量、单位GDP二氧化硫排放量、单位GDP能耗、城市生活垃圾无害化率，尤其是工业固体废物综合利用率都较弱，居全国下游水平。

从年度进步情况来看，辽宁2010~2011年度的总进步指数为9.57%，全国排名第3位。具体到二级指标，生态活力的进步指数为1.09%，居全国第9位。环境质量进步指数为11.39%，居全国第2位；社会发展的进步指数为9.41%，居全国第20位；协调程度的进步指数为16.93%，居全国第8位。从数据可以判断，辽宁2010~2011年度的总进步主要得益于环境质量和协调程度二级指标的推动。

进一步看，辽宁2010~2011年度环境质量和协调程度方面出现了较大的进步，这主要得益于农药施用强度、环境污染治理投资占GDP比重、单位GDP能耗等多个三级指标进步较快。其中，农药施用强度进步率达到22.6%，地表水体质量进步率达到11.1%，促进了环境质量的极大提高。而环境污染治理投资占GDP比重的大幅提高和单位GDP能耗的大幅下降，则有力推动了协调程度的进步。部分变化较大的三级指标见表12-3。

表12-3 辽宁2010~2011年部分指标变动情况

三级指标	2010年	2011年	进步率（%）
农药施用强度（吨/千公顷）	16.98	13.85	22.6
地表水体质量（%）	37.9	42.1	11.1
城市生活垃圾无害化率（%）	70.88	80.45	13.5
环境污染治理投资占GDP比重（%）	1.12	1.69	50.9
单位GDP能耗（吨标准煤/万元）	1.38	1.096	25.9
单位GDP二氧化硫排放量（千克/万元）	5.5	5.07	8.5

二 分析与展望

辽宁近年来经济总量发展迅速，年均增长在全国居于前列。此外，辽宁的人均 GDP 也位于全国前列。但是，从全国来看，辽宁服务业产值占 GDP 比例仍处于中下游水平，位列全国第 17 位，需要继续考虑产业结构调整问题。从经济发展与生态环境的关系看，辽宁的单位 GDP 能耗、单位 GDP 二氧化硫排放量较高，工业固体废物综合利用率又很低，说明绿色经济、低碳经济、循环经济的发展任务还很艰巨。今后，辽宁应进一步控制单位 GDP 固体和气体废物排放量，加强工业废物利用，控制单位 GDP 能耗。

辽宁注重加强依法行政，始终坚持依法科学民主决策。今后，辽宁应进一步将生态文明建设绩效纳入各级党委、政府及领导干部的政绩考核体系，加强生态文明建设的法律法规等制度保障，把生态文明理念有效融入政治建设当中。此外辽宁应坚持文化强省战略，探索生态文化的建设和传播方式，让人与自然和谐发展的理念深入人心，为美丽辽宁的建设打下坚实的思想基础。

辽宁一直关注社会建设和人民福祉。从数据上看，辽宁的城镇化率和人均预期寿命居于全国上游水平。辽宁提出建成教育强省和人才强省，各项社会保障措施也扎实推进。但从全国来看，辽宁的人均教育经费投入和农村改水率居于全国中游水平，与经济的发展还未实现全面协调，还有很大的提升空间。

辽宁具有较好的生态环境基础，森林覆盖率、自然保护区、湿地面积、空气质量等方面居全国前列。另外，水土流失、地表水体质量问题则成为辽宁生态发展的制约因素。城市生活垃圾无害化率还较低，工业固体废物综合利用率在全国居于下游水平，这都成为影响环境质量的不利因素。为此，辽宁相继实施了碧水工程、青山工程和蓝天工程，辽河流域发生了重大变化，扭转了重度污染状况。今后，辽宁应进一步加大生态环境综合整治力度，加强垃圾和污水处理能力，提高工业废物处理和利用率。

G.13

第十三章

吉林

一 吉林 2011 年生态文明建设状况

2011 年，吉林生态文明指数（ECI）为 80.21 分，排名全国第 14 位。具体二级指标得分及排名情况见表 13-1。去除"社会发展"二级指标后，吉林绿色生态文明指数（GECI）为 64.26 分，全国排名第 9 位。

表 13-1 2011 年吉林生态文明建设二级指标情况汇总

二级指标	得 分	排 名	等 级
生态活力（满分为 39.6 分）	27.42	7	1
环境质量（满分为 26.4 分）	16.13	6	2
社会发展（满分为 26.4 分）	15.95	12	3
协调程度（满分为 39.6 分）	20.71	23	3

吉林 2011 年生态文明建设的基本特点是，生态活力居于全国上游水平，环境质量居于中上游水平，社会发展及协调程度稍弱。在生态文明建设的类型上，吉林属于生态优势型（见图 13-1）。

2011 年吉林生态文明建设三级指标数据见表 13-2。

具体来看，在生态活力方面，自然保护区的有效保护率为 12.29%，在全国排名靠前，居于第 8 位。森林覆盖率、湿地面积占国土面积比重居于全国中上游水平。建成区绿化覆盖率则较低，居于全国下游水平。

在环境质量方面，环境空气质量、水土流失率、农药施用强度三项指标居于全国中上游水平。地表水体质量稍弱，处于全国中下游水平。

在社会发展方面，人均 GDP、城镇化率、人均预期寿命和农村改水率这

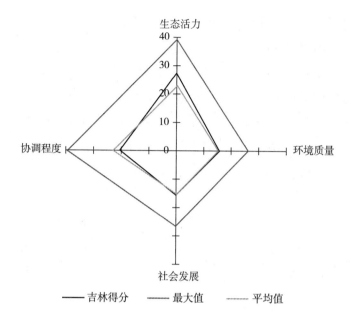

图 13 - 1　2011 年吉林生态文明建设评价雷达图

表 13 - 2　吉林 2011 年生态文明建设评价结果

一级指标	二级指标	三级指标	指标数据	排名
生态文明指数（ECI）	生态活力	森林覆盖率	38.93%	10
		建成区绿化覆盖率	34.17%	26
		自然保护区的有效保护	12.29%	8
		湿地面积占国土面积比重	6.37%	10
	环境质量	地表水体质量	60%	17
		环境空气质量	94.52%	10
		水土流失率	16.49%	11
		农药施用强度	8.24 吨/千公顷	11
	社会发展	人均 GDP	38460.00 元	11
		服务业产值占 GDP 比例	34.8%	22
		城镇化率	53.4%	12
		人均预期寿命	76.18 岁	10
		人均教育经费投入	1254.5 元	18
		农村改水率	77.36%	14
	协调程度	工业固体废物综合利用率	59.08%	17
		单位 GDP 化学需氧量排放量	7.80 千克/万元	26
		单位 GDP 氨氮排放量	0.55 千克/万元	16
		城市生活垃圾无害化率	49.21%	28
		环境污染治理投资占 GDP 比重	0.96%	25
		单位 GDP 能耗	0.92 吨标准煤/万元	17
		单位 GDP 水耗	64.90 立方米/万元	16
		单位 GDP 二氧化硫排放量	3.91 千克/万元	13

四项指标处于全国中上游水平。服务业产值占 GDP 比例和人均教育经费投入较弱，处于全国中下游水平。

在协调程度方面，单位 GDP 二氧化硫排放量指标居于全国中上游水平。工业固体废物综合利用率、单位 GDP 氨氮排放量、单位 GDP 能耗、单位 GDP 水耗四项指标居于全国中游水平。环境污染治理投资占 GDP 比重、单位 GDP 化学需氧量排放量、城市生活垃圾无害化率较弱，居全国下游水平。

从年度进步情况来看，吉林 2010～2011 年度的总进步指数为 2.08%，全国排名第 28 位。具体到二级指标，生态活力的进步指数为 0.02%，居全国第 23 位。环境质量进步指数为 0.21%，居全国第 18 位；社会发展的进步指数为 8.72%，居全国第 22 位；协调程度的进步指数为 0.96%，居全国第 29 位。从数据可知，吉林 2010～2011 年度的总进步主要得益于社会发展二级指标的推动。

进一步看，吉林 2010～2011 年度社会发展方面出现了较大的进步，这主要得益于人均教育经费投入、人均 GDP、人均预期寿命、农村改水率等多个三级指标出现了较大的进步。尤其是人均 GDP 和人均教育经费投入的进步率分别达到 21.7% 和 14.3%，对社会发展水平起到了巨大的拉动作用。部分变化较大的三级指标见表 13 - 3。

表 13 - 3　吉林 2010～2011 年部分指标变动情况

三级指标	2010 年	2011 年	进步率（%）
人均教育经费投入（元）	1097.62	1254.5	14.3
人均 GDP（元）	31599	38460	21.7
人均预期寿命（岁）	73.1	76.18	4.2
农村改水率（%）	73.06	77.36	5.89

二　分析与展望

吉林经济发展态势良好，生产总值年均增长 13.8%。同时，经济发展质量也不断提高，经济结构调整成效明显，现代服务业呈现强劲发展态势，旅游总收入增长 2.36 倍。从数据上看，单位 GDP 二氧化硫排放量、单位 GDP 水耗、单位 GDP 能耗控制良好，说明经济建设与生态环境之间较为协调。但是，从全国来看，吉林经济发展速度和经济结构还有待进一步提高、完善。虽然吉林服务业快速发展，但从全国来看，服务业产值占 GDP 比例仍处于下游水平。此外，单位 GDP 化学需氧量排放量等指标处于全国下游水平，说明经济发展对生态环境仍有较大的负面作用，需要引起重视。今后，吉林应进一步促进经济建设与生态环境的协调发展，优化产业结构，推进节能减排，控制单位 GDP 固体和气体废物排放量，加强工业废物利用，加大环境污染治理投资。

经过几年建设，吉林政府效能不断提高，作为国家 8 个试点省市之一，已经全面启动绩效管理制度，行政管理效能得到提升。今后，吉林应进一步将生态文明建设绩效纳入各级党委、政府及领导干部的政绩考核体系，把生态文明理念有效融入政治建设当中。此外，如何推动生态和环境保护中的民众参与、以法律法规形式为生态文明建设提供制度化保障也是一个有待思考的问题。吉林文化基础良好，人民群众具有较高的道德水平，高校和科研机构众多，文化设施相对比较完善，应进一步发挥这些资源在文化建设中的作用，为生态文化和生态意识的传播贡献力量。

近年来，吉林进一步实施若干民生工程，保障和改善民生的力度不断加大。从数据上看，吉林的城镇化率和农村改水率居于全国中上游水平。另外，吉林人均教育经费投入虽然有了较大幅度提高，但比较而言尚处于全国中下游水平，需要今后进一步加强。

吉林具有较好的生态环境优势，森林覆盖率和自然保护区的有效保护、湿地面积占国土面积比重、环境空气质量等方面都居全国前列，具有较好的生态环境基础。但另一方面，地表水体质量、建成区绿化覆盖率不高也成为生态环境发展的制约因素。为此，吉林应进一步加强松花江、辽河等流域的综合治理，加快污水处理厂建设并尽快投入使用，实行严格的水资源管理制度，加强用水总量、用水效率方面的控制。此外，吉林的城市生活垃圾无害化率和环境污染治理投资占 GDP 比重两项指标处于全国下游水平，说明在城市环境保护和污染治理方面还有进一步提升的空间。

⑥.14

第十四章

黑龙江

一 黑龙江 2011 年生态文明建设状况

2011 年，黑龙江生态文明指数（ECI）为 77 分，排名全国第 17 位。具体二级指标得分及排名情况见表 14-1。去除"社会发展"二级指标后，黑龙江绿色生态文明指数（GECI）为 62.70 分，全国排名第 15 位。

表 14-1　2011 年黑龙江生态文明建设二级指标情况汇总

二级指标	得 分	排 名	等 级
生态活力（满分为 39.6 分）	30.46	1	1
环境质量（满分为 26.4 分）	15.40	11	·2
社会发展（满分为 26.4 分）	14.30	18	3
协调程度（满分为 39.6 分）	16.84	28	4

黑龙江 2011 年生态文明建设的基本特点是，生态活力居全国领先水平，全国排名第一，环境质量居于中上游水平，社会发展、协调程度稍弱，处于全国中下游水平。在生态文明建设的类型上，黑龙江属于生态优势型（见图 14-1）。

2011 年黑龙江生态文明建设三级指标数据见表 14-2。

具体来看，在生态活力方面，自然保护区的有效保护率为 14.52%，在全国排名领先，居于第 5 位。湿地面积占国土面积比重为 9.49%，全国排名领先，位居第 5 位。森林覆盖率居全国中上游水平。建成区绿化覆盖率排位靠后，居全国下游水平。

在环境质量方面，农药施用强度指标居全国中上游水平。环境空气质量、

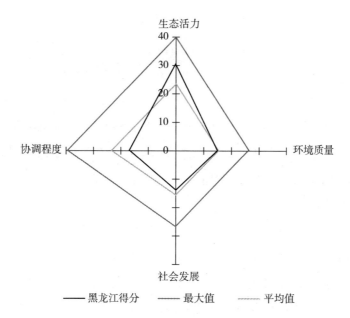

图 14 – 1 2011 年黑龙江生态文明建设评价雷达图

表 14 – 2 黑龙江 2011 年生态文明建设评价结果

一级指标	二级指标	三级指标	指标数据	排名
生态文明指数（ECI）	生态活力	森林覆盖率	42.39%	9
		建成区绿化覆盖率	36.32%	24
		自然保护区的有效保护	14.52%	5
		湿地面积占国土面积比重	9.49%	5
	环境质量	地表水体质量	58.1%	18
		环境空气质量	86.85%	22
		水土流失率	21.9728%	16
		农药施用强度	6.5898 吨/千公顷	8
	社会发展	人均 GDP	32819.00 元	17
		服务业产值占 GDP 比例	36.2%	18
		城镇化率	56.5%	10
		人均预期寿命	75.98 岁	11
		人均教育经费投入	1056.12 元	24
		农村改水率	66.49%	19
	协调程度	工业固体废物综合利用率	68.62%	11
		单位 GDP 化学需氧量排放量	12.53 千克/万元	31
		单位 GDP 氨氮排放量	0.77 千克/万元	26
		城市生活垃圾无害化率	43.69%	29
		环境污染治理投资占 GDP 比重	1.21%	19
		单位 GDP 能耗	1.04 吨标准煤/万元	20
		单位 GDP 水耗	155.46 立方米/万元	28
		单位 GDP 二氧化硫排放量	4.15 千克/万元	17

地表水体质量较弱,处于全国中下游水平。

在社会发展方面,城镇化率、人均预期寿命居全国上游水平。农村改水率、人均 GDP、服务业产值占 GDP 比例和人均教育经费投入较弱,处于全国中下游水平。

在协调程度方面,单位 GDP 化学需氧量排放量、单位 GDP 氨氮排放量、单位 GDP 能耗、单位 GDP 水耗四项逆指标反映的情况不甚乐观,居于全国中下游水平。工业固体废物综合利用率、环境污染治理投资占 GDP 比重等指标居于全国中游水平。

从年度进步情况来看,黑龙江 2010~2011 年度的总进步指数为 4.31%,全国排名第 20 位。具体到二级指标,生态活力的进步指数为 1.57%,居全国第 3 位。环境质量进步指数为 3.89%,居全国第 8 位;社会发展的进步指数为 8.99%,居全国第 21 位;协调程度的进步指数为 4.22%,居全国第 27 位。从数据可知,黑龙江 2010~2011 年度的总进步主要得益于社会发展和协调程度二级指标的进步。

进一步看,黑龙江 2010~2011 年度社会发展方面出现了较大的进步,这主要得益于人均教育经费投入、人均 GDP、农村改水率等多个指标都出现了较大的进步。协调程度的提高则主要得益于单位 GDP 能耗、单位 GDP 水耗和单位 GDP 二氧化硫排放量的降低。此外,工业固体废物综合利用率的下降则起到了消极作用。部分变化较大的三级指标见表 14-3。

表 14-3 黑龙江 2010~2011 年部分指标变动情况

三级指标	2010 年	2011 年	进步率(%)
人均 GDP(元)	27076	32819	21.2
人均教育经费投入(元)	911.18	1056.12	15.9
农村改水率(%)	64.50	66.49	3.1
工业固体废物综合利用率(%)	77.13	68.62	-11.0
城市生活垃圾无害化率(%)	40.36	43.69	8.3
单位 GDP 能耗(吨标准煤/万元)	1.16	1.04	11.5
单位 GDP 水耗(立方米/万元)	169.65	155.46	9.1
单位 GDP 二氧化硫排放量(千克/万元)	4.7	4.15	13.3

二　分析与展望

黑龙江 2011 年经济总量进一步扩大，可持续发展能力不断增强。2011 年全省地区生产总值达到 12503.8 亿元，按可比价格计算，比上年增长 12.2%。地方财政收入逾 1620 亿元，增长 32.5%。同时，黑龙江以转变经济发展方式为主线，努力使全省经济社会呈现良好的发展态势，基本形成传统优势产业与战略性新兴产业协调发展的局面。在三级指标中，单位 GDP 能耗、单位 GDP 水耗、单位 GDP 二氧化硫排放量、工业固体废物综合利用率、城市生活垃圾无害化率均比上一年度数据有所改善，产业结构调整有了初步成效。但是从全国来看，以上指标整体水平多数居于全国中下游位置，仍存在继续提高的空间。

黑龙江重视对生态文明建设的组织领导和责任考核，贯彻实施《黑龙江省垦区条例》和《黑龙江省国有重点林区管理条例》，加快生态文明建设规章制度的建立和实施。同时，作为粮食基地和能源大省，黑龙江应尽快建立健全可操作性强的资源有偿使用制度、排污权交易制度以及生态补偿制度，大力推进产业结构的转型和升级。

黑龙江坚持民生为重，财政支出优先安排保民生，社会发展水平逐步提高。社会保障体系逐步完善，城乡一体化进程不断加快，初步实现了"四化"同步、城乡一体发展。巩固完善教育经费保障机制，大幅度增加教育投入，确保财政性教育经费增长高于经常性财政收入增长。在三级指标中，人均 GDP、城镇化率、人均预期寿命、人均教育经费投入、农村改水率均有改善和提高。但是人均 GDP 在全国仍居于中下游水平，人均教育经费投入处于全国下游水平，这都是今后有待改善和提高之处。

黑龙江把保护与挖掘历史文化资源作为发展文化事业和推动文化产业的重要举措，对全省历史文化资源进行广泛深入的调研，整理出了民族历史源流等十大系列的优秀文化资源。同时积极建立公共文化服务体系、文化艺术创新体系、文化遗产保护利用体系、文化产业和文化市场体系和人才培育体系，努力推动文化的大发展大繁荣。黑龙江具有生态优势，既要把生态文明、森林文化

作为文化创意产业的重要内容，发展出特色文化创意产业，又要把文化创意产业作为生态文明建设的有机组成部分，实现文化创意产业和生态文明建设的共同发展和共同进步。

　　黑龙江具有明显的生态优势，生态活力二级指标位居全国第一位。但地表水体质量、环境空气质量、水土流失率等指标却处于全国中下游水平。黑龙江一方面应充分发挥森林资源丰富的优势，通过各种途径提升生态功能，强化对森林、草原、湿地以及水资源的保护，倡导科学有序地开发林木资源，发展以绿色食品、生态旅游等为代表的生态经济。另一方面，应进一步强化节能减排，通过新工艺、新技术的使用，有效降低污染气体排放，降低生产中的能耗与水耗，让黑龙江大地真正山川秀美，土净天蓝。

第十五章

上海

一 上海 2011 年生态文明建设状况

2011 年，上海生态文明指数（ECI）为 84.4 分，排名全国第 6 位；去除"社会发展"二级指标后，绿色生态文明指数（GECI）为 58.82 分，全国排名第 22 位。具体二级指标情况见表 15 - 1。

表 15 - 1 2011 年上海生态文明建设二级指标情况汇总

二级指标	得　分	排　名	等　级
生态活力（满分为 39.6 分）	21.32	22	3
环境质量（满分为 26.4 分）	12.47	25	3
社会发展（满分为 26.4 分）	25.58	1	1
协调程度（满分为 39.6 分）	25.03	8	2

2011 年上海生态文明建设继续保持社会发达型的特点（见图 15 - 1）。其中，生态活力、环境质量、社会发展指标排名与 2010 年持平，而协调程度指标排名却呈下降趋势，由 2010 年的全国第 4 位下降至 2011 年的第 8 位，跌入全国第 2 等级。

各项二级指标或保持了原有的发展态势，或有所下降，部分三级指标的数据和排名具有一定的启示和警示作用（见表 15 - 2）。

在生态活力方面，与 2010 年相比，森林覆盖率、自然保护区的有效保护、湿地面积占国土面积比重等三级指标的数据和排名均没有变化，而建成区绿化覆盖率略有降低，为 38.15%，排名下降了 4 个位次，但这没有对生态活力指标产生显著影响。

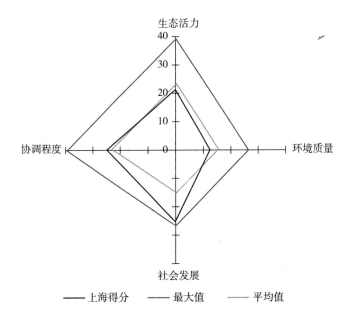

图 15 - 1　2011 年上海生态文明建设评价雷达图

表 15 - 2　上海 2011 年生态文明建设评价结果

一级指标	二级指标	三级指标	指标数据	排名
生态文明指数（ECI）	生态活力	森林覆盖率	9.41%	28
		建成区绿化覆盖率	38.22%	17
		自然保护区的有效保护	5.22%	23
		湿地面积占国土面积比重	53.68%	1
	环境质量	地表水体质量	29.4%	28
		环境空气质量	92.33%	12
		水土流失率	0	1
		农药施用强度	25.8034 吨/千公顷	24
	社会发展	人均 GDP	82560 元	2
		服务业产值占 GDP 比例	58%	2
		城镇化率	89.3%	1
		人均预期寿命	80.26 岁	1
		人均教育经费投入	2424.472 元	2
		农村改水率	99.99%	1
	协调程度	工业固体废物综合利用率	95.5846%	2
		单位 GDP 化学需氧量排放量	1.2971 千克/万元	2
		单位 GDP 氨氮排放量	0.2624 千克/万元	3
		城市生活垃圾无害化率	61.04%	26
		环境污染治理投资占 GDP 比重	0.75%	26
		单位 GDP 能耗	0.618 吨标准煤/万元	5
		单位 GDP 水耗	10.3148 立方米/万元	1
		单位 GDP 二氧化硫排放量	1.2508 千克/万元	3

在环境质量方面，各项三级指标在全国的排名与往年相同。从指标数据上看，除了继续保持水土零流失率的优势外，其他三项三级指标数据均有不同程度的改善，但地表水体质量和农药施用强度指标仍处于全国下游水平。

在社会发展方面，仍然保持了强劲的发展优势，各项三级指标均位于全国前2位，而且人均GDP、服务业产值占GDP比例、城镇化率、人均预期寿命各指标数据均有所提高，只有人均教育经费投入指标数据略有下降。

在协调程度方面，单位GDP能耗、单位GDP水耗、单位GDP二氧化硫排放量三项指标数据有所改善，工业固体废物综合利用率和环境污染治理投资占GDP比重略有下降，但都对排名的影响不大。协调程度指标由2010年的第4名跌至2011年的第8名，主要源于城市生活垃圾无害化率的显著变化，下降了20.82个百分点和10个位次。

从年度进步情况来看，上海2010～2011年度的生态文明进步指数为5.89%，全国排名第13位。其中，生态活力进步指数为0.03%，全国排名第21位；环境质量的进步指数为12.35%，位居全国第1名；社会发展进步指数为2.7%，全国排名第31位；协调程度的进步指数为9.56%，列第18位。

纵观整个指标体系的数据和排名，我们可以看出，上海2011年环境质量进步明显，而社会发展指标成为上海的绝对优势，尽管该指标的进步程度相对缓慢，这主要是因为上海原有的基础起点非常高；但生态活力、环境质量、协调程度中都有部分指标成为上海生态文明建设的瓶颈，如地表水体质量、农药施用强度、城市生活垃圾无害化率、环境污染治理投资占GDP比重等指标均位于全国下游水平，与经济建设和社会发展等呈现出极大的反差，对上海生态文明建设提出了巨大的挑战。

二　分析与展望

2011年，上海通过节能降耗与环境保护主题工作将生态文明建设与经济建设社会发展保持同步，在生态文明建设方面呈现出较好的发展态势。下面简要介绍生态环境建设与管理的开展情况，总结经验与启示。

制度化措施和顶层设计保障污染防治有效开展。上海坚持以生态文明引领和环境保护优化发展的理念，开展环保三年行动计划，主要着眼于推进污染减排、强化环境风险防控、解决市民关心的环境问题和促进结构调整。2011年，市政府出台《上海市主要污染物总量控制"十二五"工作方案》，确定主要污染物总量控制目标和措施，同时强化目标责任制和合力推进机制[1]，将"十二五"时期污染减排指标分配到各区县人民政府和重点减排责任单位，并完善污染减排监测、统计和考核体系[2]，对重点减排企业从运行、管理、台账、档案等方面进行检查、指导，确保污染减排设施高效运行。

经济平稳增长为生态文明建设提供了动力与保障。2011年，上海生产总值为19195.69亿元，比2010年增长8.2%；人均生产总值达82560元，在全国领先；地方财政收入比上年增长19.4%，其中第三产业地方财政收入增速快于第二产业9个百分点[3]。在保持经济平稳运行的同时，上海把结构调整作为转型发展的主攻方向，整合扩大"转方式、调结构"财政专项资金，组建并运作一批创业投资基金，增强第三产业的引领发展、支撑作用。此外，在经济发展的同时，注重节能降耗，并通过系统设计促进节能降耗目标实现。节能降耗是环保三年行动计划的主要目标之一。2011年，上海围绕第四轮环保三年行动计划出台了相关政策文件[4]，同时通过加大节能减排专项资金投入（市级节能减排专项资金全年实际支出14亿元）、推进节能项目和工程建设（如产业结构调整项目、重点节能技改项目等）、开展低碳发展实践区试点等实现节能降耗。2011年，上海单位生产总值综合能耗比上年下降5.32%，超额完成年度污染减排目标[5]。

上海在坚持把经济增长质量和效益放在首位的同时，注重经济效益与社会

---

① 由环保、发展改革、经信、水务、统计、电力等单位组成污染减排工作跟踪评估小组。

② 例如：所有污水处理厂和脱硫电厂都按要求安装在线监测设备，并与环保部门联网；市环保局会同市发改委等11个有关部门发布《2011年上海市整治违法排污企业 保障群众健康环保专项行动实施方案》，明确重金属排放企业整治、污染减排重点行业监管、环境安全监督检查等任务。

③ 数据来源：上海市2012年政府工作报告。

④ 例如：制定固定资产投资项目节能评估和审查暂行办法及相关配套政策，修订"十二五"时期区县政府节能目标责任考核办法，提出"十二五"时期全市能源消费总量控制和分解方案等。

⑤ 参见《上海年鉴2012》。

效益的同步提高，开展民生实事工程。2011 年，上海市新增就业岗位 64.2 万个，城镇登记失业率低于 4.5%；全市教育部门财政预算内教育事业拨款额达 420.72 亿元，比 2010 年增长 22.87%，但人均教育经费略有下降①。此外，在重点新城和新市镇重大功能性项目建设中，加大对郊区农村发展的支持力度，促进建设重心和公共资源向郊区转移，加强以水利为重点的郊区农村基础设施和环境建设，如农田水利设施更新改造、河道整治、郊区集约化供水建设、农村生活污水处理设施改造等等，使得农村改水率高达 99.99%，位居全国第一位。

上海在城市建设与管理中，全方位推进生态环境保护与建设，全市投入环境建设与保护资金达 557.92 亿元。同时，注重对垃圾分类和餐厨垃圾处理的管理，开展"百万家庭低碳行，垃圾分类要先行"项目，在 1082 个居民小区实施生活垃圾分类试点，全市比上年减少生活垃圾量日均 816 吨，人均生活垃圾处理量减少 5%②。此外，2011 年，全市开展外环生态专项、大型公共绿地建设，制定《关于加强社会绿地工作的管理意见（试行）》和《社会绿地巡查考核细则》。同时，启动"十二五"时期立体绿化项目，全年基本完成屋顶绿化 10 万平方米，其他立体绿化 3 万平方米，城市建成区绿化覆盖率达 38.22%。上海市政府还强化了环境监管职能。开展重点企业环境行为评估，评价结果作为全市环保部门日常监督管理和环保诚信体系建设的依据；加强森林资源监管和执法，组织开展以打击破坏森林资源违法犯罪为重点的"亮剑行动"，针对大型居住区涉及征占用林地现象在全市开展调查和处理。此外，市环保局扩大空气质量信息发布的覆盖面，开辟东方明珠移动电视、手机报、"我爱环保"政务微博等多媒体播报平台，发布全市空气质量预报、临近污染提示、环保工作动态和科普知识等。

总体来说，上海生态文明建设绝对水平不是全国最高的，但有突出的发展优势，也有一定的显著约束因素。如何通过制度化措施、系统设计以及全方位的生态环境平台建设来解决环境质量、协调程度指标中的瓶颈问题，是未来推动生态文明水平不断提高的方向。

---

① 数据来源：上海市 2012 年政府工作报告、《上海年鉴 2012》。
② 数据来源：《上海年鉴 2012》。

G.16

第十六章

江苏

一　江苏 2011 年生态文明建设状况

2011 年，江苏生态文明指数（ECI）为 83.10 分，排名全国第 7 位，具体二级指标得分及相应排名见表 16－1。去除"社会发展"二级指标后，江苏绿色生态文明指数（GECI）为 61.38 分，全国排名第 17 位。

表 16－1　2011 年江苏生态文明建设二级指标情况汇总

二级指标	得　分	排　名	等　级
生态活力（满分为 39.6 分）	21.32	22	3
环境质量（满分为 26.4 分）	13.20	21	3
社会发展（满分为 26.4 分）	21.73	5	1
协调程度（满分为 39.6 分）	26.86	4	1

江苏 2011 年生态文明建设的基本特点是，社会发展、协调程度都居于领先水平，生态活力、环境质量居于全国中下游水平。在生态文明建设的类型上，江苏属于社会发达型（见图 16－1）。

2011 年江苏生态文明建设三级指标数据见表 16－2。

具体来看，在生态活力方面，江苏湿地面积占国土面积比重达到 16.32%，位于全国第 2 位。建成区绿化覆盖率达到 42.12%，位于全国第 3 位。自然保护区的有效保护和森林覆盖率则较低，居于全国下游水平。

在环境质量方面，江苏水土流失率为 4.06%，位于全国第 4 位。地表水体质量、环境空气质量、农药施用强度三项指标较弱，处于全国下游水平。

在社会发展方面，江苏位于全国前列，农村改水率为 98.63%，位于全国

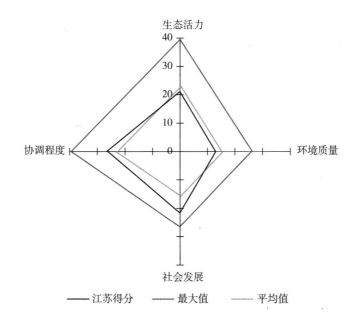

图 16 – 1　2011 年江苏生态文明建设评价雷达图

表 16 – 2　江苏 2011 年生态文明建设评价结果

一级指标	二级指标	三级指标	指标数据	排名
生态文明指数（ECI）	生态活力	森林覆盖率	10.48%	25
		建成区绿化覆盖率	42.12%	3
		自然保护区的有效保护	4.08%	27
		湿地面积占国土面积比重	16.32%	2
	环境质量	地表水体质量	31.6%	26
		环境空气质量	86.85%	23
		水土流失率	4.06%	4
		农药施用强度	18.16 吨/千公顷	22
	社会发展	人均 GDP	62290 元	4
		服务业产值占 GDP 比例	42.4%	9
		城镇化率	61.9%	7
		人均预期寿命	76.63 岁	5
		人均教育经费投入	1670.6 元	9
		农村改水率	98.63%	3
	协调程度	工业固体废物综合利用率	94.64%	3
		单位 GDP 化学需氧量排放量	2.54 千克/万元	5
		单位 GDP 氨氮排放量	0.32 千克/万元	4
		城市生活垃圾无害化率	93.77%	7
		环境污染治理投资占 GDP 比重	1.17%	21
		单位 GDP 能耗	0.6 吨标准煤/万元	4
		单位 GDP 水耗	58.60 立方米/万元	15
		单位 GDP 二氧化硫排放量	2.15 千克/万元	8

第3位。人均GDP为62290元，位于全国第4位。人均预期寿命为76.63岁，位于全国第5位。服务业产值占GDP比例、城镇化率、人均教育经费投入三项指标也处于全国上游水平。

在协调程度方面，江苏也位于全国前列。工业固体废物综合利用率为94.64%，居全国第3位。单位GDP氨氮排放量为0.32千克/万元，位于全国第4位。单位GDP能耗为0.6吨标准煤/万元，位于全国第4位。单位GDP化学需氧量排放量为2.54千克/万元，位于全国第5位。城市生活垃圾无害化率和单位GDP二氧化硫排放量指标居于全国上游水平。

江苏2010～2011年度的生态文明建设进步指数为5.26%，全国排名第16位。具体二级指标的进步指数及其排名见表16-3。

表16-3　2011年江苏生态文明建设二级指标的进步指数及排名

二级指标	进步指数(%)	排名
生态活力	0.02	23
环境质量	1.91	12
社会发展	10.15	13
协调程度	9.47	19

江苏2010～2011年度在社会发展和协调程度方面出现了较快的进步。社会发展的进步主要得益于人均GDP、人均教育经费投入和城镇化率的增长。协调程度方面的进步主要得益于单位GDP水耗、单位GDP能耗、单位GDP二氧化硫排放量的下降。环境质量有所进步的原因在于地表水体质量和环境空气质量的提高。部分变化较大的三级指标见表16-4。

表16-4　江苏2010～2011年部分三级指标变动情况

三级指标	2010年	2011年	进步率(%)
单位GDP水耗(立方米/万元)	73.78	58.6	25.9
人均GDP(元)	52840	62290	17.88
单位GDP能耗(吨标准煤/万元)	0.73	0.6	21.67
人均教育经费投入(元)	1431.05	1670.6	16.74
单位GDP二氧化硫排放量(千克/万元)	2.5	2.15	16.28
地表水体质量(%)	27.90	31.6	13.26
城镇化率(%)	55.6	61.9	11.33
环境空气质量(%)	82.74	86.85	4.97

二 分析与展望

2011 年，江苏在经济、政治、文化、社会以及环境保护等方面都取得了显著的进步，生态文明指数从全国第 8 名上升到第 7 名。特别可贵的是，该省在社会经济发展水平已经位于全国前列的情况下，还实现了经济持续高速增长，社会发展、协调程度等方面的进步也明显高于全国平均水平。当然，江苏应该注意到本省生态文明建设面临的新挑战，当前最需要着重努力的是加快经济发展方式转型和完成节能减排任务。

江苏在 2011 年认真贯彻党中央生态文明建设的基本精神。出台并实施了《关于推进生态文明建设工程的行动计划》，制定了生态文明建设工程五年任务书等一系列重要文件，针对节能减排出台了《关于进一步加强污染减排工作的意见》《江苏省"十二五"及 2011 年度主要污染物总量减排计划》等文件。

江苏 2011 年实现了经济平稳较快增长，地区生产总值比上年增长 11%。同时，工业生产进一步生态化，南京经济技术开发区建成国家生态工业示范园区，全省国家生态工业示范园区的总数达 7 家，占全国的一半以上。从 2011 年的经济情况来看，加快经济发展方式转型，是江苏应对困难和挑战的关键举措。江苏应加快改造提升传统产业，全面落实江苏省"十二五"培育和发展战略性新兴产业规划。

江苏重视保障和改善民生。人均 GDP、农村改水率、人均预期寿命、城镇化率等多项指标均排在全国前列。2011 年，江苏的教育、就业、医疗、住房、养老等保障体系进一步完善，人民生活水平进一步提高。

江苏不断培育生态文化，2011 年成立生态省建设领导小组，新建成 12 个国家生态县，使得全省国家生态县达到 17 个，占到全国生态县总数的近一半。今后，江苏应进一步思考如何将生态文明与基础素质教育结合起来，努力从根基上提高全民的生态意识。

2011 年，江苏以节能减排为重点，加强环境保护和资源节约。实施了"清水蓝天"工程，太湖水质进一步改善，地表水体质量的优良率从 27.90%

提高到 31.6%。大气污染防治取得积极进展，环境空气质量的优良率从 82.74% 提高到 86.85%。江苏 2011 年节能减排完成情况好于全国平均水平，单位 GDP 水耗从 73.78 立方米/万元降低到 58.6 立方米/万元、单位 GDP 能耗从 0.73 吨标准煤/万元降低到 0.6 吨标准煤/万元、单位 GDP 二氧化硫排放量从 2.5 千克/万元下降到 2.15 千克/万元。然而，经济的高速发展使得江苏节能减排形势依然严峻。江苏应严格执行新建项目节能和环境影响评价制度，采用更多的节能环保技术和产品，推动重点企业进行节能减排技术改造。

第十七章
浙江

一 浙江 2011 年生态文明建设状况

2011 年，浙江生态文明指数（ECI）为 85.89 分，排名全国第 4 位。去除"社会发展"二级指标后，浙江绿色生态文明指数（GECI）为 63.34 分，全国排名第 12 位。具体二级指标得分及排名情况见表 17 – 1。

表 17 – 1 2011 年浙江生态文明建设二级指标情况汇总

二级指标	得 分	排 名	等 级
生态活力（满分为 39.6 分）	25.89	9	2
环境质量（满分为 26.4 分）	11.73	28	4
社会发展（满分为 26.4 分）	22.55	4	1
协调程度（满分为 39.6 分）	25.72	6	2

浙江 2011 年生态文明建设的基本特点是，社会发展和协调程度居全国上游，生态活力居全国中上游，环境质量处于下游水平。生态文明建设的类型属于社会发达型（见图 17 – 1）。

2011 年浙江生态文明建设三级指标数据见表 17 – 2。在生态活力方面，森林覆盖率为 57.41%，排名全国第 3 位。湿地面积占国土面积比重也居全国上游，排名第 8 位。建成区绿化覆盖率为 38.39%，居于全国中上游水平。自然保护区的有效保护率为 1.53%，排名第 31 位，处于全国下游水平。

环境质量方面，环境空气质量、水土流失率居于全国中上游水平，地表水体质量处于全国中下游水平。农药施用强度为 33.2426 吨/千公顷，居全国下游水平。

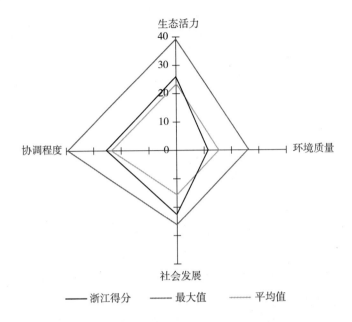

图 17 - 1　2011 年浙江生态文明建设评价雷达图

表 17 - 2　浙江 2011 年生态文明建设评价结果

一级指标	二级指标	三级指标	指标数据	排名
生态文明指数（ECI）	生态活力	森林覆盖率	57.41%	3
		建成区绿化覆盖率	38.39%	14
		自然保护区的有效保护	1.53%	31
		湿地面积占国土面积比重	7.88%	8
	环境质量	地表水体质量	57.1%	19
		环境空气质量	91.23%	14
		水土流失率	15.7661%	10
		农药施用强度	33.2426 吨/千公顷	27
	社会发展	人均 GDP	59249.00 元	5
		服务业产值占 GDP 比例	43.9%	8
		城镇化率	62.3%	6
		人均预期寿命	77.73 岁	4
		人均教育经费投入	1950.917 元	5
		农村改水率	92.67%	5
	协调程度	工业固体废物综合利用率	91.1447%	5
		单位 GDP 化学需氧量排放量	2.5318 千克/万元	4
		单位 GDP 氨氮排放量	0.3572 千克/万元	5
		城市生活垃圾无害化率	96.43%	4
		环境污染治理投资占 GDP 比重	0.74%	27
		单位 GDP 能耗	0.59 吨标准煤/万元	3
		单位 GDP 水耗	34.5928 立方米/万元	6
		单位 GDP 二氧化硫排放量	2.0483 千克/万元	7

社会发展方面，所有三级指标均排名全国第4~8名，居全国上游水平。社会发展整体排名仅次于北京、上海、天津三个直辖市，位居全国第4名。

协调程度方面，除了环境污染治理投资占GDP比重居全国下游之外，工业固体废物综合利用率、单位GDP化学需氧量排放量、单位GDP氨氮排放量、城市生活垃圾无害化率、单位GDP能耗、单位GDP水耗、单位GDP二氧化硫排放量均排名全国第3~7名，居全国上游水平。

浙江2010~2011年生态文明建设的整体进步指数为2.39%，全国排名第26位。具体到二级指标，生态活力进步指数为0.65%，排名第11位。环境质量进步指数为1.19%，居全国第15位。社会发展进步指数为7.88%，居全国第27位。协调程度进步指数为1.26%，居全国第28位。从二级指标数据分析来看，浙江2010~2011年生态活力、环境质量、社会发展、协调程度均呈现平稳进步态势。

2011年浙江生态活力保持平稳，其中建成区绿化覆盖率由2010年的第11名降到2011年的第14名。自然保护区占辖区面积比重提高了2个百分点。

2011年浙江环境质量一改前两年的退步，呈微弱上升趋势，四个三级指标均有所进步。其中上升最快的是地表水体质量，由2010年的48.90%上升到2011年的57.1%，进步率为16.8%。

2011年浙江社会发展保持平稳进步。其中人均GDP由2010年的51711元增长到2011年的59249元，进步率为14.6%；人均教育经费投入也增长了13.4%。

2011年浙江协调程度增速减缓，其重要原因在于，虽然单位GDP能耗、单位GDP水耗、单位GDP二氧化硫排放量都有显著下降，但环境污染治理投资占GDP比重却大幅度退步，下降幅度达38.3%。

部分变化较大的三级指标见表17-3。

表17-3 浙江2010~2011年部分指标变动情况

三级指标	2010年	2011年	进步率(%)
自然保护区的有效保护(%)	1.50	1.53	2.0
地表水体质量(%)	48.90	57.1	16.8
环境空气质量(%)	86.03	91.23	6.0
人均GDP(元)	51711	59249	14.6

续表

三级指标	2010 年	2011 年	进步率(%)
城镇化率(%)	57.90	62.3	7.6
人均教育经费投入(元)	1720.37	1950.917	13.4
环境污染治理投资占 GDP 比重(%)	1.20	0.74	-38.3
单位 GDP 能耗(吨标准煤/万元)	0.72	0.59	22.0
单位 GDP 水耗(立方米/万元)	41.85	34.5928	21.0
单位 GDP 二氧化硫排放量(千克/万元)	2.4	2.0483	17.2

二 分析与展望

2011 年浙江生态文明建设现状可谓喜忧参半。一方面，整体生态文明建设水平仅次于北京、天津、广东，处于全国前列，相关二级指标均呈进步态势，彰显了浙江生态文明建设的优势。另一方面，虽然 2011 年浙江环境质量变退步为进步，但长期以来的粗放型经济增长方式导致的环境质量整体恶化趋势没有得到根本扭转，仍是制约该省生态文明建设的一大问题。

浙江生态文明建设有其特定的政策环境优势。早在 2003 年，浙江省委就提出要进一步发挥浙江的生态优势，创建生态省，打造绿色浙江。同年，《浙江生态省建设总体规划纲要》更是明确提出，用 20 年时间把浙江建设成为具有比较发达的生态经济、优美的生态环境、和谐的生态家园、繁荣的生态文化、可持续发展能力较强的生态省。2011 年浙江省委出台《"811"生态文明建设推进行动方案》，提出经过五年努力，基本实现经济社会发展与资源、环境承载能力相适应，环境质量提高与改善民生需求相适应，生态省建设继续保持全国领先，生态文明建设走在全国前列。正是基于对生态文明建设的重视，近些年浙江着力于经济发展方式转变，着力解决突出的环境问题，着力改善生态环境质量。伴随着《"811"生态文明建设推进行动方案》的实施，以及节能降耗十大工程、污染减排六大工程的推进，浙江的节能减排和环境保护取得了一定成果，浙江环境质量进步指数由 2010 年的 -0.47% 上升为 2011 年的 1.19%，就是一个证明。

浙江经济发展基础较好，改革开放以来，经济一直保持稳定增长。2011年全省生产总值 32000 亿元，同比增长超过 9%；地方财政收入 3151 亿元，按可比口径增长 15.2%；城镇居民人均可支配收入 30900 元，农村居民人均纯收入 13071 元，分别增长 13% 和 15.6%；固定资产投资增长 24.8%。目前，浙江处于经济社会转型发展的关键时期，过多依赖低端产业、过多依赖低成本劳动力、过多依赖资源环境消耗的增长方式没有根本改变，应该继续以调整经济结构为主攻方向，大力发展循环经济和高效生态农业，强化创新驱动，推动经济在转型升级的基础上努力实现经济社会发展与生态文明建设双赢。2011年，浙江按照国家战略部署，推进浙江海洋经济发展示范区、舟山群岛新区和义乌国际贸易综合改革试点建设，在加快全省经济转型升级和城乡区域协调发展上迈出重要一步。

自 2003 年提出生态省建设以来，浙江把保障民生、改善民生作为一切工作的出发点和落脚点，加快进行社会建设，完善基本公共服务体系，努力提高人民生活品质。2011 年，浙江人均 GDP、人均预期寿命、人均教育经费投入、农村改水率等几项指标均居全国前列，但仍然存在服务业比重提高不快的问题。近几年，浙江通过积极扩大社会就业，加快社会保障体系建设，提高全民健康水平等措施，力求加快服务业发展。浙江省"十二五"规划纲要推出"富民惠民"十大工程，力求保障人民生活质量和水平不断提高。

浙江的生态文化建设一直处于全国领先地位。2003 年《浙江生态省建设总体规划纲要》中明确提出，树立先进的生态文化理念，加强生态省建设的科技教育支撑。2011 年，浙江省委《"811"生态文明建设推进行动方案》中推出 11 项保障措施，其中一项就是积极培育生态文化。近年来，浙江深入开展生态示范创建工作，推进生态文化载体建设。2011 年全省累计建设 6 个国家级生态县、45 个国家级生态示范区、7 个国家环保模范城市、274 个全国环境优美乡镇、41 个省级生态县以及一大批国家级、省级生态文明教育基地。同时，2011 年启动"浙江生态日"系列活动，举办生态文明体验活动（如参观农村生态经济发展典范——阳山畈村特色桃产业），积极开展村庄生态文化建设（如古树保护、农村生态文明墙绘等）。浙江文化底蕴深厚，山水文化、海洋文化、森林文化、茶文化中均蕴含丰富的生态思想，可以促进文化生态保

护，积极创建文化生态保护区。鉴于浙江森林、湿地、自然保护区资源丰富，而森林灾害频发，自然保护区的有效保护不够，今后可以加强森林公园、湿地公园、自然保护区的建设、管理和保护，使其成为承载生态文化的重要平台。同时，大力倡导健康文明的生活方式，积极引导鼓励生态消费，广泛开展生态文明教育宣传工作，为全省生态文明建设提供理论支持和文化氛围。

作为目前生态建设较好的省份，浙江应该进一步加强政策保障和财政支持，充分整合和利用各方面资源优势，重点关注环境质量改善，推进生态修复和生态工程建设，通过科技创新和减少农药施用等措施积极发展生态农业，推动浙江生态环境继续转好。

第十八章
安徽

一 安徽 2011 年生态文明建设状况

2011 年，安徽生态文明指数（ECI）为 69.68 分，排名全国第 25 位。去除"社会发展"二级指标后，安徽绿色生态文明指数（GECI）为 57.86 分，全国排名第 23 位。具体二级指标情况见表 18－1。

表 18－1　2011 年安徽生态文明建设二级指标情况汇总

二级指标	得 分	排 名	等 级
生态活力(满分为 39.6 分)	19.80	28	4
环境质量(满分为 26.4 分)	13.93	16	3
社会发展(满分为 26.4 分)	11.83	29	4
协调程度(满分为 39.6 分)	24.12	11	2

安徽 2011 年生态文明建设的基本特点是，协调程度居全国中上游水平，环境质量处于中游水平，生态活力和社会发展处于下游水平。在生态文明建设的类型上，2011 年安徽仍属于低度均衡型（见图 18－1）。

2011 年安徽生态文明建设三级指标数据见表 18－2。具体来看，在生态活力方面，建成区绿化覆盖率为 39.47%，全国排名上升到第 11 位。森林覆盖率、湿地面积占国土面积比重居全国中游水平。自然保护区占辖区面积比重为 3.76%，排名第 28 位，处于全国下游水平。

环境质量方面，水土流失率为 12.1262%，排名第 9 位，居于全国上游水平。地表水体质量、农药施用强度处于全国中下游水平。环境空气质量排名第 28 位，居于全国下游水平。

社会发展方面，人均预期寿命为 75.08 岁，排名第 15 位，居于全国中上

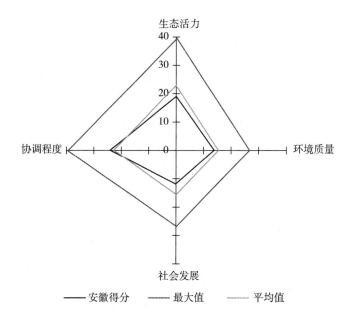

图 18 - 1　2011 年安徽生态文明建设评价雷达图

表 18 - 2　安徽 2011 年生态文明建设评价结果

一级指标	二级指标	三级指标	指标数据	排名
生态文明指数（ECI）	生态活力	森林覆盖率	26.06%	18
		建成区绿化覆盖率	39.47%	11
		自然保护区的有效保护	3.76%	28
		湿地面积占国土面积比重	4.73%	16
	环境质量	地表水体质量	49.5%	23
		环境空气质量	83.01%	28
		水土流失率	12.1262%	9
		农药施用强度	20.5011 吨/千公顷	22
	社会发展	人均 GDP	25659.00 元	26
		服务业产值占 GDP 比例	32.5%	29
		城镇化率	44.8%	23
		人均预期寿命	75.08 岁	15
		人均教育经费投入	1005.734 元	28
		农村改水率	50.35%	30
	协调程度	工业固体废物综合利用率	81.6497%	7
		单位 GDP 化学需氧量排放量	6.2308 千克/万元	20
		单位 GDP 氨氮排放量	0.7176 千克/万元	25
		城市生活垃圾无害化率	86.99%	15
		环境污染治理投资占 GDP 比重	1.75%	9
		单位 GDP 能耗	0.754 吨标准煤/万元	10
		单位 GDP 水耗	104.1132 立方米/万元	24
		单位 GDP 二氧化硫排放量	3.4606 千克/万元	11

游水平。而人均 GDP、服务业产值占 GDP 比例、人均教育经费投入、农村改水率均较弱，处于全国下游水平。

协调程度方面，工业固体废物综合利用率居全国上游水平，排名第 7 位。城市生活垃圾无害化率、环境污染治理投资占 GDP 比重、单位 GDP 能耗、单位 GDP 二氧化硫排放量居全国中上游水平。而单位 GDP 氨氮排放量、单位 GDP 水耗分别排名第 25 位和第 24 位，居于全国下游水平。

安徽 2010~2011 年生态文明建设的整体进步指数为 7.36%，全国排名第 10 位。其中，生态活力进步指数为 2.18%，排名全国第一。环境质量进步指数为 -6.49%，居全国第 26 位；社会发展进步指数为 11.11%，居全国第 11 位；协调程度进步指数为 19.26%，居全国第 4 位。

从二级指标数据分析来看，安徽 2010~2011 年生态活力、社会发展、协调程度三个指标同步提高，而环境质量继续退步。总体来看，安徽 2011 年生态文明建设在保持 2010 年水平的基础上平稳上升。

首先值得关注的是生态活力，在 2011 年全国各省生态活力整体进步缓慢的背景下，安徽生态活力进步指数从上年的第 26 位跃升为全国第一，这主要得力于建成区绿化覆盖率和自然保护区的有效保护的提升。

2011 年安徽的环境质量仍在退化，究其原因，主要是由于地表水体质量的下降，由 2010 年的 58.1% 退化为 2011 年的 49.5%。

2011 年安徽的社会发展继续上升，其中人均教育经费投入呈现强劲增长态势，由 2010 年的 794.86 元/人增加到 1005.734 元/人，增幅达到 26.5%。

2011 年安徽协调程度继续呈快速发展态势。三级指标中，城市生活垃圾无害化率由 64.56% 上升至 86.99%，进步率达到 34.7%。环境污染治理投资占 GDP 比重提高了 19.9%，单位 GDP 能耗降低了 28.6%，单位 GDP 水耗降低了 19.9%。

部分变化较大的三级指标见表 18-3。

表 18-3 安徽 2010~2011 年部分指标变动情况

三级指标	2010 年	2011 年	进步率(%)
建成区绿化覆盖率(%)	37.50	39.47	5.3
自然保护区的有效保护(%)	3.60	3.76	4.4
地表水体质量(%)	58.1	49.5	-14.8

三级指标	2010 年	2011 年	进步率(%)
人均 GDP(元)	20888	25659	22.8
人均教育经费投入(元)	794.86	1005.734	26.5
城市生活垃圾无害化率(%)	64.56	86.99	34.7
环境污染治理投资占 GDP 比重(%)	1.46	1.75	19.9
单位 GDP 能耗(吨标准煤/万元)	0.97	0.754	28.6
单位 GDP 水耗(立方米/万元)	124.78	104.1132	19.9

二 分析与展望

虽然受环境质量改善缓慢等因素影响，2011 年安徽生态文明建设排名靠后，但是安徽生态文明建设和社会发展呈现良好的同步前进态势。安徽省2011 年第九次党代会明确提出，"走生态强省之路，促进生态文明建设"[①]。如何围绕生态强省建设，突破资源环境约束，实现生态文明建设与社会发展、民生改善同步持续进步，依然任重道远。

2011 年安徽国民经济保持快速发展。根据 2011 年安徽省政府工作报告，全省生产总值（GDP）15110.3 亿元，同比增长 13.5%；人均生产总值 25659元，比上年增加 4771 元。安徽较快的经济增长也带来了巨大的资源环境压力，地表水体质量不断下降，农药施用强度仍在增长。今后，应充分贯彻《安徽省国民经济和社会发展第十二个五年规划纲要》，加大力度促进循环经济发展和产业结构优化升级，加速经济发展方式转变，推动经济社会全面转型。

安徽强调，经济越发展越要注重保障和改善民生。近些年，通过优先发展教育事业，促进就业和增加居民收入，加快医药卫生事业发展，健全社会保障体系，推进安居工程建设，拓展提升民生工程等措施，安徽各项社会事业全面发展。2011 年，城镇化率达 44.8%，人均预期寿命达 75.08 岁，人均教育经费投入由 2010 年的 794.86 元/人增加到 1005.734 元/人，增幅达到 26.5%。虽然社会发展取得了很大的进步，但是从全国来看，安徽的人均 GDP、服务

---

① 安徽省政府 2011 年第九次党代会报告。

业产值占 GDP 比例、人均教育经费投入均处于下游水平，有待继续提高。这就要求安徽在保持经济快速发展的同时，继续坚持保障改善民生，创新社会管理，保持社会和谐稳定。

安徽着力加强政府自身建设，围绕生态强省目标，强调要加大财政投入力度，完善调节机制，健全生态补偿机制，创新生态示范引导机制，强化政府的政策支持。同时，实施行政首长负责制，将生态强省建设工作摆上重要位置、列入重要议事日程，按照责任分工，进行考核评价，评价结果纳入政府绩效管理。最后，强调加强法制政府建设，"加强重点区域和重点领域生态强省专项立法，制定完善资源节约、环境保护、生态建设、食品安全等法律、规章和规范性文件，形成较为完善、具有安徽特色的生态强省法规体系，推动生态强省建设工作步入法制化轨道"①。相信通过充分发挥政府引导作用，优化政策环境，安徽的生态文明建设能够更上一层楼。

安徽历史文化底蕴深厚，是进一步发展的重要软实力。老庄哲学中"道法自然""天人合一"等朦胧的生态思想，徽文化中新安理学、徽派建筑、徽派雕刻、徽派绘画，至今仍具有较大影响力。作为老庄故里、徽学中心的安徽理应在继承传统文化宝贵遗产的同时，结合生态强省建设的战略部署，广泛开展生态文化宣传教育，积极打造生态文化载体，加强生态文化资源保护与开发，加快形成绿色生活方式和消费模式，营造浓厚的生态文化建设氛围。目前，安徽已经建成 1 个"全国生态文化示范基地"、9 个"全国生态文化村"和 3 个"全国生态文化企业"。生态文化不仅仅是公益事业，也是经济发展的重要潜力。安徽山水秀丽，自然资源丰富，可以充分利用和挖掘相关生态文化资源，发展生态文化产业，如森林文化带动森林旅游，花卉文化带动花卉产业，茶文化带动茶叶产业。通过生态文化宣传与教育，生态文化产业的开发与创新，引导全民参与生态强省建设。

总体来看，安徽生态文明建设呈现稳步前进态势，但在生态活力、社会发展、环境质量方面仍有待进一步提高。目前，安徽根据省第九次党代会关于建设生态强省的战略部署，制定并开始实施《安徽省生态强省建设实施纲要》，

---

① 《安徽省生态强省建设实施纲要》。

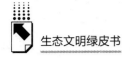

把生态文明建设贯彻落实到经济社会发展各领域和全过程。为了改善生态活力，安徽推进百万公顷造林工程；为了加速社会发展，实施循环经济壮大工程、低碳产业园区建设工程和美好乡村建设工程；为了改善环境质量，推进淮河、巢湖、新安江等重点流域水环境综合治理工程、面源污染防治工程和空气清洁工程。安徽生态文明建设的前景令人期待。

⑰ . 19

第十九章

福建

一　福建 2011 年生态文明建设状况

2011 年，福建生态文明指数（ECI）为 82.03 分，排名全国第 10 位。具体二级指标得分及排名情况见表 19－1。去除"社会发展"二级指标后，福建绿色生态文明指数（GECI）为 63.06 分，全国排名第 14 位。

表 19－1　2011 年福建生态文明建设二级指标情况汇总

二级指标	得　分	排　名	等　级
生态活力（满分为 39.6 分）	23.86	14	3
环境质量（满分为 26.4 分）	13.93	16	3
社会发展（满分为 26.4 分）	18.98	7	2
协调程度（满分为 39.6 分）	25.26	7	2

福建 2011 年生态文明建设的基本特点是，社会发展、协调程度居全国上游水平，生态活力、环境质量居全国中游水平。在生态文明建设的类型上，福建属于社会发达型（见图 19－1）。

2011 年福建生态文明建设三级指标数据见表 19－2。

具体来看，在生态活力方面，森林覆盖率为 63.1%，居全国首位。建成区绿化覆盖率居全国上游水平。湿地面积占国土面积比重、自然保护区的有效保护则较弱，居于全国下游水平。

在环境质量方面，环境空气质量、地表水体质量、水土流失率三项指标居全国上游水平。农药施用强度居全国第 30 位（逆指标，排名越靠后强度越大），仅次于海南。

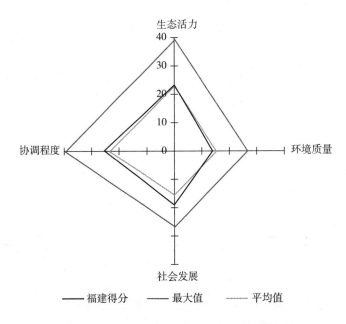

图 19 - 1　2011 年福建生态文明建设评价雷达图

表 19 - 2　福建 2011 年生态文明建设评价结果

一级指标	二级指标	三级指标	指标数据	排名
生态文明指数（ECI）	生态活力	森林覆盖率	63.1%	1
		建成区绿化覆盖率	41.39%	7
		自然保护区的有效保护	2.96%	30
		湿地面积占国土面积比重	3.65%	21
	环境质量	地表水体质量	79.2%	9
		环境空气质量	98.63%	4
		水土流失率	10.59%	8
		农药施用强度	43.8132 吨/千公顷	30
	社会发展	人均 GDP	47377 元	9
		服务业产值占 GDP 比例	39.2%	12
		城镇化率	58.1%	8
		人均预期寿命	75.76 岁	12
		人均教育经费投入	1446.28 元	13
		农村改水率	87.57%	9
	协调程度	工业固体废物综合利用率	68.4422%	12
		单位 GDP 化学需氧量排放量	3.8693 千克/万元	7
		单位 GDP 氨氮排放量	0.5432 千克/万元	13
		城市生活垃圾无害化率	94.55%	6
		环境污染治理投资占 GDP 比重	1.13%	23
		单位 GDP 能耗	0.644 吨标准煤/万元	6
		单位 GDP 水耗	40.0338 立方米/万元	7
		单位 GDP 二氧化硫排放量	2.2164 千克/万元	9

在社会发展方面，人均 GDP、城镇化率、农村改水率三项指标得分较高，处于全国上游水平。服务业产值占 GDP 比例、人均预期寿命、人均教育经费投入指标，居全国中游水平。

在协调程度方面，城市生活垃圾无害化率、单位 GDP 化学需氧量排放量（逆指标）、单位 GDP 能耗（逆指标）、单位 GDP 水耗（逆指标）、单位 GDP 二氧化硫排放量（逆指标）五项指标居全国上游水平。工业固体废物综合利用率、单位 GDP 氨氮排放量（逆指标）两项指标居全国中游水平。环境污染治理投资占 GDP 比重指标较弱，居全国下游水平。

进步指数分析表明，福建 2010～2011 年度生态文明建设总进步指数为 4.59%，全国排名第 18 位。其中生态活力进步指数为 -2.41%，排名全国第 31 位；环境质量进步指数为 -2.09%，排名第 24 位；社会发展进步指数为 9.77%，排名第 17 位；协调程度进步指数为 12.60%，排名第 14 位。

在生态活力方面，福建是林业大省，森林覆盖率全国第一，有良好的生态环境基础，但在全国各省生态活力整体进步缓慢的背景下，福建也有所下滑。究其原因，主要是自然保护区的有效保护指标下降。

在环境质量方面，地表水体质量由 80.9% 降为 79.2%，进步率为 -2.1%；农药施用强度持续居高，由 43.78 吨/千公顷增至 43.81 吨/千公顷，进步率为 -0.07%。

在社会发展方面，人均 GDP、城镇化率、人均教育经费投入均有所提升。

在协调程度方面，环境污染治理投资占 GDP 比重有所提升，单位 GDP 能耗、单位 GDP 水耗、单位 GDP 二氧化硫排放量有了大幅下降。

部分变化较大的三级指标见表 19-3。

表 19-3　福建 2010～2011 年部分指标变动情况

三级指标	2010 年	2011 年	进步率(%)
自然保护区的有效保护(%)	3.23	2.96	-8.4
人均 GDP(元)	40025	47377	18.4
城镇化率(%)	51.4	58.1	13.0
人均教育经费投入(元)	1234.94	1446.28	17.1
环境污染治理投资占 GDP 比重(%)	0.88	1.13	28.4

续表

三级指标	2010 年	2011 年	进步率(%)
单位 GDP 能耗(吨标准煤/万元)	0.78	0.64	21.9
单位 GDP 水耗(立方米/万元)	47.13	40.03	17.7
单位 GDP 二氧化硫排放量(千克/万元)	2.8	2.22	26.1
工业固体废物综合利用率(%)	83.01	68.44	-17.6

二 分析与展望

2011 年福建生态文明建设呈现良好态势，位居全国前列。《福建"十二五"环境保护与生态建设专项规划》阐明了环保与生态建设领域的总体要求、目标任务和政策举措，强调大力推进生态省建设的目标[①]。因此，有针对性地深入分析福建生态文明建设的优劣势，有助于促进生态文明与其他领域的协调发展。

2011 年福建政府工作报告[②]明确提出，"持续推进生态省建设，促进人与自然和谐"，并成为"十二五"规划中 10 个重点工作之一：抓好新一轮节能减排，严格节能减排责任，推动新技术、新装备的研发与应用；抓好新一轮环境整治，深化重点流域和近岸海域综合整治；抓好新一轮生态优化，实施生态省建设五年规划。国民经济和社会发展规划提出"优化生态环境，推进节能减排"的发展目标，建设"森林福建"，继续实施重点节能工程。环保"十二五"科技规划提出，建立环境科技投入机制，提高环境科技创新能力，搭建人才培养平台，为建设环境友好型社会提供科技支撑。政府自 2011 年起组织开展工业园区执法检查，全面清理限制环保执法的土政策，并作为领导干部政绩考核的重要内容。此外，环保厅在县级环保部门成立人民调解委员会，调解环保矛盾纠纷，掌握环保矛盾纠纷动态，向主管部门提出意见与建议。

---

① 《福建省"十二五"环境保护与生态建设专项规划》。
② 2011 年福建省人民政府工作报告。

福建全面实施《海峡西岸经济区发展规划》，"十二五"开局良好，全省生产总值 17500 亿元，增长 12.2%[1]。经济建设中，环保减排的理念贯穿始终。国民经济和社会发展规划提出，通过强化目标责任制，有效落实节能减排和应对气候变化措施，完成单位生产总值能耗以及主要污染物排放年度控制目标。重点领域改革确定了"建立健全资源节约、环境友好的激励和约束机制"等 11 个重点领域。"十二五"节能减排工作采用强化节能减排责任、调整优化产业结构、控制能耗总量、发展循环经济、健全法制和标准建设等 10 项措施，完成节能减排目标。

福建将文化建设作为重点工作，推动文化繁荣发展，提高人民群众文明素质。2012 年初步建立文化产业运行框架，培育优势文化企业，形成主导文化产业群，使文化产业成为国民经济的重要产业和新增长点[2]。在城乡环境卫生整洁行动、城乡环境卫生整洁春季行动中，充分发挥媒体宣传引导作用，加大宣传和舆论监督，营造关注环境卫生的全民文化氛围。同时，环保厅在县级环保部门成立人民调解委员会，设置专员宣传环保法律法规和政策，营造环保社会氛围，提高公众环保意识。

福建将城镇化进程、社会保障体系、社会发展事业、现代农业、保障改善民生作为重点工作内容。各项社会事业全面发展，城镇化率达 58.1%，人均教育经费投入增幅达 17.11%，农村改水率达 87.57%。省政府继续推进农村养老保险、城乡居民医疗保险、治理餐桌污染等 38 项为民办实事项目。闽江、九龙江、敖江流域水环境综合整治，重点放在饮用水源保护、养殖污染整治、工业污染整治、城乡环保基础设施建设、生态环境建设与保护 5 个方面。同时，启动了全省绿色城市、绿色村镇、绿色通道、绿色屏障"四绿"工程建设；启动城乡环境卫生整洁行动，集中开展"城乡环境卫生整洁春季行动""洁我家园共创文明行动""迎新春城乡环境卫生整洁行动"，美化人民生活环境。此外，持续开展农村环境连片整治示范，重点实施"水源清洁""家园清洁""田园清洁""三清"示范工程。

---

① 2012 年福建省人民政府工作报告。
② 福建省《关于加快文化产业发展的意见》，2009 年 4 月。

　　纵观福建生态文明建设状况与发展态势，成绩明显，但也有需要提升的领域。下一步应关注经济建设与生态文明的协调发展，坚持产业节能与低碳减排；推进重点流域、矿产资源、森林资源的生态补偿，加大重要生态功能区保护力度；继续健全生态文明建设激励约束机制，明确目标，落实责任；继续加大环境污染防治力度，建立长效机制，推动环境质量不断好转；严格控制化肥农药施用强度，发展生态农业，解决农业面源污染问题。福建生态文明建设的良好局面值得期待。

Ⓖ.20

第二十章

江西

一 江西 2011 年生态文明建设状况

2011 年，江西生态文明指数（ECI）为 75.85 分，排名全国第 18 位。具体二级指标得分及排名情况见表 20-1。去除"社会发展"二级指标后，江西绿色生态文明指数（GECI）为 63.20 分，全国排名第 13 位。

表 20-1 2011 年江西生态文明建设二级指标情况汇总

二级指标	得 分	排 名	等 级
生态活力（满分为 39.6 分）	27.92	4	1
环境质量（满分为 26.4 分）	13.20	21	3
社会发展（满分为 26.4 分）	12.65	27	3
协调程度（满分为 39.6 分）	22.08	19	3

江西 2011 年生态文明建设的基本特点是，生态活力指标居全国前列，环境质量、社会发展、协调程度指标居全国中下游水平。在生态文明建设的类型上，江西属于生态优势型（见图 20-1）。

2011 年江西生态文明建设三级指标数据见表 20-2。

具体来看，在生态活力方面，森林覆盖率为 58.32%，居全国第 2 位。建成区绿化覆盖率为 46.81%，居全国首位。自然保护区的有效保护、湿地面积占国土面积比重两项指标居全国中游水平。

在环境质量方面，地表水体质量、环境空气质量两项指标居全国上游水平。水土流失率指标居全国中游水平。农药施用强度指标居全国第 28 位（逆指标，排名越靠后强度越大）。

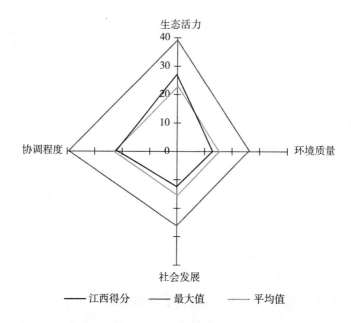

图 20 - 1 2011 年江西生态文明建设评价雷达图

表 20 - 2 江西 2011 年生态文明建设评价结果

一级指标	二级指标	三级指标	指标数据	排名
生态文明指数 （ECI）	生态活力	森林覆盖率	58.32%	2
		建成区绿化覆盖率	46.81%	1
		自然保护区的有效保护	7.14%	16
		湿地面积占国土面积比重	5.99%	11
	环境质量	地表水体质量	87.7%	6
		环境空气质量	95.07%	8
		水土流失率	19.9953%	15
		农药施用强度	35.2083 吨/千公顷	28
	社会发展	人均 GDP	26150 元	24
		服务业产值占 GDP 比例	33.5%	27
		城镇化率	45.7%	20
		人均预期寿命	74.33 岁	24
		人均教育经费投入	1007.249 元	27
		农村改水率	62.89%	22
	协调程度	工业固体废物综合利用率	55.4821%	21
		单位 GDP 化学需氧量排放量	6.5616 千克/万元	23
		单位 GDP 氨氮排放量	0.7981 千克/万元	27
		城市生活垃圾无害化率	88.27%	14
		环境污染治理投资占 GDP 比重	2.06%	7
		单位 GDP 能耗	0.651 吨标准煤/万元	7
		单位 GDP 水耗	101.4285 立方米/万元	23
		单位 GDP 二氧化硫排放量	4.9911 千克/万元	18

在社会发展方面，人均 GDP、服务业产值占 GDP 比例、城镇化率、人均预期寿命、人均教育经费投入、农村改水率等六项指标都较弱，居全国下游水平。

在协调程度方面，环境污染治理投资占 GDP 比重、单位 GDP 能耗（逆指标）两项指标居全国上游水平。城市生活垃圾无害化率、单位 GDP 二氧化硫排放量（逆指标）两项指标居全国中游水平。工业固体废物综合利用率、单位 GDP 化学需氧量排放量（逆指标）、单位 GDP 氨氮排放量（逆指标）、单位 GDP 水耗（逆指标）等四项指标较弱，居全国下游水平。

进步指数分析表明，江西 2010～2011 年度生态文明建设总进步指数为 7.95%，全国排名第 7 位。其中生态活力进步指数为 2.13%，排名全国第 2 位；环境质量进步指数为 1.72%，排名第 14 位；社会发展进步指数为 11.96%，排名第 7 位；协调程度进步指数为 15.24%，排名第 11 位。

具体来看，在生态活力方面，江西森林覆盖率全国第二，建成区绿化覆盖率全国第一，有着良好的生态环境基础。生态活力的进步，主要源于自然保护区的有效保护率大幅提升。在环境质量方面，农药施用强度的下降是导致环境质量提升的主要因素。在社会发展方面，人均 GDP、城镇化率、人均预期寿命、人均教育经费投入、农村改水率都有了大幅提高。协调程度的进步主要源于工业固体废物综合利用率、环境污染治理投资占 GDP 比重的提升和单位 GDP 二氧化硫排放量的降低。

部分变化较大的三级指标见表 20－3。

表 20－3　江西 2010～2011 年部分指标变动情况

三级指标	2010 年	2011 年	进步率(%)
自然保护区的有效保护(%)	6.69	7.14	6.7
农药施用强度(吨/千公顷)	37.68	35.21	7.0
人均 GDP(元)	21253	26150	23.0
城镇化率(%)	43.18	45.7	5.8
人均预期寿命(岁)	68.95	74.33	7.8
人均教育经费投入(元)	852.07	1007.25	18.2
农村改水率(%)	59.14	62.89	6.34

续表

三级指标	2010 年	2011 年	进步率(%)
工业固体废物综合利用率(%)	46.55	55.48	19.18
环境污染治理投资占 GDP 比重(%)	1.66	2.06	24.1
单位 GDP 能耗(吨标准煤/万元)	0.85	0.65	30.8
单位 GDP 水耗(立方米/万元)	111.13	101.43	9.6
单位 GDP 二氧化硫排放量(千克/万元)	5.9	4.99	18.2

二　分析与展望

2011 年江西生态文明建设整体仍呈良好态势，居全国中游。针对江西生态文明建设的优劣势进行深入分析，有助于促进生态文明建设与其他领域协调发展。

2011 年江西政府工作报告[①]将"加强生态环境建设和保护，努力打造具有江西鲜明特色的一流生态优势"作为五大重点任务之一，突出保护好鄱阳湖"一湖清水"，禁止在鄱阳湖核心保护区和"五河"源头保护区搞开发建设，并切实抓好节能减排。江西高度关注生态经济区和自然保护区建设，设立鄱阳湖生态经济区建设领导小组，由省长任组长；成立自然保护区建设和管理工作领导小组，由副省长任组长；制定《鄱阳湖生态经济区环境保护条例》《关于加强自然保护区建设和管理工作的意见》，通过科学规划、加强管理、严格限制开发建设、加大投入等 10 项举措，促进自然保护区的健康持续发展。同时，新增宁都凌云山等 6 处新建省级自然保护区。

2011 年，江西以深入推进鄱阳湖生态经济区建设为龙头，"十二五"开局良好，全省生产总值达到 11583.8 亿元，增长 12.5%[②]。在生态江西理念指引下，"十二五"规划坚持经济发展与生态文明的有机统一：坚持既要金山银山更要绿水青山的发展理念，在保护生态中加快发展，在加快经济发展中

---

① 江西省 2011 年政府工作报告。
② 江西省 2012 年政府工作报告。

建设生态文明,积极探索经济与生态协调发展的新模式,努力把鄱阳湖生态经济区建设成为全国经济与生态协调发展、人与自然和谐相处的示范区。"十二五"节能减排规划确定了优化产业结构、发展循环经济、加快技术开发和推广等 12 项举措。各设区市将主要污染物排放总量控制目标纳入本地区"十二五"规划和年度计划,分解落实,确保目标实现。此外,"十二五"规划以培育战略性新兴产业为重点,推进旅游产业大省建设,构建赣北鄱阳湖生态旅游示范区、赣中南红色经典旅游圈和赣西绿色精粹旅游圈。全面开拓旅游市场,完善旅游产业体系,努力建成红色旅游强省、名省、大省。

江西提出大力推进文化大省建设,提升公共文化服务水平,加强文化遗产和版权保护,进一步打响中国红歌会、鄱阳湖国际生态文化节品牌。"十二五"规划以提升区域核心竞争力为重点,推动文化大发展。以培育具有时代特征、江西特色的人文精神为核心,加快文化大省建设。充分挖掘江西丰富的红色文化、传统文化和特色文化资源。打造鄱阳湖国际论坛、鄱阳湖国际生态文化节、环鄱阳湖国际自行车赛等品牌,提升鄱阳湖生态经济区的国际影响力。加强覆盖城乡、惠及全民的公共文化服务体系建设。

江西将民生工程、城镇化进程、社会事业作为重点工作内容。"十二五"规划通过提高就业水平、完善社会保障体系等诸多举措,促进社会和谐发展。省政府扎实推进包括 66 件实事的民生工程;以"加快城镇化为重点,促进区域协调发展"为目标,加强城市基础设施和生态环境建设。新增宜春等 4 个"江西省生态园林城市",制定与实施《南昌历史文化名城保护规划》《南昌市节水型社会建设规划》《支持资源枯竭城市转型和可持续发展工作的意见》。同时,加快各级天然气管网的建设改造,优化能源结构,促进节能减排。

2011 年,江西紧紧围绕建设富裕和谐秀美江西的目标,以鄱阳湖生态经济区建设为龙头,将稳增长、调结构、抓改革、优生态、惠民生、促和谐相结合,收效明显。但全省经济总量偏小,城乡居民收入偏低;产业层次整体不高,发展不平衡;资源和环境约束增强,生产成本上升,转变经济发展方式任务繁重。下一步,生态建设应继续坚持政策引导,依托良好的环境资源,以鄱

阳湖生态经济区建设为驱动，提升其特色品牌，发展生态旅游产业；继续调整经济结构，坚持低碳减排方针，发展节能环保产业；加强生态功能区保护，健全生态文明建设激励约束机制，加大环境污染防治力度，维护生态文明建设的安全环境；应严格控制化肥农药施用强度，发展生态农业，逐步解决农业面源污染问题。可以预见，江西必将能够走出一条凸显本省特色的生态文明建设之路。

第二十一章

山东

一 山东 2011 年生态文明建设状况

2011 年，山东生态文明指数（ECI）为 79.51 分，排名全国第 15 位。具体二级指标得分及排名情况见表 21－1。去除"社会发展"二级指标后，山东绿色生态文明指数（GECI）为 60.81 分，全国排名第 19 位。

表 21－1　2011 年山东生态文明建设二级指标情况汇总

二级指标	得　分	排　名	等　级
生态活力（满分为 39.6 分）	23.86	14	3
环境质量（满分为 26.4 分）	11.00	30	4
社会发展（满分为 26.4 分）	18.70	8	2
协调程度（满分为 39.6 分）	25.94	5	2

山东 2011 年生态文明建设的基本特点是，社会发展和协调程度居于全国上游水平，生态活力居于中游水平，环境质量居于下游水平。在生态文明建设的类型上，山东属于社会发达型（见图 21－1）。

2011 年山东生态文明建设三级指标数据见表 21－2。

具体来看，在生态活力方面，湿地面积占国土面积比重为 11.72%、建成区绿化覆盖率为 41.51%，在全国排名居于前列，分别为第 4 位和第 6 位。而森林覆盖率和自然保护区的有效保护率则较低，居于全国下游水平。

在环境质量方面，水土流失率和环境空气质量居于全国中游水平。而农药施用强度和地表水体质量居于全国下游水平。

在社会发展方面，农村改水率、人均预期寿命和人均 GDP 居于全国上游

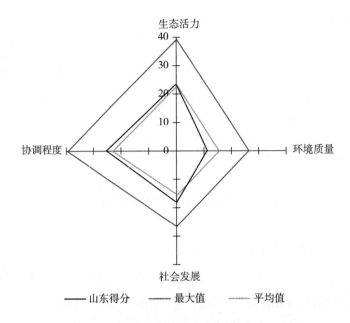

图 21 - 1　2011 年山东生态文明建设评价雷达图

表 21 - 2　山东 2011 年生态文明建设评价结果

一级指标	二级指标	三级指标	指标数据	排名
生态文明指数 （ECI）	生态活力	森林覆盖率	16.72%	22
		建成区绿化覆盖率	41.51%	6
		自然保护区的有效保护	4.8%	25
		湿地面积占国土面积比重	11.72%	4
	环境质量	地表水体质量	29.6%	27
		环境空气质量	87.67%	19
		水土流失率	18.92%	13
		农药施用强度	21.93 吨/千公顷	23
	社会发展	人均 GDP	47335.00 元	10
		服务业产值占 GDP 比例	38.3%	14
		城镇化率	50.95%	14
		人均预期寿命	76.46 岁	7
		人均教育经费投入	1084.28 元	22
		农村改水率	91.77%	6
	协调程度	工业固体废物综合利用率	92.60%	4
		单位 GDP 化学需氧量排放量	4.37 千克/万元	10
		单位 GDP 氨氮排放量	0.38 千克/万元	7
		城市生活垃圾无害化率	92.54%	8
		环境污染治理投资占 GDP 比重	1.35%	14
		单位 GDP 能耗	0.86 吨标准煤/万元	13
		单位 GDP 水耗	32.27 立方米/万元	4
		单位 GDP 二氧化硫排放量	4.03 千克/万元	14

水平，城镇化率和服务业产值占 GDP 比例位于全国中游水平，而人均教育经费投入较少，处于全国下游水平。

在协调程度方面，工业固体废物综合利用率、单位 GDP 水耗、单位 GDP 氨氮排放量、城市生活垃圾无害化率以及单位 GDP 化学需氧量排放量五项指标排名均靠前，居于全国上游水平。单位 GDP 能耗、单位 GDP 二氧化硫排放量及环境污染治理投资占 GDP 比重这三项指标居于全国中游水平。

从年度进步情况来看，山东 2010~2011 年度的总进步指数为 3.74%，全国排名第 23 位。具体到二级指标，生态活力进步指数为 -0.74%，居全国第 28 位。环境质量进步指数为 0.90%，居全国第 16 位；社会发展进步指数为 9.88%，居全国第 16 位；协调程度进步指数为 6.02%，居全国第 25 位。从数据可知，山东 2010~2011 年度的总进步主要得益于社会发展和协调程度二级指标的进步。

具体来看，山东 2010~2011 年度社会发展方面出现了较大的进步，这主要得益于人均 GDP、服务业产值占 GDP 比例、城镇化率、人均预期寿命、人均教育经费投入、农村改水率等多个指标都出现了明显的进步。协调程度的提高主要源于城市生活垃圾无害化率的提高和单位 GDP 能耗、单位 GDP 水耗的下降。生态活力方面出现了退步，其主要原因是自然保护区的有效保护指标略有下降。

二　分析与展望

2011 年山东围绕科学发展主题，加快转变经济发展方式，以富民强省为目标，在经济建设方面取得了较大的进步。全年实现生产总值 45429.2 亿元，增长 10.9%。服务业投资占投资总额的 50%，历史性地超过第二产业。在经济发展的同时，山东重视节能减排和环境保护，节能、减排两项工作均受到国务院通报表扬。单位 GDP 能耗由 2010 年的 1.03 吨标准煤/万元下降到 2011 年的 0.86 吨标准煤/万元；单位 GDP 水耗由 2010 年的 37.25 立方米/万元下降到 2011 年的 32.27 立方米/万元，居于全国第 4 位。在山东经济飞速发展的同时，其工业固体废物综合利用率、单位 GDP 水耗、单位 GDP 氨氮排放量、

城市生活垃圾无害化率以及单位 GDP 化学需氧量排放量五项指标排名均居于全国上游水平，可见山东经济建设和环境保护两手抓的举措是颇有成效的，应在今后的发展中继续保持经济建设和环境保护齐头并进。

山东在经济发展的同时，加强各项民生事业建设。民生支出占财政的比重达到 54.8%，城镇居民人均可支配收入增长 14.3%；农民人均纯收入增长 19.3%。全省城镇化率由 2010 年的 48.32% 上升到 2011 年的到 50.95%，位于全国中游水平，仍有进步空间。山东努力促进教育公平，但山东的人均教育经费投入水平在全国居于下游，这与山东经济的高速发展是不成比例的，教育经费的投入应适当增加。山东的农村改水率和城市生活垃圾无害化率都位居全国前列。

山东在 2003 年《山东生态省建设规划纲要》中就提出，建立生态省建设的法规体系，提高政府机构乃至全社会的法制观念，全力推进生态省建设，加强对领导干部执行环保法规情况的监督，实施责任追究，以确保各项规章制度得到落实①。

山东具有优良的历史文化传统资源，值得大力开发和利用。近年来，山东利用自身文化资源发展文化创意产业，取得了很大的成功。今后，山东应进一步深入挖掘传统文化中的生态文明理念，将生态文明建设与文化产业、素质教育等方面结合起来。

山东的地表水体质量居全国下游水平，水质量改善工作迫在眉睫。另外，山东作为一个农业大省，农药施用强度大，这显然是造成水体污染的重要原因之一，需要加以重视。2011 年山东基本完成集体林权制度主体改革，启动国有林场改革试点。但山东的森林覆盖率和自然保护区的有效保护都位于全国下游水平，2011 年自然保护区的有效保护指标较 2010 年还出现了下降，造成山东的生态活力进步指数为负数，这一现象应该引起注意。

---

① 参见《山东生态省建设规划纲要》。

G.22

第二十二章

河南

一 河南 2011 年生态文明建设状况

2011 年，河南生态文明指数（ECI）为 67.31 分，排名全国第 29 位。具体二级指标得分及排名情况见表 22 - 1。去除"社会发展"二级指标后，河南绿色生态文明指数（GECI）为 56.04 分，排名全国第 25 位。

表 22 - 1　2011 年河南生态文明建设二级指标情况汇总

二级指标	得　分	排　名	等　级
生态活力（满分为 39.6 分）	19.80	28	4
环境质量（满分为 26.4 分）	13.93	16	3
社会发展（满分为 26.4 分）	11.28	31	4
协调程度（满分为 39.6 分）	22.30	17	3

总体而言，河南在环境质量和协调程度方面位居全国中游水平，在生态活力和社会发展方面位居全国下游水平。河南生态文明建设的类型属于低度均衡型（见图 22 - 1）。

具体来看，在生态活力方面，森林覆盖率、建成区绿化覆盖率、湿地面积占国土面积比重这三项指标均位于全国第 20 位左右，自然保护区占辖区面积比重居全国第 26 位。整体来看，生态活力位于全国下游水平。

在环境质量方面，水土流失率排名第 12 位，接近全国上游水平；环境空气质量和农药施用强度位于全国中下游水平。地表水体质量排名第 25 位，居全国下游水平。

在社会发展方面，各项指标排名均比较靠后。服务业产值占 GDP 比例、

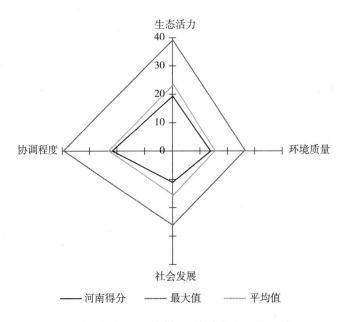

图22-1 2011年河南生态文明建设评价雷达图

人均教育经费投入两项均位居全国末位；人均GDP、城镇化率、农村改水率、人均预期寿命四项指标也均排名第20位以后，处于全国下游水平。

在协调程度方面，工业固体废物综合利用率、单位GDP化学需氧量排放量、单位GDP水耗三项指标接近全国上游水平；除环境污染治理投资占GDP比重位居全国末位外，单位GDP氨氮排放量、城市生活垃圾无害化率、单位GDP能耗、单位GDP二氧化硫排放量均位于全国中游水平（见表22-2）。

从年度进步情况来看，河南2010~2011年度生态文明建设总进步指数为4.39%，位于全国第19位。具体到各二级指标来看，进步指数高低不一。

生态活力进步指数为0.03%，排名全国第21位，涵盖的各三级指标值较上年几乎没有变化。

环境质量进步指数为-2.37%，排名全国第25位。比较上年度数据，2011年度环境质量进步指数进一步放缓，排名也下降6位，这主要是环境空气质量下降造成的。

表 22 - 2　河南 2011 年生态文明建设评价结果

一级指标	二级指标	三级指标	指标数据	排名
生态文明指数（ECI）	生态活力	森林覆盖率	20.16%	20
		建成区绿化覆盖率	36.64%	22
		自然保护区的有效保护	4.40%	26
		湿地面积占国土面积比重	3.74%	19
	环境质量	地表水体质量	37.40%	25
		环境空气质量	87.12%	21
		水土流失率	18.01%	12
		农药施用强度	16.24 吨/千公顷	19
	社会发展	人均 GDP	28661.00 元	23
		服务业产值占 GDP 比例	29.70%	31
		城镇化率	40.57%	27
		人均预期寿命	74.57 岁	22
		人均教育经费投入	968.71 元	31
		农村改水率	59.89%	25
	协调程度	工业固体废物综合利用率	75.26%	10
		单位 GDP 化学需氧量排放量	5.33 千克/万元	13
		单位 GDP 氨氮排放量	0.57 千克/万元	17
		城市生活垃圾无害化率	84.42%	17
		环境污染治理投资占 GDP 比重	0.61%	31
		单位 GDP 能耗	0.895 吨标准煤/万元	15
		单位 GDP 水耗	48.42 立方米/万元	11
		单位 GDP 二氧化硫排放量	5.0889 千克/万元	20

社会发展进步指数为 10.93%，位于全国第 12 位。各项三级指标较上年度均有增长，其中人均 GDP、人均预期寿命、人均教育经费投入、农村水改率增幅比较明显。

协调程度进步指数为 8.91%，位于全国第 20 位。各项三级指标值均略有向好趋势。

二　分析与展望

近年来，河南在生态文明建设方面付出了很大努力，取得了显著成绩，但是与其他省份相比步履仍显迟缓。2011 年度 ECI 排名较上年度下降两位，进

入末尾三位，说明河南生态文明建设亟须加快步伐。

本年度指标数据及排名显示，河南单位 GDP 能耗、单位 GDP 水耗、单位 GDP 化学需氧量排放等方面，已经提升到全国中等水平，但单位 GDP 二氧化硫排放量、单位 GDP 氨氮排放量方面仍位居中等偏后水平，尤其是环境污染治理投资占 GDP 比重排名全国末位。可见河南经济增长方式仍比较粗放，能源利用效率低于国内平均水平。服务业产值占 GDP 比例居全国末位，显示河南整体产业层次较低、结构不合理，服务业比重明显偏低，工业内部资源能源型加工业比重较大。可以预见，随着该省工业化、城镇化进程的加快和经济总量的不断增加，能源资源消耗和污染物排放还会刚性增加，资源支撑能力和环境承载能力将面临更严峻挑战。因此，河南必须积极探索不以牺牲农业和粮食、生态和环境为代价的绿色崛起模式，从根本上转变资源利用方式，大力发展循环经济，提高资源利用效率，同时加大污染治理投入。在产业结构方面，应当大力发展生态农业，推进二、三产业融合发展；坚持走新型工业化道路，引导工业由初级原材料产业向终高端、高附加值产业转变；推动传统服务业的生态化改造，构筑起结构合理、活力强劲的现代化生态产业体系。

近年来，河南坚持以领导方式转变加快发展方式转变，大兴务实之风，建设务实河南，推进为民政府、法治政府、效能政府、廉洁政府建设，在持续提升政府公信力和执行力方面取得了成效。同时，河南在生态保护立法方面也取得了进展，先后出台了水污染防治、水土保持、林地保护、节约能源、节约用水等一系列地方性法规，制定公布了重点污染行业污染物排放标准、主要用能产品能耗限额标准、用水定额标准、建筑物节能设计规范等地方标准，建立了环保目标责任制、领导干部综合考核制、节能减排问责制和"一票否决"制等制度，形成了较为完善的法规、制度和标准体系，为生态省建设提供了制度保障[①]。但是，徒法不足以自行，好的制度还要靠"有法必依，执法必严"来落实。因此，河南省还应该在生态执法、行政监督方面加大力度。

河南地处中原腹地，资源丰富，但近年来生态文明建设评价结果并不理想。河南应当发挥新闻媒介的舆论导向功能，借助媒体广泛宣传绿色产业、绿

---

① 参见《河南生态省建设规划纲要》。

色消费、生态城市、生态人居环境等科普知识，提倡低碳生活方式，形成生态
文化氛围，积淀生态文化底蕴，形成人与自然和谐相处的生态理念。《河南生
态省建设规划纲要》提出，将围绕建设资源节约型和环境友好型社会目标，
加强生态文明教育，强化生态环境意识，营造生态文明之风，努力形成资源节
约、环境友好的生产方式、生活方式和消费模式，建立人与自然和谐、良性互
动的关系，进而构建健康文明的生态文化体系。

　　2011 年度，河南城镇人口突破 4000 万，103.3 万农村贫困人口实现稳定
脱贫。覆盖城乡的基本养老制度基本建立，城镇基本医保和新农合参保率分别
达到 93.8% 和 97%，全省财政教育支出 853.5 亿元，增长 40.1%①。但是，
2011 年度指标数据显示，河南在人均教育经费投入、城镇化率、农村改水率
等方面均位于全国后列，说明该省在社会建设方面整体水平还比较落后。因
此，河南在今后的社会建设中应该在以下方面继续努力。第一，持续统筹城乡
发展、推进城乡一体，不断提升新型城镇化引领作用；第二，加强社会保障体
系建设，加快完善覆盖城乡的社会保障体系，力争实现新农保和城镇居民社会
养老保险制度全覆盖；第三，加大教育投入，实施全民素质教育，提高国民教
育水平；第四，提高医疗保障水平，建立起覆盖城乡的基本医疗卫生制度，逐
步实现城乡居民病有所医；最后，增强城乡社区自治和服务功能，完善基层社
会管理和服务体系，构建资源节约和环境友好的"两型社会"。

　　2011 年中共河南省第九届代表大会报告指出：生态建设功在当代，利在
千秋，建设绿色中原、生态中原是党的重任之一。《2011 年河南省环境状况公
报》显示：全省已建立省级以上森林公园 100 处，总面积 25.60 万公顷。共有
自然保护区 33 个，湿地总面积 110 万公顷，湿地类型自然保护区 17 处。作为
全国农村环境连片综合整治试点省，2011 年共安排整治项目 322 个，完成了
两个省级生态县、4 个国家级生态乡镇、96 个省级生态乡镇、476 个省级生态
村创建工作。同时，本年度评价指标数据也显示，河南在水资源保护、大气污
染治理、城乡绿化方面也取得了一定进步。可以预见，河南在生态文明建设方
面将会进入一个快速发展期。

<hr />

　　①　参见 2012 年河南省政府工作报告。

第二十三章
湖北

一 湖北 2011 年生态文明建设状况

2011 年,湖北生态文明指数(ECI)为 71. 25 分,排名全国第 23 位。具体二级指标得分及排名情况见表 23 – 1。去除"社会发展"二级指标后,湖北绿色生态文明指数(GECI)为 57. 50 分,全国排名第 24 位。

表 23 – 1   2011 年湖北生态文明建设二级指标情况汇总

二级指标	得 分	排 名	等 级
生态活力(满分为 39.6 分)	24. 37	11	2
环境质量(满分为 26.4 分)	11. 73	28	4
社会发展(满分为 26.4 分)	13. 75	20	3
协调程度(满分为 39.6 分)	21. 39	21	3

湖北 2011 年生态文明建设的基本特点是,生态活力居于全国中上游水平,社会发展和协调程度居于全国中下游水平,环境质量居于全国下游水平。湖北生态文明建设的类型属于相对均衡型(见图 23 – 1)。

2011 年湖北生态文明建设三级指标数据见表 23 – 2。

具体来看,在生态活力方面,森林覆盖率、建成区绿化覆盖率和湿地面积占国土面积比重三项指标处于全国中游水平。自然保护区的有效保护指标处于全国中下游水平。

在环境质量方面,地表水体质量排在全国第 11 位,居于全国中上游水平。环境空气质量、水土流失率和农药施用强度三项指标居全国下游水平。

在社会发展方面,人均 GDP、服务业产值占 GDP 比例、城镇化率、人均

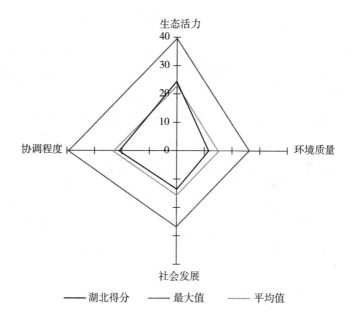

图 23 – 1　湖北生态文明建设评价雷达图

表 23 – 2　湖北 2011 年生态文明建设评价结果

一级指标	二级指标	三级指标	指标数据	排名
生态文明指数（ECI）	生态活力	森林覆盖率	31.14%	17
		建成区绿化覆盖率	38.35%	15
		自然保护区的有效保护	5.16%	24
		湿地面积占国土面积比重	4.99%	15
	环境质量	地表水体质量	74.90%	11
		环境空气质量	83.84%	26
		水土流失率	32.31%	22
		农药施用强度	29.91 吨/千公顷	25
	社会发展	人均 GDP	34197 元	13
		服务业产值占 GDP 比例	36.90%	16
		城镇化率	51.83%	13
		人均预期寿命	74.87 岁	18
		人均教育经费投入	1024.66 元	26
		农村改水率	68.46%	18
	协调程度	工业固体废物综合利用率	79.02%	8
		单位 GDP 化学需氧量排放量	5.63 千克/万元	14
		单位 GDP 氨氮排放量	0.67 千克/万元	20
		城市生活垃圾无害化率	61.02%	27
		环境污染治理投资占 GDP 比重	1.32%	16
		单位 GDP 能耗	0.91 吨标准煤/万元	16
		单位 GDP 水耗	65.56 立方米/万元	17
		单位 GDP 二氧化硫排放量	3.39 千克/万元	10

预期寿命和农村改水率五项指标居于全国中游水平。人均教育经费投入居全国
下游水平。

在协调程度方面，工业固体废物综合利用率排在全国第8位，居于全国上
游水平。单位GDP二氧化硫排放量、单位GDP化学需氧量排放量、环境污染
治理投资占GDP比重、单位GDP能耗和单位GDP水耗五项指标居全国中游水
平。城市生活垃圾无害化率居全国下游水平。

从年度进步情况来看，湖北2010～2011年度的总进步指数为7.48%，全
国排名第8位。具体到四项二级指标，进步指数全部为正增长。生态活力进步
指数为0.25%，居全国第17位，主要得益于建成区绿化覆盖率的小幅上升。
环境质量进步指数为1.80%，居全国第13位，主要得益于环境空气质量由上
年的77.81%上升到83.84%。社会发展进步指数为9.94%，居全国第15位，
主要是由于人均GDP的大幅提升，城镇化率、人均预期寿命、人均教育经费
投入也有小幅上升。协调程度进步指数为16.85%，居全国第9位，主要原因
是环境污染治理投资占GDP比重大幅提高，以及单位GDP能耗和单位GDP水
耗的大幅下降。从数据可知，地表水体质量、服务业产值占GDP比例、农村
改水率、工业固体废物综合利用率、城市生活垃圾无害化率与上年相比出现退
步。

二　分析与展望

2011年湖北省人均GDP达到34197元，折合5000美元。在全国排名第13
位，比2007年上升3位。按照经济学家的观点，跨越了5000美元的门槛，经
济将迎来又一个快速发展时期。这也意味着，湖北经济正处于工业化的中期加
快推进阶段。湖北经济发展进入快车道，经济基础日趋坚实。另外，2011年
湖北继续大力推进节能降耗工作，单位GDP能耗继续保持下降态势，可以间
接反映2011年度湖北各项节能措施取得了一定效果。但是，湖北的环境质量
和协调程度指标都居于全国中下游水平，必须警惕经济发展可能对生态环境造
成的负面影响。

为进一步落实节能减排任务，2011年湖北省第十一届人民代表大会常务

委员会第二十三次会议修订了《湖北省实施〈中华人民共和国节约能源法〉办法》；2011 年 4 月 18 日湖北省政府通过了《湖北省实施〈公共机构节能条例〉办法》。2011 年，湖北制定了《湖北省建设项目主要污染物排放总量控制管理暂行办法》和《湖北省"十二五"主要污染物减排预警暂行办法》。湖北省环境保护厅下发了《湖北省市州环保部门目标责任制管理考核办法》及 2011 年度市县环保部门考核细则、《关于进一步加强污染减排工作 确保完成年度目标任务的通知》，制定了《湖北省环境监测工作年度考核办法（试行）》。2011 年 12 月 30 日，湖北省人民政府发布了《关于对"十一五"主要污染物总量减排工作成绩突出的市级人民政府给予表扬的通报》，对"十一五"期间污染减排工作成绩突出的 9 个市政府予以通报表扬。今后，湖北应进一步完善健全符合生态文明要求的政策法规体系。建立健全市州县党政领导任期林业工作目标责任制、森林和湿地生态补偿机制、森林碳汇交易机制、森林资源损害赔偿制度、森林资源破坏责任追究制度等，形成强有力的制度保障体系。

湖北文化资源丰富、特色突出，发展潜力巨大。2009 年 11 月 28 日，湖北启动环"一江两山"（长江三峡、神农架、武当山）交通沿线生态景观示范工程。2011 年 8 月 31 日，为巩固环"一江两山"交通沿线生态文化景观工程建设成果，维护鄂西生态文化旅游圈整体形象，湖北省发布了《湖北省环"一江两山"交通沿线生态文化景观建设与维护管理办法》。2011 年 9 月 23 日，在第四届中国生态文化高峰论坛暨中国生态文明建设高层论坛上，湖北省因在生态文化建设中成绩卓著而受到表彰。其中，湖北省太子山国家森林公园被授予"国家生态文明教育基地"称号，另有两个村被授予"全国生态文化村"称号。至此，全省已有 4 个"全国生态文化村"。

2011 年湖北城镇化率为 51.83%，这是湖北城镇人口比例首次超过乡村人口。湖北由农业大省迈入城市化发展阶段，应当注重城镇发展空间布局，加强基础设施及配套设施建设，搞好城市垃圾无害化处理，把饮用水、空气质量作为重要的民生事业抓好。

2011 年湖北环境空气质量指标为 83.84%，比上年提高 6 个百分点。2011 年新增污染因子监测，率先在武汉开展了 PM 2.5、CO、O_3 等空气新污染因子的研究性监测。作为全国六个排污权交易试点省份之一，2011年组织两次排污权交易活动，全省共有33家企业参加交易，同时对《湖北省主要污染物排污权交易试行办法》进行了修订，将氮氧化物和氨氮纳入了全省排污权交易试点范畴。2011年，梁子湖、洪湖纳入国家湖泊生态环境保护试点，梁子湖纳入中美清洁水行动合作框架。湖北将致力于把梁子湖打造成为湖泊休养生息和生态文明建设试验区，成为国际国内湖泊保护的典范。下一步湖北应加快生态环境保护试点项目建设，大力加强生物多样性和湿地保护。

第二十四章
湖南

一 湖南 2011 年生态文明建设状况

2011 年，湖南生态文明指数（ECI）为 73.85 分，全国排名第 20 位。具体二级指标得分及排名情况见表 24－1。去除"社会发展"二级指标后，湖南绿色生态文明指数（GECI）为 60.10 分，全国排名第 21 位。

表 24－1 2011 年湖南生态文明建设二级指标情况汇总

二级指标	得 分	排 名	等 级
生态活力（满分为 39.6 分）	23.35	17	3
环境质量（满分为 26.4 分）	14.67	14	2
社会发展（满分为 26.4 分）	13.75	20	3
协调程度（满分为 39.6 分）	22.08	19	3

湖南 2011 年生态文明建设的基本特点是，环境质量居于全国中上游水平，生态活力、社会发展和协调程度居于全国中下游水平。在生态文明建设的类型上，湖南属于相对均衡型（见图 24－1）。

2011 年湖南生态文明建设三级指标数据见表 24－2。

具体来看，在生态活力方面，森林覆盖率在全国排名靠前，居于第 8 位，湿地面积占国土面积比重居第 13 位。建成区绿化覆盖率、自然保护区的有效保护这两项指标居全国中下游水平。

在环境质量方面，地表水体质量达到 94%，居全国第 4 位；环境空气质量和水土流失率处于全国中等水平；农药施用强度居全国第 26 位，属于农药施用强度较大的省份之一。

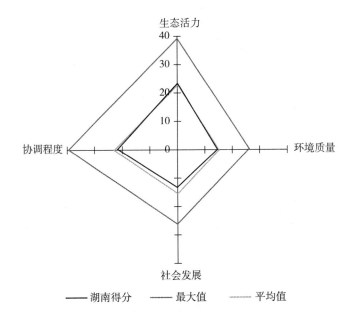

图 24 - 1 2011 年湖南生态文明建设评价雷达图

表 24 - 2 湖南 2011 年生态文明建设评价结果

一级指标	二级指标	三级指标	指标数据	排名
生态文明指数（ECI）	生态活力	森林覆盖率	44.76%	8
		建成区绿化覆盖率	36.84%	21
		自然保护区的有效保护	5.90%	20
		湿地面积占国土面积比重	5.79%	13
	环境质量	地表水体质量	94.00%	4
		环境空气质量	93.42%	11
		水土流失率	19.12%	14
		农药施用强度	31.78 吨/千公顷	26
	社会发展	人均 GDP	29880 元	20
		服务业产值占 GDP 比例	38.30%	14
		城镇化率	45.10%	22
		人均预期寿命	74.70 岁	20
		人均教育经费投入	988.97 元	30
		农村改水率	65.94%	21
	协调程度	工业固体废物综合利用率	67.25%	13
		单位 GDP 化学需氧量排放量	6.64 千克/万元	24
		单位 GDP 氨氮排放量	0.84 千克/万元	28
		城市生活垃圾无害化率	86.35%	16
		环境污染治理投资占 GDP 比重	0.65%	29
		单位 GDP 能耗	0.89 吨标准煤/万元	14
		单位 GDP 水耗	69.55 立方米/万元	18
		单位 GDP 二氧化硫排放量	3.49 千克/万元	12

在社会发展方面，服务业产值占 GDP 比例居于全国中等水平。人均 GDP、城镇化率、人均预期寿命、农村改水率居于全国中下游水平。人均教育经费投入排名全国第 30 位，居于下游水平。

在协调程度方面，工业固体废物综合利用率、城市生活垃圾无害化率、单位 GDP 能耗、单位 GDP 水耗、单位 GDP 二氧化硫排放量这五项指标均居全国中游水平。单位 GDP 化学需氧量排放量、单位 GDP 氨氮排放量、环境污染治理投资占 GDP 比重这三项指标居全国下游水平。

从年度进步情况来看，湖南 2010～2011 年度的总进步指数为 7.12%，全国排名第 11 位。具体到四项二级指标，进步指数显示全部为正增长。生态活力进步指数为 0.19%，居全国第 19 位。与上年比较，建成区绿化覆盖率、自然保护区的有效保护有小幅提高。环境质量进步指数为 6.99%，居全国第 3位，主要得益于地表水体质量的进步。社会发展进步指数为 8.41%，居全国第 24 位，主要得益于人均 GDP 的大幅提升，城镇化率、人均预期寿命、人均教育经费投入、农村改水率也有小幅上升。协调程度进步指数为 13.28%，居全国第 12 位，主要原因在于单位 GDP 二氧化硫排放量、单位 GDP 能耗和单位 GDP 水耗的大幅下降以及城市生活垃圾无害化率的上升。

二 分析与展望

2011 年湖南人均 GDP 较上年有大幅提升，同时单位 GDP 化学需氧量排放量、单位 GDP 氨氮排放量、单位 GDP 二氧化硫排放量 2010 年都有所下降。2011 年，湖南先后下发了 3 批重点企业强制性清洁生产审核名单，对 272 家不达标企业下达了强制性清洁生产审核通知，并要求 25 家已完成清洁生产审核的企业及时开展验收。通过清洁生产审核，各企业清洁生产意识得到普遍提高，取得了良好的"节能、降耗、减排、增效"成效。下一步湖南要大力发展绿色生产，着力构建有利于资源节约和环境保护的国土空间开发格局和产业结构，大力发展两型产业、循环经济和清洁生产，严格资源承载力和环境容量两大边界限制，严把项目环境入口关，抓好产业转型升级、战略性新兴产业培育发展和落后产能淘汰。

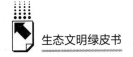

2011 年，湖南正式启动并全面开展排污权交易试点工作，相继出台《湖南省主要污染物排污权有偿使用和交易管理办法》等规章文件，长、株、潭三市正式成立排污权交易机构。排污权抵押贷款、社会资金参与排污权交易、排污权指标短期租赁和调剂机制等试点研究项目稳步推进。截至 2011 年底，已有 1139 家企业申购初始排污权，缴纳有偿使用费 1798 万元；已开展排污权交易 14 起，交易总金额 2370 余万元。积极引导保险公司有序竞争，探索环境污染责任险新机制，年内参加环境责任保险企业 566 家，比 2010 年增加近一倍，落实责任险赔付 21 起。通过在湖南开展主要污染物排污权有偿使用和交易试点，及出台相应的管理办法，不仅有助于改善湖南现行资源和环境使用制度，改变湖南资源和环境廉价或无偿使用的现状，同时也是转变经济增长方式，推动建立节约能源资源型和环境友好型社会新财税制度的有效实现方式。加强生态文明建设，制度设计很重要，今后湖南应进一步重视考核奖惩、责任追究和损害赔偿等制度的建设；尽快出台价格政策、税费政策、金融政策、生态补偿政策等，形成生态文明建设的浓厚氛围和强大合力。

湖南通过一系列举措大力弘扬绿色文化。一是开展节庆活动。比如，张家界一年一度的国际森林保护节，洞庭湖一年一度的国际观鸟节等，都在中国乃至世界造成很大的影响。二是通过演出的形式把保护森林、热爱自然的故事搬上舞台，来向社会宣示保护森林的重要性。三是开展网上宣传。湖南环保网、湖南林业电子政务网、湖南林业信息网都大力宣传生态文明建设，宣传环保、林业方面的知识，推出各种生态建设、低碳生活的栏目。四是积极倡导绿色消费。在全社会倡导节俭、文明、适度、合理的消费理念，鼓励企业逐步形成科学合理的企业消费结构，支持企业开发绿色产品，形成绿色消费热点，引导公众践行低碳生活方式，改善城乡消费环境。

2011 年，湖南城镇化率达到 45.1%，已进入城镇化加速发展阶段。2011年湖南人均教育经费投入由上年的 883.65 元/人上升到 988.97 元/人，相比其他省份，湖南教育经费投入虽然较上年有所增加，但全国排名有所下降，值得进一步加以重视。此外，湖南应继续开展城乡绿化美化行动，打造绿不断线、景不断链的城乡生态宜居环境。加强城乡环境综合治理，突出城乡联动，促进城镇环保设施向农村延伸、城乡绿色产业联动发展、城乡环境同治。突出绿色惠民，把绿色理念贯穿到经济社会生活的每个环节。

2011 年湖南全省水环境质量总体上保持稳定，局部水域水质有所改善，地表水体质量有所上升。2011 年，全省城市环境空气质量总体保持良好，14 个城市的环境空气质量均达到国家二级标准，与上年持平。2011 年，湖南城市生活垃圾无害化率由上年的 78.99% 提高到 86.35%，表明 2009 年出台的《湖南省城镇生活垃圾无害化处理设施建设方案》成效显著。湖南省委省政府高度重视重金属污染治理工作，成立了"湖南省重金属污染和湘江流域水污染综合防治委员会"，并于 2011 年 8 月全面启动了湘江流域重金属污染治理工程。下一步，湖南要突出绿色重点，抓好重点流域、区域、行业的污染防治和生态建设。控制和减少主要污染物排放，确保水环境和水生态安全，突出湘江流域综合治理。大力实施重大生态保护工程，开发一批城市生态环境整治项目，巩固退耕还林成果，进一步加强森林资源管护，进一步深化改革、完善机制，加强对生态脆弱地区的保护和修复，提升湖南整体生态承载力。

Gr . 25

第二十五章

广东

一 广东2011年生态文明建设状况

2011年，广东生态文明指数（ECI）为87.29分，排名全国第3位，去除"社会发展"二级指标后，绿色生态文明指数（GECI）为66.66分，排在全国第6位。各项二级指标得分及排名情况见表25-1。

表25-1 2011年广东生态文明建设二级指标情况汇总

二级指标	得 分	排 名	等 级
生态活力（满分为39.6分）	27.92	4	1
环境质量（满分为26.4分）	13.93	16	3
社会发展（满分为26.4分）	20.63	6	1
协调程度（满分为39.6分）	24.81	9	2

广东生态文明建设继续保持了均衡发展型的特点（见图25-1）。生态活力和社会发展仍处于全国第1等级，生态活力的排名还上升了2个名次。环境质量仍处于第3等级，也上升了1个名次。不过，协调程度排名后退的幅度较大，从第2位退到第9位。

在生态活力方面，森林覆盖率和湿地面积占国土面积比重的数值未发生变化，继续保持在全国上游水平。建成区绿化覆盖率和自然保护区的有效保护都出现一些下降，排名分别后退2个和1个位次，表明目前经济社会发展与生态建设之间仍有一定矛盾。

在环境质量方面，全省地表水体质量和环境空气质量都有一定程度的改善，水土流失率大体稳定，这三项指标继续保持在全国较好水平。但全省农药

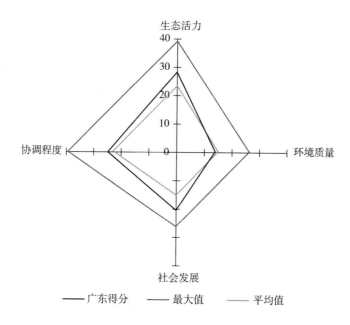

图 25 – 1　2011 年广东生态文明建设评价雷达图

施用强度上升了 3 吨/千公顷有余，进入了全国强度最大的三省行列，对今后环境的深远影响不可低估。

在社会发展方面，多数三级指标向好的方面发展，在全国保持相对领先的地位。人均预期寿命延长了 3 年多，全国排名也上升了 2 位，是社会发展中的亮点。人均教育经费投入虽也有所增长，但后退了 2 个名次。

协调程度方面值得注意的三级指标更多一些，环境污染治理投资占 GDP 比重在上年全国首位的高水平上大幅下降，排在全国倒数第二位。工业固体废物综合利用率下降了近 4 个百分点，城市生活垃圾无害化率维持在原有水平，但在兄弟省市普遍提高的情况下排名后退了 4 位。单位 GDP 能耗、单位 GDP 水耗和单位 GDP 二氧化硫排放量都处于全国较低水平。

若干三级指标绝对数值出现下降，导致不少二级指标和总指标的进步指数出现负值。受建成区绿化覆盖率和自然保护区的有效保护下降的影响，生态活力出现 1.05% 的退步；农药施用强度增大的负效应强于水体、空气质量改善带来的正效应，环境空气质量出现 1.50% 的退步；工业固体废物综合利用率、城市生活垃圾无害化率和环境污染治理投资占 GDP 比重多个指标下降，使协

表 25－2 广东 2011 年生态文明建设评价结果

一级指标	二级指标	三级指标	指标数据	排名
生态文明指数（ECI）	生态活力	森林覆盖率	49.44%	6
		建成区绿化覆盖率	41.1%	8
		自然保护区的有效保护	6.73%	18
		湿地面积占国土面积比重	7.86%	9
	环境质量	地表水体质量	72.1%	13
		环境空气质量	98.63%	4
		水土流失率	8.0762%	6
		农药施用强度	40.3013 吨/千公顷	29
	社会发展	人均 GDP	50807 元	7
		服务业产值占 GDP 比例	45.3%	7
		城镇化率	66.5%	4
		人均预期寿命	76.49 岁	6
		人均教育经费投入	1468.001 元	12
		农村改水率	84.33%	10
	协调程度	工业固体废物综合利用率	86.8461%	6
		单位 GDP 化学需氧量排放量	3.5416 千克/万元	6
		单位 GDP 氨氮排放量	0.4339 千克/万元	8
		城市生活垃圾无害化率	72.12%	24
		环境污染治理投资占 GDP 比重	0.62%	30
		单位 GDP 能耗	0.563 吨标准煤/万元	2
		单位 GDP 水耗	33.4522 立方米/万元	5
		单位 GDP 二氧化硫排放量	1.5931 千克/万元	5

调程度的退幅达 3.43%。当然，全省经济社会多项事业正在前进，社会发展进步指数为 6.87%，但也仅排在全国第 28 位。综合起来，全省 ECI 出现了 0.27% 的退步，是全国唯一未能实现进步的省份。

二 分析与展望

从广东 2011 年生态文明建设的现状来看，一方面，整体建设水平继续领先于全国大多数省市，生态文明指数仅次于京、津二市，彰显了南粤大地的生机与活力；另一方面，三级指标中的 7 项出现数值绝对下降或排名后退，3 项未发生任何变化。以下三个因素促成了上述带有矛盾性的局面：一是广东早已成为全国第一经济大省，经济社会发展的边际效应递减；二是当地环境意识普及早，生态建设和环境保护已达到较高水平，按传统方式进一步提升的空间有限；三是在 2010 年及之前数年备战亚运会期间环境治理投入力度很大，2011年资金投入有所回落。

早在 1956 年，广东就建立了全国第一个自然保护区。改革开放后，广东更在多个领域开全国风气之先，引导改革开放潮流。目前在生态文明建设中的困局是一个经济社会建设和生态文明建设双重领先的省份在前进中遭遇的难题。对此，只有以国民经济又快又好发展为龙头，注意发展的集约性、内涵性，带动全面开展各项事业，在更高水平上促进生态文明和经济社会协同发展。

广东经济社会的持续发展早已引起广泛关注。2008 年，国家发展和改革委员会制定了《珠江三角洲地区改革发展规划纲要（2008～2020 年)》，明确提出打造世界先进制造业和现代服务业基地的战略定位，重点发展金融、会展、物流等服务业和现代装备、汽车、钢铁、石化、船舶等资金技术密集型制造业①。2011 年，全省现代服务业已占服务业增加值的 56.3%，先进制造业占制造业增加值的 53.4%。值得注意的是，在珠三角地区实现产业升级的同时，粤西、粤东、粤北各地的产业转移园建设方兴未艾。从全省来看，第二、第三产业处于同步发展之中，服务业产值占 GDP 的比例仅比上年提升 0.3 个百分点。对此，既要促进产业结构继续优化，也要正视全省快速工业化的现实和加强节能减排、减污治污工作的需求，确保单位 GDP 能耗、单位 GDP 水耗和单位 GDP 二氧化硫排放量持续减少，高度重视固体废弃物综合利用工作。

与区域协调发展相配合，广东需向全省推广珠三角地区的已有经验，尽快解决粤西、粤东、粤北等地的环境治理难题，在提高森林覆盖率、改善地表水体质量等方面拓展全省生态文明指数的提升空间。发展现代农业，不断提高种植、养殖的生态水平，避免农药施用量继续升高，逐步减少规模化畜禽养殖给

① 国家发展和改革委员会：《珠江三角洲地区改革发展规划纲要（2008～2020 年)》，2008 年 12月。

环境造成的破坏。以林业大改革推进林业大发展，探索生态公益林分区分类补偿机制，争取早日实现省"十二五"林业发展规划关于森林覆盖率达到58%的目标①。粤西、粤东等地有较大的工业生产能力，各自发展以临港重化工、能源石化和资源型产业为特色的产业体系，练江、枫江、小东江流域水质污染和贵屿电子废物污染问题长期较为突出，将来还有大量石化、钢铁、制浆等项目转移至此，给当地生态环境带来更大压力。为此，必须在产业转移的同时做到产业集聚化、产业园生态化，加快水环境治理工程的建设步伐，攻克区域难题。

广东生态文明指数长期居全国前列，有关行政部门为此付出很大努力。2011年，省环保厅制定《环境行政处罚自由裁量权裁量标准（试行）》，对环保领域各项违法违规行为的处罚作出详细规定，公布《省级生态建设示范区申报和管理办法》，鼓励县、乡、村积极创建生态建设示范区。今后的经济社会发展与生态文明环境之间仍存在较大张力，必须进一步在生态环境分区、分类管理基础上开展大量的规划、实施和管理工作，健全污染排放项目前置审核工作和规划环评体系。针对大量产能从珠三角向粤西、粤东、粤北地区转移的现实，必须尽快改变这些地区监管、执法力量薄弱的现状，提升全省范围环境监测标准化和监督执法、应急反应水平，实现城市间、部门间环境信息有效共享，扩大区域合作范围。此外，还应保持必要的公共财政投入，使环境污染治理投资占GDP比重长期维持在较高水平上，保障各项建设、管理活动的顺利开展。

广东的文化建设和社会发展也长期在全国保持领先地位。2011年9月，省人大常委会公布《广东省公共文化服务促进条例》，规范引导公共文化设施和公益性文化产品、文化活动、相关文化服务的发展。在绿色文化普及方面，全省初步建构了省、市、县三级的环保宣教网络，"十一五"期间已有各类环境宣教机构103个，宣教人员258名。今后，环保宣教的重要任务是从传统都市向新兴工业化地区延伸，扩大受众范围，及时跟上工业化、城市化在粤西、粤东、粤北扩展的步伐。

---

① 广东省林业局：《广东省林业发展"十二五"规划》，2010年12月。

　　广东社会建设成效明显，多项民生指标位于全国上游。各种社会组织得到充分发展，数量居全国前列，它们积极参与生态、环境事业。省环境保护志愿者指导委员会成立于2009年，先后参与万亩红树林人工种植、海洋濒危生物物种保护、东江水源水质保护等多项大型公益活动。2011年8月，该委员会举行第二次全体委员会议，通过了《广东省环保志愿者管理制度（修改稿）》，决定除继续发挥高校环保志愿者主力军作用外，引导志愿服务组织向企事业单位、社区、农村延伸。

　　总的来看，广东要实现经济社会持续平稳发展和各项民生事业进步，在相当长时期内必须依靠制造业和服务业双轮驱动，全省出现工业固体废弃物由多到少的库兹涅茨拐点还有待时日。对此，绝不能放松环境治理的力度，必须保持足够的重视和资金投入，既着力提升重点工业基地从事清洁生产的能力，也广泛关注各地产业转移园，严防出现新的污染源。同时，完善法规体制和区域协作机制，提高全省监管和治理的能力，充分发挥本省文化建设长期领先和社会力量基础较好的优势，为全国的经济社会发展和生态文明建设开拓道路。

Ｇ.26
第二十六章
广西

一 广西 2011 年生态文明建设状况

2011 年，广西生态文明指数（ECI）为 77.52 分，排名全国第 16 位。去除"社会发展"二级指标后，绿色生态文明指数（GECI）为 64.05 分，排名全国第 10 位。各项二级指标得分及排名情况见表 26 – 1。

表 26 – 1 2011 年广西生态文明建设二级指标情况汇总

二级指标	得 分	排 名	等 级
生态活力（满分为 39.6 分）	24.88	10	2
环境质量（满分为 26.4 分）	16.87	4	2
社会发展（满分为 26.4 分）	13.48	22	3
协调程度（满分为 39.6 分）	22.30	17	3

广西 2011 年生态文明建设保持相对均衡型的特点（见图 26 – 1）。生态活力和环境质量较好，保持在第二等级。社会发展水平相对较低，仍处于全国第三等级。协调程度从第二等级降至第三等级。

在生态活力方面，建成区绿化覆盖率提高 2 个多百分点，在全国的排名前进了 2 个位次，其他三个三级指标的数值和排名都没有发生明显变化。

在环境质量方面，全自治区地表水体质量出现明显改善，全国排名上升了 2 位。环境空气质量也有所改善，保持全国第 6 位的排名。但农药施用强度略有上升，全国排名也后退了 1 位。

在社会发展方面，人均 GDP 比上一年度有较大增长，但仍居于全国下游水平。服务业产值占 GDP 比例及其在全国的排名均出现下降，目前经济增长

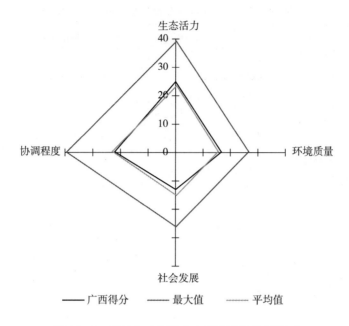

图 26 – 1 2011 年广西生态文明建设评价雷达图

仍倚重于第二产业的发展，今后促进城镇化和城乡协调发展的任务都较重。可喜的是，人均预期寿命和人均教育经费投入都有所增长，全国排名分别前进 4 个和 7 个名次，体现了民生工作的成绩。

在协调程度方面，城市生活垃圾无害化率上升了 4 个多百分点，全国排名也从原来的第 9 位升至第 5 位。但环境污染治理投资占 GDP 比重有所降低，快速工业化带来了较重的固体废物处理任务，工业固体废物综合利用率全国排名也后退了 4 位。同时，全自治区的节能减排工作取得若干成效，单位 GDP 能耗、单位 GDP 水耗和单位 GDP 二氧化硫排放量都出现大幅下降，尤其是单位 GDP 二氧化硫排放量全国排名上升了 7 个名次。

与本自治区上一年度相比较，广西 4 项二级指标都有所进步。在建成区绿化覆盖率提升的带动下，生态活力出现 1.10% 的进步。全区水体质量和空气质量都得到较大改善，共同抵消了农药施用量上升带来的不利后果，环境质量实现了 4.48% 的进步。城镇化率和农村改水率的全国排名虽然有所后退，但绝对数值仍在上升，它们与另外 3 项正向变动的三级指标共同发挥作用，社会发

表 26 - 2 广西 2011 年生态文明建设评价结果

一级指标	二级指标	三级指标	指标数据	排名
生态文明指数（ECI）	生态活力	森林覆盖率	52.71%	4
		建成区绿化覆盖率	37.35%	20
		自然保护区的有效保护	5.98%	19
		湿地面积占国土面积比重	2.76%	24
	环境质量	地表水体质量	74.7%	12
		环境空气质量	96.16%	6
		水土流失率	4.3863%	5
		农药施用强度	15.7033 吨/千公顷	18
	社会发展	人均 GDP	25326 元	27
		服务业产值占 GDP 比例	34.1%	25
		城镇化率	41.8%	26
		人均预期寿命	75.11 岁	14
		人均教育经费投入	1071.891 元	23
		农村改水率	54.54%	29
	协调程度	工业固体废物综合利用率	57.7112%	19
		单位 GDP 化学需氧量排放量	6.768 千克/万元	25
		单位 GDP 氨氮排放量	0.7159 千克/万元	24
		城市生活垃圾无害化率	95.49%	5
		环境污染治理投资占 GDP 比重	1.38%	13
		单位 GDP 能耗	0.8 吨标准煤/万元	11
		单位 GDP 水耗	113.8141 立方米/万元	26
		单位 GDP 二氧化硫排放量	4.4451 千克/万元	17

展的进步幅度达 11.71%。协调程度所属各三级指标前进或后退的幅度都很大，工业固体废物综合利用率和环境污染治理投资占 GDP 比重都有较大下滑，但它们的消极影响被单位 GDP 能耗、单位 GDP 水耗和单位 GDP 二氧化硫排放量的迅速下降抵消，协调程度进步指数达到 18.86%。总的来看，尽管一些三级指标的数值有所下降，但全自治区生态文明总进步指数高达 9.23%，居全国第 5 位。

二　分析与建议

观察广西 2011 年生态文明建设现状，有三个方面值得注意。一是生态文明建设综合指数只处于全国中游水平，要注意社会发展因素的阻碍作用。二是近年的进步幅度较大，经济发展对各项事业的带动明显，有从相对均衡型向更高水平发展的迹象。三是若干三级指标的迅速进步往往伴随着同类其他三级指标的较大退步。在当前全国经济梯度开发的过程中，广西需要抓住时代机遇，尽快实现产业振兴和民生水平的提高，也要高度重视自然环境约束条件，防止协调程度和环境质量方面指标的明显后退，保持发展后劲。

广西地处沿海、沿边、沿江地带，又是少数民族聚居区，经济社会进步对全国区域平衡发展具有重要意义。2009 年，《国务院关于进一步促进广西经济社会发展的若干意见》要求，培养沿海经济发展新的增长极，打造区域性现代商贸物流基地、先进制造业基地、特色农业基地、信息交流中心①。在今后的区域振兴和城镇化过程中，要保持第一、第二、第三产业齐头并进，实现生态文明与三次产业的交叉融合，达到绿色立省的要求。全自治区地处亚热带，具备发展热带高效农业的优越条件，发展现代农业对农民增收、城乡协调发展有不可替代的作用。2011 年 11 月，自治区人民政府办公厅在《关于加快我区热带作物产业发展的实施意见》中明确提出热带作物面积达 4400 万亩，甘蔗、热带水果产量达到 9000 万吨、200 万吨的目标②。

2011 年，全自治区工业总产值达 1.5 万亿元以上，增长 34%，规模以上工业总产值 1.3 万亿元，增长 40%。对此，广西在经济管理体制改革中重视环保要求，稳步推进水价和环保收费改革，完善工程水价管理体制和价格调节机制，适时推进工业和生活用水水资源费超定额累进加价制度。同时，在重点领域展开专项治理活动。8 月，自治区人民政府通过《大气污染联防联控改善区域空气质量实施方案》，要求升级改造电力行业强化脱硫设施，全面启动火电厂的降氮脱硝工程。同月，还通过《关于加快推进煤矿机械化改造的决定》，规定用以奖代补、贴息贷款、差异化资源配给等方式支持煤矿机械化改造，从根本上改变煤矿规模小、工艺落后等问题。

---

① 国务院：《关于进一步促进广西经济社会发展的若干意见》，2009 年 12 月。
② 广西壮族自治区人民政府办公厅：《关于加快我区热带作物产业发展的实施意见》，2011 年 11 月。

本年度，广西服务业产值占 GDP 比例从上一年的 35.4% 下降为 34.1%。今后，可以有效利用自身的区位优势，在商贸、物流、信息等行业不断拓展空间，与第一、第二产业的发展相呼应。同时重视第三产业与先进文化的融合发展，突出绿色广西、民族风情特色，加快培育发展广西北部湾经济文化圈、桂西桂北民族特色文化产业圈和西江流域文化产业带。2010 年底，自治区《关于加快文化产业发展的实施意见》强调了文化产业发展的意义，要求在休闲养生业中重点开发温泉康体养生、森林氧吧康复和民族医药等休闲养生服务项目，抓好巴马、东兴等长寿生态休闲养生项目建设。

自治区人民政府在生态文明建设中不断开展机制创新。一方面，加强对各种自然资源的管理力度。2011 年 2 月，政府办公厅在《进一步加强规划环境影响评价工作的通知》中要求，各级各部门积极做好规划环境影响评价工作，从源头预防环境污染和生态破坏。另一方面，加强对政府自身行为的管理，向高效政府、绿色行政迈进，2011 年 7 月通过《公共机构节能管理办法》，要求政府有关部门做好节能工作，减少纸张、电、水等办公用品的消耗，规定县级以上人民政府负责本级公共机构监督管理工作，并负责指导、协调、监督下级公共机构的节能工作。

广西今后在快速工业化过程中防治污染的任务较重。为了给全区人民提供合格的生态环境"公共产品"，既需要长期保持公共财政的资金投入，避免出现下降，也要积极引导企业、银行和各种社会资金进入该领域，形成政府负责、社会协同、公众参与的治理格局。2007 年，自治区环保厅与中国人民银行南宁中心支行建立信用信息共享机制，将企业环保信息采集输入企业征信系统，完善了企业征信数据库。4 年来，广西环保部门共向广西银监局、中国人民银行南宁中心支行通报全区企业环境信息 3000 余条。截至 2011 年 6 月，各银行业金融机构对节能环保领域贷款余额为 2654.32 亿元，同比增长 23.59%，主要支持城市污水及垃圾处理、再生资源、新能源、新材料企业节能技术改造等节能减排项目。

总的来看，广西目前正处于区域快速崛起、城镇化大发展的阶段，农业和轻、重工业都面临着难得的发展机遇，生态建设和各项社会事业的发展前景广阔。经过全自治区的共同努力和有效治理，节能减排、防污治污工作取得明显成效，环境质量不断好转，生态文明进步指数居全国前列。但第一、第二产业的未来发展还将带来繁重的环境治理任务，对此绝不能掉以轻心。着眼于未来的生态文明和社会全面进步，一方面要结合文化建设工作适度发展旅游等第三产业，避免产业结构过度倚重第二产业；另一方面，要保持公共财政对环境污染治理的稳定投入，有效引导社会资金和建设力量进入该领域。

Ꮐ.27
第二十七章
海南

一 海南 2011 年生态文明建设状况

2011 年，海南生态文明指数（ECI）为 84.64 分，排名全国第 5 位。具体二级指标得分及排名情况见表 27-1。去除"社会发展"二级指标后，海南绿色生态文明指数（GECI）为 67.04 分，全国排名第 4 位。

表 27-1 2011 年海南生态文明建设二级指标情况汇总

二级指标	得 分	排 名	等 级
生态活力(满分为 39.6 分)	27.92	4	1
环境质量(满分为 26.4 分)	16.13	6	2
社会发展(满分为 26.4 分)	17.60	10	2
协调程度(满分为 39.6 分)	22.99	14	2

海南 2011 年生态文明建设的基本特点是，生态活力居全国领先水平，环境质量、社会发展、协调程度也都居于全国中上游水平。在生态文明建设的类型上，海南属于均衡发展型（见图 27-1）。

2011 年海南生态文明建设三级指标数据见表 27-2。

具体来看，在生态活力方面，湿地面积占国土面积比重（位居第六位）、建成区绿化覆盖率（位居第五位）、森林覆盖率（位居第五位）均排名前列，居于全国上游水平。自然保护区的有效保护居于中游水平。

在环境质量方面，地表水体质量（位居第一位）、环境空气质量（位居第一位）、水土流失率（位居第二位）均处于领先地位，居于全国最高水平。但农药施用强度过大，处于全国下游水平（位于全国第 31 位）。

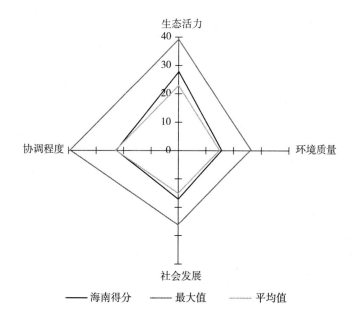

图 27 - 1　2011 年海南生态文明建设评价雷达图

表 27 - 2　海南 2011 年生态文明建设评价结果

一级指标	二级指标	三级指标	指标数据	排名
生态文明指数（ECI）	生态活力	森林覆盖率	51.98%	5
		建成区绿化覆盖率	41.81%	5
		自然保护区的有效保护	6.97%	17
		湿地面积占国土面积比重	9.13%	6
	环境质量	地表水体质量	100%	1
		环境空气质量	100%	1
		水土流失率	1.25%	2
		农药施用强度	64.40 吨/千公顷	31
	社会发展	人均 GDP	28898.00 元	22
		服务业产值占 GDP 比例	45.5%	6
		城镇化率	50.5%	15
		人均预期寿命	76.3 岁	9
		人均教育经费投入	1637.98 元	10
		农村改水率	75%	16
	协调程度	工业固体废物综合利用率	47.79%	27
		单位 GDP 化学需氧量排放量	7.92 千克/万元	28
		单位 GDP 氨氮排放量	0.90 千克/万元	31
		城市生活垃圾无害化率	91.35%	9
		环境污染治理投资占 GDP 比重	1.11%	24
		单位 GDP 能耗	0.692 吨标准煤/万元	8
		单位 GDP 水耗	81.26 立方米/万元	20
		单位 GDP 二氧化硫排放量	1.29 千克/万元	4

在社会发展方面,服务业产值占 GDP 比例、人均预期寿命、人均教育经费投入居于全国上游水平,城镇化率、农村改水率居于全国中游水平。人均 GDP 不高,处于全国中下游水平。

在协调程度方面,单位 GDP 能耗、单位 GDP 二氧化硫排放量、城市生活垃圾无害化率居于全国上游水平。单位 GDP 水耗、环境污染治理投资占 GDP 比重、工业固体废物综合利用率、单位 GDP 化学需氧量排放量、单位 GDP 氨氮排放量等多项指标都较弱,居全国下游水平。

从年度进步情况来看,海南 2010 ~ 2011 年度的总进步指数为 3.98% ,全国排名第 21 位。具体到二级指标,生态活力进步指数为 - 0.47% ,居全国第 27 位。环境质量进步指数为 - 0.25% ,居全国第 19 位;社会发展进步指数为 9.97% ,居全国第 14 位;协调程度进步指数为 7.26% ,居全国第 22 位。从数据可知,海南 2010 ~ 2011 年度的总进步主要得益于社会发展和协调程度二级指标的进步,而生态活力和环境质量的负增长则在一定程度上阻碍了总体进步。

进一步看,海南 2010 ~ 2011 年度社会发展和协调程度方面出现了较大的进步,这主要得益于人均 GDP、人均教育经费投入、城市生活垃圾无害化率、单位 GDP 能耗、单位 GDP 水耗等多个三级指标较高的进步率。而环境质量方面的退步则源于农药施用强度的持续增加。部分变化较大的三级指标见表 27 - 3。

表 27 - 3　海南 2010 ~ 2011 年部分指标变动情况

	2010 年	2011 年	进步率(%)
人均 GDP(元)	23831	28898	21.3
人均教育经费投入(元)	1360.39	1637.98	20.4
城市生活垃圾无害化率(%)	67.97	91.35	34.4
单位 GDP 能耗(吨标准煤/万元)	0.81	0.692	17.1
单位 GDP 水耗(立方米/万元)	98.86	81.26	21.7
建成区绿化覆盖率(%)	42.63	41.81	- 1.9
农药施用强度(吨/千公顷)	62.54	64.4	- 2.9

二　分析与展望

近年来，海南经济发展比较迅速，经济结构也逐步优化。三次产业结构中服务业比重不断提高。一方面，油气化工等传统工业不断壮大，此外，新能源等战略性新兴产业快速崛起，海洋渔业、滨海旅游、海洋运输等海洋支柱产业初步形成。但另一方面，海南人均 GDP 不高，服务业比重离国际旅游岛地位还有差距。经济发展与生态环境尚有一定冲突，单位 GDP 的有害气体、固体排放还较高，单位 GDP 水资源消耗也较大，说明经济发展对资源的消耗、对环境的污染仍是一个严峻问题。今后，应进一步促进经济建设与生态环境的协调发展，大力发展循环经济，控制单位 GDP 固体和气体废物排放量，提高工业固体废物利用率，控制单位 GDP 水耗。

海南不断加强政府自身建设，行政审批的"三集中"改革模式获得了"中国地方政府创新奖"和"中国法治政府奖"。今后，海南应进一步探索生态环境保护的公众参与方式，将生态文明建设绩效纳入各级党委、政府及领导干部的政绩考核体系，完善生态文明建设的法律法规等制度保障，把生态文明理念有效融入政治建设当中。

海南近年来大力开展文化建设，着力兴建乡镇综合文化站、农家书屋等，提高了本地居民的文化生活水平。此外，海南借助其旅游优势，通过举办各种旅游文化活动宣传、树立海南生态文化的良好形象。今后，海南应进一步把生态文化建设提到新高度，重视对生态文明理念的传播，通过各种文化活动和文化设施，让人们感受生态环境对人的重大意义，让人与自然和谐发展的生态意识深入人心。

海南近年来始终致力于改善民生，人民生活水平得到了较大提高，主要表现为就业规模、城乡居民收入、基本社会保障制度等方面有了较大的提高和改善。但是，海南的人均 GDP 在全国尚处于中下游水平，城镇化率不高，与经济特区的定位还有差距。省内各省市间发展差距还较大，中部部分地区还比较贫困，农村饮用水等生活条件还有待改善，这些都需要今后加以重视和解决。

海南的生态环境质量处于全国领先水平，大气、水体和近海海域环境质量

优良。海南大力开展海防林建设，通过"绿化宝岛"行动，不断提高森林覆盖率和城市绿化覆盖率，积极创建省级文明生态乡镇、文明生态村，生态环境总体优良。但由于各种原因，海南农药施用强度一直维持在高位，单位 GDP 氨氮排放量、单位 GDP 化学需氧量排放量、工业固体废物综合利用率等指标均排在全国下游，这给生态环境造成了一定的负面影响，给生态文明的全面发展提出了挑战，需要今后进一步加以重视和改善。

Ⓖ.28

第二十八章

重庆

一 重庆 2011 年生态文明建设状况

2011 年，重庆生态文明指数（ECI）为 82.66 分，排名全国第 9 位。去除"社会发展"二级指标后，重庆绿色生态文明指数（GECI）为 67.53 分，全国排名第 3 位。具体二级指标得分及排名见表 28 - 1。

表 28 - 1　2011 年重庆生态文明建设二级指标情况汇总

二级指标	得　分	排　名	等　级
生态活力（满分为 39.6 分）	24.37	11	2
环境质量（满分为 26.4 分）	15.40	11	2
社会发展（满分为 26.4 分）	15.13	14	3
协调程度（满分为 39.6 分）	27.77	3	1

2011 年，重庆生态文明建设属于均衡发展型（见图 28 - 1），协调程度仍居全国上游水平，且排名上升 2 位；生态活力、环境质量居全国中上游水平，但环境质量退步幅度较大，排名下降 7 位；社会发展依然相对较弱。

整体来看，重庆 2011 年生态文明建设二级指标有升有降，具体可以在三级指标的变动中找出原因，而个别三级指标的剧烈变动也应引起足够重视，详情见表 28 - 2。

生态活力方面，各项三级指标变化不大，森林覆盖率和湿地面积占国土面积比重的指标数据与排名均未发生变化；建成区绿化覆盖率为 40.18%，排名下降 1 位；自然保护区的有效保护排名虽然下降 1 位，但绝对指标数据上升 0.4 个百分点。

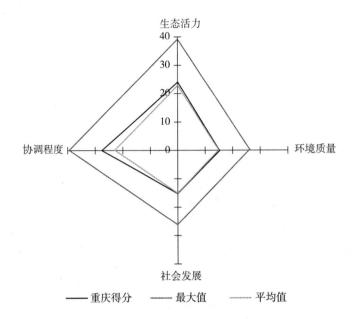

图 28 - 1　2011 年重庆生态文明建设评价雷达图

表 28 - 2　重庆 2011 年生态文明建设评价结果

一级指标	二级指标	三级指标	指标数据	排名
生态文明指数 （ECI）	生态活力	森林覆盖率	34.85%	13
		建成区绿化覆盖率	40.18%	9
		自然保护区的有效保护	10.32%	11
		湿地面积占国土面积比重	0.52%	30
	环境质量	地表水体质量	68.3%	14
		环境空气质量	88.77%	16
		水土流失率	55.7381%	25
		农药施用强度	9.0897 吨/千公顷	13
	社会发展	人均 GDP	34500 元	12
		服务业产值占 GDP 比例	36.2%	18
		城镇化率	55.02%	11
		人均预期寿命	75.7 岁	13
		人均教育经费投入	1410.39 元	15
		农村改水率	90.34%	7
	协调程度	工业固体废物综合利用率	77.4299%	9
		单位 GDP 化学需氧量排放量	4.163 千克/万元	8
		单位 GDP 氨氮排放量	0.5499 千克/万元	15
		城市生活垃圾无害化率	99.55%	2
		环境污染治理投资占 GDP 比重	2.59%	4
		单位 GDP 能耗	0.953 吨标准煤/万元	18
		单位 GDP 水耗	41.1532 立方米/万元	8
		单位 GDP 二氧化硫排放量	5.8623 千克/万元	22

环境质量方面，重庆地表水体质量下降趋势明显，由之前的100%降至68.3%，排名也由第1位降至第14位。环境空气质量有所进步，排名由上年的第21位升至第16位。其余两项并无变化，农药施用强度处于全国中上游水平，水土流失率处于全国下游水平。

社会发展方面，除服务业产值占GDP比例指标数据不变、维持中游水平外，各项三级指标数据均处于上升状态，且均居全国中上游水平；相应地，除城镇化率、农村改水率排名不变外，人均GDP、服务业产值占GDP比例、人均预期寿命、人均教育经费投入排名均有所上升。

协调程度方面，重庆稳中有进。虽然环境污染治理投资占GDP比重名次下滑一位至第4名，但指标数据仍处于上升状态，城市生活垃圾无害化率继续提升，达到99.55%，高居全国第2位。其他三级指标，如单位GDP化学需氧量排放量、单位GDP氨氮排放量、单位GDP能耗、单位GDP水耗、单位GDP二氧化硫排放量等指标数据都保持进步趋势，排名也比较稳定。值得注意的是，尽管排名上升两位，且在全国居于中上游水平，但重庆的工业固体废物综合利用率指标数据却比上年下降4.25个百分点。

从年度进步情况来看，重庆2010～2011年度生态文明进步指数为5.74%，全国排名第15位。其中，生态活力进步指数为1.10%，居全国第7位；环境质量进步指数为－9.00%，居全国第29位；社会发展进步指数为12.13%，居全国第6位；协调程度进步指数为15.94%，居全国第10位。

具体到各项二级指数：在各项三级指标变化不大的情况下，同全国各省状态一致，2011年，重庆的生态活力进步指数略有增长；重庆的环境质量仍在退化，尽管空气质量有所提升，但重庆的地表水体质量下降明显，排名由第1位降至第14位，直接导致环境质量二级指标排名下滑且降级；2011年，重庆的社会发展继续维持良好势头，进步明显，其中，人均GDP增加6904元，城镇化率提升3.63个百分点，人均预期寿命增加3.97岁，这与重庆相关的政策措施不无关系，如随着人均GDP的提高，重庆不断加大教育经费投入；2011年，重庆继续保持对环境污染治理的投资力度，协调程度继续稳步增长，除工业固体废物综合利用率较上年下降外，其余各项数据都呈现增长态势。

整体来看，重庆2010～2011年度的进步主要受益于社会发展和协调程度

二级指标的进步，而环境质量起了消极作用。具体到三级指标，重庆需要着重注意防范地表水体质量的恶化。

二 分析与展望

统观重庆2011年生态文明现状，欣喜与隐忧并存。一方面，重庆的生态文明指数近年来保持稳定态势，进步指数居中，进步趋势明显，特别是在社会发展和协调程度方面，重庆有着显著的进步。但与此同时，重庆的环境质量却出现了较大的退步，尤其体现在地表水体质量的严重下降上，地表水体质量的恶化直接导致重庆环境质量二级指标排名下滑。未来，重庆生态文明建设应结合自身环境优势，在重视社会发展的同时，加大改善生态环境的力度，保证生态、环境、经济的协调发展。

第一，保证自身的环境优势，优化能源消费结构。重庆的进步有目共睹，如空气质量不断提高，但同时，重庆也面临着严峻的挑战。以2011年为例，重庆的地表水体质量出现了严重的退步，全国排名也由第1位降至第14位，直接导致了重庆环境质量二级指标的下跌。《重点流域水污染防治规划（2011~2015年）重庆市实施方案》等政策的出台有望对重庆地表水体质量的恢复提供支持。与此同时，降低农药施用强度，实现传统自然农业向现代生态农业的转变，建立健全相应的预警、控制、监管体系，对于重庆而言依然任重而道远。同时，重庆以煤为主的能源消费结构很难在短时间内得到解决，而煤炭高硫、污染重的特征势必给环境带来巨大压力，因此在加强脱硫设备等环境基础设施建设的同时，大力开发清洁能源，科学开发水电也不失为一种替代性选择。在这个指导思想之下，重庆2011年继续实施第六批环境污染安全隐患重点企业搬迁，淘汰了一批落后产能，关闭了一批高能耗、高排放企业，取得了一定成果，如单位生产总值能耗下降3.8%，主要污染物排放量进一步降低。能源消费结构的优化将有助于重庆朝着均衡发展类型转变。

第二，优化产业结构，调整经济发展模式。近年来，重庆经济规模不断扩大，2011年重庆市生产总值接近1万亿元。经济规模的扩大能够为重庆各项社会事业的发展提供有力的物质基础，但要实现五位一体的和谐发展，转变经济发展方式、优化产业结构势在必行，如积极扶持第三产业的发展。重庆政府已然意识到这一点，并且将其落实到具体行动中，如试图利用西南重地和直辖市的优势，把重庆打造成长江上游地区的金融中心。客观上，产业结构调整在降低能耗、减小社会发展对环境的压力等方面确实起着重要作用，但实现途径依然有待实践验证，而近两年重庆服务业产值占 GDP 比例不升反降的趋势也引人思考，寻找并解决问题也是重庆未来面临的一个难题。同时，科技进步对于转型发展支撑不足，社会研发投入明显不足的现状也需要改进。

第三，保障和改善民生，统筹城乡发展。近年来，重庆在经济发展良好的情况下，注重民生的改善和保障，以农民工为主体的户籍制度改革、大规模建设保障房等举措有效保障了居民的就业、住房、养老等权益，社会事业全面发展。与 2010 年相比，重庆市政府用于"三农"的资金增长 40%，达到 584 亿元，同时加大对区县的各项补助力度，这对于缩小当地城乡差距、区县脱贫摘帽起着积极有效的作用。2011 年，重庆在社会发展、改善民生方面继续保持良好态势，人均 GDP、城镇化率、人均教育经费投入、农村改水率等均居全国中上游水平。

第四，加大宣传力度，维持"森林重庆""宜居重庆"建设成效。生态文化建设是生态文明建设的重要组成部分。近年来，重庆以建设"国家森林城市""生态园林城市"和"环保模范城市"为契机，在提高森林覆盖率和建成区绿化覆盖率、增加自然保护区占辖区面积比重和湿地面积的同时，借助政策辅助，营造了浓厚的生态文化建设氛围，增强全民的节约意识和环保意识，相信在打造生态城的过程中，随着人们生态意识的增强，全市生态系统的运行将会更加健康。

第五，加快服务型政府建设，促进生态文明建设制度化。政府在政策导向、公共资源费分配上起着重要作用，在强化自身建设、提高行政效能的同时，重庆政府也在努力建设美丽重庆，努力推动生态文明建设步入制度化、规范化轨道。在实际操作中，重庆正在全面落实效能评估和环境评价制度，强化能耗管理；推进排污权、碳排放权交易，落实好差别电价、征收排污费和鼓励节能环保消费等政策，健全生态环境保护责任追究和环境损害赔偿制度。相信在政府的引导推动下，重庆的生态文明建设会越来越好。

Gr.29
第二十九章
四川

一 四川 2011 年生态文明建设状况

2011 年，四川生态文明指数（ECI）为 81.04 分，排名全国第 13 位。去除"社会发展"二级指标后，四川绿色生态文明指数（GECI）为 68.11 分，全国排名第 2 位。具体二级指标得分及排名见表 29 - 1。

表 29 - 1 2011 年四川生态文明建设二级指标情况汇总

二级指标	得 分	排 名	等 级
生态活力（满分为 39.6 分）	29.45	2	1
环境质量（满分为 26.4 分）	16.13	6	2
社会发展（满分为 26.4 分）	12.93	25	3
协调程度（满分为 39.6 分）	22.53	15	2

2011 年，四川生态文明建设类型属于生态优势型（见图 29 - 1）。生态活力稳居全国上游水平；环境质量下降明显，排名由第 3 位降至第 6 位，等级也由第一等级降为第二等级；相比之下，协调程度排名上升明显，由第 22 位升至第 15 位，居全国中上游水平；社会发展相对较弱，在全国处于中下游水平。

整体来看，四川 2011 年生态文明建设二级指标变化明显，个别三级指标的显著变动也应引起重视（见表 29 - 2）。

生态活力方面，四川各项三级指标变化不大，自然保护区的有效保护有所上升，达 18.58%，排名依然靠前，居第 3 位；森林覆盖率和湿地面积占国土面积比重的指标数据与排名均未发生变化；尽管建成区绿化覆盖率排名下降 3 位，但指标数据较 2010 年有所提升。

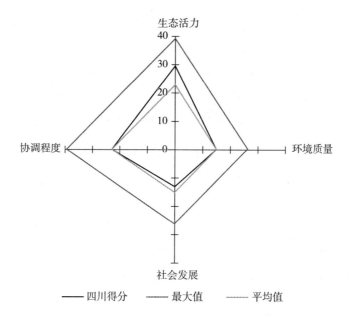

图 29 - 1　2011 年四川生态文明建设评价雷达图

表 29 - 2　四川 2011 年生态文明建设评价结果

一级指标	二级指标	三级指标	指标数据	排名
生态文明指数（ECI）	生态活力	森林覆盖率	34.31%	14
		建成区绿化覆盖率	38.21%	18
		自然保护区的有效保护	18.58%	3
		湿地面积占国土面积比重	1.98%	25
	环境质量	地表水体质量	82.3%	8
		环境空气质量	88.22%	17
		水土流失率	30.5564%	19
		农药施用强度	10.4096 吨/千公顷	14
	社会发展	人均 GDP	26133 元	25
		服务业产值占 GDP 比例	33.4%	28
		城镇化率	41.83%	25
		人均预期寿命	74.75 岁	19
		人均教育经费投入	1112.72 元	21
		农村改水率	56.22%	27
	协调程度	工业固体废物综合利用率	47.4995%	28
		单位 GDP 化学需氧量排放量	6.1934 千克/万元	19
		单位 GDP 氨氮排放量	0.6835 千克/万元	21
		城市生活垃圾无害化率	88.43%	13
		环境污染治理投资占 GDP 比重	0.67%	28
		单位 GDP 能耗	0.997 吨标准煤/万元	19
		单位 GDP 水耗	53.979 立方米/万元	13
		单位 GDP 二氧化硫排放量	4.2898 千克/万元	16

环境质量方面,四川环境空气质量、水土流失率、农药施用强度并未发生显著变化,均居全国中上游水平;但四川地表水体质量下降明显,排名也由上年的第5位降至第8位,是四川环境质量二级指标排名下滑且降级的直接原因。

社会发展方面,四川各项三级指标多处于全国中下游水平,排名最前的是人均预期寿命,仅列第19位;整体而言,除服务业产值占GDP比例指标数据有所下降外,各项三级指标数据均处于上升状态,但鉴于同期其他省份也处于进步之中,四川的进步并未明显反映在排名的变化上。

协调程度方面,工业固体废物综合利用率指标数据下降明显,排名降至第28位,处于全国下游水平;城市生活垃圾无害化率排名下降1位,仍居全国中上游水平;其余各项三级指标多稳中有进,无论从指标数据还是排名上都呈现进步态势,尤其是单位GDP能耗、单位GDP水耗、单位GDP二氧化硫排放量等改良趋势明显,均居全国中上游水平。

从年度进步情况来看,四川2010~2011年度生态文明进步指数为7.41%,全国排名第9位。其中,生态活力进步指数为0.41%,居全国第14位;环境质量进步指数为-0.56%,居全国第20位;社会发展进步指数为9.65%,居全国第18位;协调程度进步指数为18.23%,居全国第6位。

在各项三级指标变化不大的情况下,2011年四川省的生态活力进步指数有微量增长;相比之下,四川省的环境质量仍在退化,地表水体质量下降明显,是环境质量二级指标排名下滑且降级的直接原因;2011年,四川的社会发展维持良好势头,其中,人均GDP、城镇化率、人均预期寿命都有所增长;2011年,四川的协调程度呈现快速发展态势,进步指数居全国第6位,具体体现在单位GDP能耗、单位GDP水耗、单位GDP二氧化硫排放量等各项三级指标的进步上。

整体来看,四川2010~2011年度的进步主要受益于社会发展和协调程度二级指标的进步,尤其是协调程度的进步程度最大,而环境质量则呈现退步态势,具体到三级指标,四川需要查找地表水体质量退步的原因。

二 分析与展望

四川生态优势明显,近年来四川生态文明建设类型一直属于生态优势型。

生态文明进步指数也保持较高的数值，进步趋势明显。与此同时，四川的社会发展指标却长期停留在一个较低水平，地表水体质量的下降直接导致四川环境质量二级指标排名下滑。四川生态文明建设应继续发挥生态优势，加大环境改善力度，在加快社会发展的同时，处理好与环境质量的关系。

第一，发挥生态优势，维持生态活力，注意维护环境质量；继续推进节能减排。四川应着重增加自然保护区和湿地面积，搞好生态脆弱和敏感地区生态修复，为改善环境质量和协调程度打下坚实基础。2011年的数据显示，四川的环境质量由第一等级降为第二等级，原因之一就是四川地表水体质量出现明显下降，类似岷江、沱江流域跨界断面水质超标等问题，需要引起注意并采取相应的防范、改良措施。同时，四川应继续大力推进节能减排。2011年，四川严格执行国家产业政策，制定了相应的目标，坚决遏制高耗能行业过快增长，确保了万元GDP能耗下降3.5%。在抓好工业节能减排的同时，四川加快淘汰落后过剩产能，深入推进建筑、交通运输、商贸、公共机构等重点领域节能；同时，污水处理厂、垃圾焚烧和处理场等配套设施的建设也在加强。2011年，四川单位GDP能耗、单位GDP水耗、单位GDP二氧化硫排放量都有明显改良趋势，但环境污染治理投资仍显不足，在工业固体废物综合利用率等方面同其他省份仍有差距，有待努力。

第二，走新型工业化发展道路。作为西部欠发达省份，四川社会发展程度相对较低，且省内区域间发展不均衡，影响了四川的全面发展。当下，四川应借助西部大开发战略，大力发展特色优势产业，深化实施资源转化战略，加快建立机械、交通、汽车环保等优势产业，走新型工业化、城镇化发展之路，大力发展服务业，推动经济社会跨越式发展和社会事业全面进步。正是在这样的需求推动下，四川省政府推出了《四川省工业"7+3"产业发展规划（2008～2020年）》和《四川省工业八大产业调整和振兴行动计划（2009～2011年）》[①]，在提出发展目标和重点的同时，明确了相应的配套政策和协调机制，取得了良好效果。近年来，四川正逐渐克服交通基础设施薄弱、生态环

---

① 四川省2009年出台的两个互补性文件，各有侧重，旨在建设工业强省；前者重在指导，后者更具计划性和操作性。

境较脆弱等制约因素，经济持续增长，人均 GDP 保持上涨趋势。但与此同时，四川近年来环境质量与社会发展的进步指数呈负相关的现象也应引起注意，在推进工业化、城镇化过程中，要加大环境污染治理投资的力度，促进经济社会与生态环境协调可持续发展。

第三，抓好民生工程，推进社会发展。2011 年，四川人均 GDP、城镇化率、人均教育经费投入等都维持上涨趋势。比如，2011 年，四川民生保障方面的财政支出 2974 亿元，占总支出的 63.6%，其中，以"十项民生工程"、藏区"三大民生工程"、保障性住房建设为代表的举措为四川不同地区，尤其是基层居民的住房、医疗条件、教育问题的改善起到了积极的推动作用。但相比全国其他省份，四川的发展速度并不明显，加之原有基础薄弱，四川的社会发展各项指标在全国多处于中下游水平，未来发展任重而道远。

第四，广泛开展生态文化宣传教育，积极打造生态文化载体，加强生态文化资源的保护与开发，将生态文化建设融入社会发展中。比如，在推动城乡发展一体化过程中，四川试图将生态文明理念和原则融入城镇化过程，走集约、智能、绿色、低碳的新型城镇化道路，强化生态理念。

第五，加强政府自身建设。围绕当下存在的问题，四川政府正努力建立相应的生态文明保障制度，健全国土空间开发、资源节约、生态环境保护的体制机制，通过加快生态文明示范区建设等举措，发挥自己在政策导向、公共资源配置上的作用。在具体行动上，如何在节能减排、企业技术升级的同时，促进资源节约，促进经济与环境、人与自然协调发展，是四川政府着重解决的问题。相信在政府推动下，在经济发展的同时，四川的生态文明建设会越来越好。

一 贵州2011年生态文明建设状况

2011 年，贵州生态文明指数（ECI）为 69.18 分，排名全国第 26 位。去除"社会发展"二级指标，绿色生态文明指数（GECI）为 55.15 分，全国排名第 28 位。各项二级指标情况见表 30－1。

表 30－1　　2011 年贵州生态文明建设二级指标情况汇总

二级指标	得 分	排 名	等 级
生态活力（满分为 39.6 分）	20.31	26	4
环境质量（满分为 26.4 分）	16.87	4	2
社会发展（满分为 26.4 分）	14.03	19	3
协调程度（满分为 39.6 分）	17.98	27	4

贵州 2011 年生态文明建设的特点是，环境质量处于全国上游，生态活力、社会发展、协调程度虽有进步，但仍处于全国下游水平，生态活力、协调程度得分均低于全国平均水平。环境质量由 2010 年的第一等级下降为 2011 年的第二等级，社会发展和协调程度有所进步，在生态文明建设类型上，贵州由环境优势型转变为低度均衡型（见图 30－1）。

2010～2011 年贵州生态文明水平继续保持了上升的态势，总进步指数达到 10.89%，在全国排在第二位。二级指标中，社会发展及协调程度进步幅度较大，对生态文明建设贡献较大（见表 30－2）。

在生态活力方面，2011 年贵州建成区绿化覆盖率提高了 3 个百分点，自然保护区增加到 130 个，有效保护程度得到提高，生态活力进步指数排名继续领先。

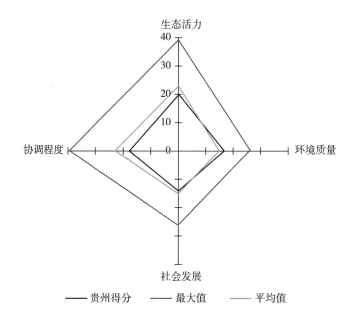

图 30 – 1　2011 年贵州生态文明建设评价雷达图

表 30 – 2　2010～2011 年贵州生态文明建设二级指标进步指数

	生态活力	环境质量	社会发展	协调程度
进步指数(%)	1.52	– 1.98	15.38	25.85
全国排名	4	23	1	2

在环境质量方面，2011 年贵州全省地表水体质量得到改善，14 个出境断面水质总体良好，得分提高。但农药施用强度再度增加，环境质量进步指数呈负增长的情况没有得到根本扭转。

在社会发展方面，虽然贵州经济总量在全国处于下游，但社会发展进步明显，进步指数全国排名第一，保持了加速提高的态势。除农村改水率略有下降外，其他三级指标均有不同程度的进步。其中，人均 GDP 进步率为 25.11%，服务业产值占 GDP 比例进步率为 3.17%，人均教育经费投入进步率达25.11%。

2010～2011 年，贵州协调程度持续提高。主要因素有两个：其一，污染物排放大幅降低，单位 GDP 能耗、单位 GDP 水耗、单位 GDP 二氧化硫排放量等污染物排放量分别降低了 31.23%、34.15% 和 29.08%，成效显著；其二，治理环境的投入大幅增长。2011 年，贵州环境污染治理投资占 GDP 比重进步率呈正增长，为 75.38%，成为协调程度进步的关键因素。值得注意的是，城市生活垃圾无害化率有所下降。

各项三级指标的数据见表 30 – 3。

表 30 – 3 贵州 2011 年生态文明建设评价结果

一级指标	二级指标	三级指标	指标数据	排名
生态文明指数（ECI）	生态活力	森林覆盖率	31.61%	16
		建成区绿化覆盖率	32.31%	28
		自然保护区的有效保护	5.41%	22
		湿地面积占国土面积比重	0.45%	31
	环境质量	地表水体质量	60.7 分	15
		环境空气质量	95.62%	7
		水土流失率	41.3914%	24
		农药施用强度	3.2259 吨/千公顷	4
	社会发展	人均 GDP	16413.00 元	31
		服务业产值占 GDP 比例	48.8%	4
		城镇化率	34.96%	30
		人均预期寿命	71.1 岁	28
		人均教育经费投入	1054.789 元	25
		农村改水率	61.4%	23
	协调程度	工业固体废物综合利用率	52.7369%	23
		单位 GDP 化学需氧量排放量	6.0014 千克/万元	16
		单位 GDP 氨氮排放量	0.6981 千克/万元	22
		城市生活垃圾无害化率	88.56%	12
		环境污染治理投资占 GDP 比重	1.14%	22
		单位 GDP 能耗	1.714 吨标准煤/万元	27
		单位 GDP 水耗	72.2574 立方米/万元	19
		单位 GDP 二氧化硫排放量	19.3674 千克/万元	30

二 分析与展望

生态文明建设离不开政策导向。2010 年，贵州在"十二五"规划中"确定了以生态文明理念引领的新型工业化战略，完成了从保护理性到发展理性的跨越"①。在政策引导下，贵州不仅经济社会发展进步显著，协调程度进步也明显加速。此外，生态文明建设同样需要法律法规的保驾护航。2010 年 3 月，贵阳市在全国率先实施全国第一部促进生态文明建设的地方性法规——《贵阳市促进生态文明建设条例》，实行生态环境和规划建设监督员制度，提高执法效率；实行区域限批制度，增加政府信息的透明度，引进不符生态保护项目将被追责；强化激励和约束机制，运用法律手段促进重点行业、重点企业节能减排，防范重大生态环境事件发生。今后，随着投资增长、工业化步伐加快，贵州应制定和完善与生态文明相适应的经济和社会规范、环保标准和配套制度，坚持最严格的环境保护制度，防止过度依赖投资，合理调动公共资源，激发所有社会主体的积极性，有效引导、规范、维护、激励全省进行生态文明建设的行为。

贵州生态文明建设的劣势在于经济基础薄弱，经济总量较小，改善、反哺生态环境的能力较弱。但可喜的是，在生态文明理念引领的新型工业化战略指导下，贵州"经济社会发展呈现出发展提速、转型加快、效益较好、民生改善、后劲增强的良好态势"②。2011 年，贵州固定资产投资 5100 亿元，增长 60%，贵州人均 GDP 增加了 3294 元，第三产业增加值 2610 亿元，增长 15%。贵州人民政府分别与中国工程院以及中国农业科学院签署科技合作协议，将在"十二五"期间加快提升贵州的科技创新能力，实现贵州在科技创新和经济发展上的双赢。经济的快速发展，也给贵州的生态环境改进带来了压力。未来，贵州应坚决制止高污染、高能耗的产业，通过加快培育战略性新兴产业、资源深加工基地，发展电子信息产业、优质轻工业、装备制造业、节能环保产业促进新型工业化发展。以发展旅游大省为契机带动第三产业发展，实现绿色发展。

贵州在经济总量增长的基础上，加大了社会建设的力度，城镇化率、人均预期寿命、人均教育经费投入均有较大进步，社会发展进步指数排在全国第一

---

① 徐静：《发展：贵州走向生态文明辉煌的核心》，《贵州日报》2011 年 7 月 19 日。
② 贵州省 2012 年政府工作报告。

位。2011年，贵州实施"十大民生工程"，人民生活得到较大改善，改造义务教育薄弱学校校舍，增加乡镇和街道办事处公办幼儿园，家庭经济困难学生得到资助；完善医疗卫生体系，新农合参合率稳定在96%以上；健全公共文化服务体系，实施广播电视"村村通"等文化惠民工程；扩大就业规模，合理安排农村劳动力转移；推进城镇化和扶贫开发工程建设，共享经济发展的成果。值得注意的是，2011年，贵州城镇化率提高，城市生活垃圾无害化率却下降。未来，贵州应进一步夯实生态文明建设的物质基础，根据贵州土地资源做好城乡一体化的合理规划，保证农业用地，发展特色农业、现代农业、节水农业、观光农业。合理配置资源，完善城市配套措施，发展"绿色城镇化"。

贵州拥有丰富的多民族文化、原生态文化，为生态文化发展提供了坚实的基础。联合国教科文组织盛赞从江县岜沙苗寨、雷公山国家级森林公园为"人类保存最完好的一块未受污染的生态文化净地"。黔灵山公园、龙架山国家森林公园被授予"国家生态文明教育基地"称号，积极开展生态文化主题宣传教育活动。今后，贵州在加大教育事业投入的同时，要结合贵州自身生态文化优势，把生态文明理念融入国民教育体系中，发挥国家生态文明教育基地的示范作用，提高大众的生态文明意识、公共参与和监督意识。"把文化和旅游产业发展成为支柱产业。依托贵州多民族文化资源，建设一批文化产业基地和区域特色文化产业群。"① 另一个重点是把生态旅游、休闲旅游作为文化产业新的增长点，推进旅游与文化深度融合，培育"水墨金州""凉都六盘水"等一批旅游休闲度假胜地。

贵州通过转变发展方式，降低了单位GDP能耗、单位GDP水耗等，提高了协调程度，传统经济发展过程中对环境质量的破坏正在改善。"贵州'十一五'期间加大林业重点工程的投资规模，落实林业建设资金123.12亿元，2011年全年营造林面积突破400万亩，启动天保二期，全面启动石漠化综合治理工程。"② 这些工程不断释放绿色能量，保持了贵州的生态活力；面对工业节能减排和环境污染治理两大压力，贵州努力发展循环经济，积极提倡和推

① 《关于进一步促进贵州经济社会又好又快发展的若干意见》，中央政府门户网站，2012年1月16日。
② 《谋篇布局，贵州林业演绎绿色精彩》，人民网，2011年12月16日。

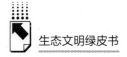

动绿色建筑，将通过建筑节能形成 150 万吨标准煤节煤能力，推动"绿色城镇化"。未来，贵州应加大省内生态综合治理区和生态环境保护区的投资力度，确保生态活力，为生态文明建设奠定基础；通过节能减排，保护地表水体质量，有效遏制水体质量下降；进一步落实"十二五"规划中确定的发展循环经济、促进生态环境建设的方针，加快工业、农业、废物综合利用以及"城市矿产"和餐厨废弃物资源化利用五大示范工程，提高资源环境承载能力，促进人与自然和谐。随着贵州经济社会的进一步发展、提速，在经济高速发展的基础上，实现生态环境与经济社会协调发展，是贵州生态文明建设的关键。

G.31

第三十一章

云南

一 云南 2011 年生态文明建设状况

2011 年，云南生态文明指数（ECI）为 72.91 分，排名全国第 22 位。去除"社会发展"二级指标，绿色生态文明指数（GECI）得分 61.09 分，全国排名第 18 位。各项二级指标得分情况见表 31 - 1。

表 31 - 1 2011 年云南省生态文明建设二级指标情况汇总

二级指标	得 分	排 名	等 级
生态活力（满分为 39.6 分）	24.37	11	2
环境质量（满分为 26.4 分）	17.60	3	1
社会发展（满分为 26.4 分）	11.83	29	4
协调程度（满分为 39.6 分）	19.12	25	3

云南生态文明建设的特点是，环境质量居全国第三，仅次于西藏和青海，生态活力处于全国中上游水平，社会发展、协调程度处于全国下游水平。在生态文明建设的类型上，云南属于环境优势型（见图 31 - 1）。

各项三级指标的数据见表 31 - 2。

2010 ~ 2011 年，云南生态文明水平保持了上升的态势，总进步指数为 3.81%，在全国排名第 22 位。二级指标中，环境质量与社会发展进步幅度较大，对生态文明建设贡献最大（见表 31 - 3）。

在生态活力方面，2011 年，云南继续实施"七彩云南保护行动"、生物多样性保护等生态工程、石漠化治理工程，提高了建成区绿化覆盖率和自然保护区的有效保护，建成区绿化覆盖率排名上升了 6 位，生态活力进步指数处于全国中上游。

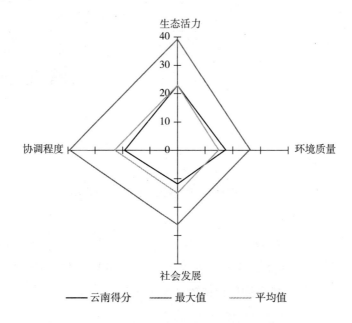

图 31 - 1　2011 年云南生态文明建设评价雷达图

表 31 - 2　云南省 2011 年生态文明建设评价结果

一级指标	二级指标	三级指标	指标数据	排名
生态文明指数（ECI）	生态活力	森林覆盖率	47.50%	7
		建成区绿化覆盖率	38.73%	12
		自然保护区的有效保护	7.77%	14
		湿地面积占国土面积比重	0.61%	29
	环境质量	地表水体质量	83.9 分	7
		环境空气质量	100.00%	1
		水土流失率	36.1459%	23
		农药施用强度	7.9309 吨/公顷	10
	社会发展	人均 GDP	19265.00 元	30
		服务业产值占 GDP 比例	41.6%	10
		城镇化率	36.8%	29
		人均预期寿命	69.54 岁	30
		人均教育经费投入	1159.6654 元	20
		农村改水率	66.12%	20
	协调程度	工业固体废物综合利用率	50.4621%	26
		单位 GDP 化学需氧量排放量	6.2375 千克/万元	21
		单位 GDP 氨氮排放量	0.667 千克/万元	19
		城市生活垃圾无害化率	74.13%	22
		环境污染治理投资占 GDP 比重	1.34%	15
		单位 GDP 能耗	1.162 吨标准煤/万元	22
		单位 GDP 水耗	95.8044 立方米/万元	22
		单位 GDP 二氧化硫排放量	7.7723 千克/万元	24

表 31 - 3　2010 ~ 2011 年云南生态文明建设二级指标进步指数

	生态活力	环境质量	社会发展	协调程度
进步指数(%)	0.47	4.97	12.50	0.58
全国排名	13	5	4	30

在环境质量方面，2010 ~ 2011 年，云南环境质量有所改善，进步指数为4.97%，扭转了 2003 ~ 2010 年整体退步的态势。环境空气质量继续保持全国第一，地表水体质量明显改善。但农药施用强度有所增强。

在社会发展方面，云南保持了社会发展水平增强的态势，进步幅度在全国排名第 4 位。各项三级指标均有不同程度的进步，人均 GDP 提高了 3513 元，进步率为 22.3%；服务业产值占 GDP 比例进步率为 4.0%，因其权重较大，为社会发展的进步贡献较大；人均教育经费投入增加，进步率为 20%。此外，城镇化率、人均预期寿命进步率分别为 8.2%、6.2%，农村改水率进步率为3.1%，排名上升两位。

在协调程度方面，单位 GDP 能耗、单位 GDP 水耗均有减少，特别是单位GDP 水耗进步率达到 23.15%；城市生活垃圾无害化率、环境污染治理投资占GDP 比重均出现下降，单位 GDP 二氧化硫排放量增加，三项指标排名均出现下降。协调程度仍表现为增幅缩小的态势。

二　分析与展望

云南是我国生态环境最好的省份之一，同时又是经济欠发达的边疆多民族省份，综合云南生态文明建设的特点和发展态势，进一步分析其优势与劣势，处理好发展与保护之间的关系，是云南需要面对和解决的问题。

云南明确确立环境优先、生态立省的发展战略，启动了"七彩云南保护行动"，并把其纳入云南各级人民政府负责人的综合考评体系中，生态环境的保护意识已经上升为执政理念。2009 年，云南制定了《七彩云南生态文明建设规划纲要（2009 ~ 2020 年）》（以下简称《规划纲要》），明确了生态文明建设的指导思想、建设目标、经济政策等具体行动计划。《云南省环境保护条例》则为加强生物多样性的保护提供了法律保证。在政策引导下，云南实施"区域协调发展总体战略，构筑区域经济优势互补、主体功能定位清晰、国土空间高效利用、人与自然和谐相处的区域协调发展格局"①，云南生态环境总体状况不断改善，经济社会发展进步显著。未来，政府应重点抓好《规划纲要》的落实，按照"十二五"规划进行顶层设计，有效引导、规范、维护、激励全省的生态文明建设行为，发挥主导作用，充分发挥法律的作用，用法律的手段规范生态文明建设各主体的行为，增加政府决策、工作的透明性。

云南地处西南地区，经济总量较小、基础薄弱，受到经济规模的制约，生态文明建设处于全国中下游。但可喜的是，云南坚持以科学发展为主题，以转变经济发展方式为主线，借助西部大开发、西南发展桥头堡建设的契机，加强以交通为重点的基础设施建设，开展中缅、中越、中老跨境经济合作，实施"央企"入滇、"强企"入滇。2011年，云南攻坚克难，全力以赴保增长，推进重点项目建设，扎实抓好20个重大建设项目，保持了重点领域投资较快增长；云南服务业产值占GDP比例达到41.6%；战略性新兴产业培育取得实质性进展，国家和省级高新技术特色产业基地达到17个。未来，云南应进一步保持经济增长，改造提升传统优势产业，优化能源结构，培育壮大战略性新兴产业，积极发展光电子、新材料、高端装备制造业，推动产业集聚发展，实现工业跨越发展，促进服务业提质增效，发展旅游商品制造业、现代物流业等，继续增加服务业占经济总量的比重。同时，加大环境污染治理投入，降低能耗，促进协调发展。

2011年，云南继续加大教育事业投入，开展中小学校舍安全工程建设，完善家庭经济困难学生资助政策体系，惠及400多万学生；兴边富民工程全面推进，促进了民族贫困地区发展；加快了城镇化建设的步伐，解决了120万农村人口进城落户、就业问题，城镇化水平提高到36.8%。未来，云南应创新城镇发展思路，在城镇化过程中，注意统筹解决城市用地与村庄、农地、林地、生物多样性保护之间的矛盾，处理好县域工业化与农业现代化之间的关系，促进土地资源节约集约利用；推进《云南省兴边富民工程"十二五"规

---

① 《云南省国民经济和社会发展第十二个五年规划纲要》，云南网，2011年7月6日。

划》中制定的产业培育工程、城镇建设工程、生态保护工程等项目。

云南各民族在适应与改造环境的过程中,孕育了边疆文化、民族优秀生态文化,形成朴素的生态观,为生态文明建设提供了精神力量。云南在发展与保护的双重压力下,决心以"文化的力量"保护云南这片生物多样性最富集的宝地。"玉龙雪山下,《滇西北生物多样性保护丽江宣言》发出这样的声音:用智慧和力量精心呵护,为当代和子孙后代保留一片永远的生态绿洲。"① 目前,云南形成了类别齐全、类型多样的自然保护区网络体系,为生态文化教育提供场所和资源。昆明海口林场和善洲林场成为国家生态文明教育基地,通过开展科普、教学、实验活动,起到了弘扬生态文化的示范作用。未来,云南要努力将生态文明教育纳入国民教育体系和继续教育体系,充分利用生物多样性的天然宝库和自然资源优势,吸引更多的民众参与到生态体验、生态教育中来。做好《云南森林生态旅游产业发展规划》,加大昆明、曲靖、玉溪、楚雄滇中四城旅游基础设施投入,在保护的基础上开发滇中丰富的森林资源,增加森林旅游收入;此外,应把乡村生态休闲旅游发展纳入国民经济和社会发展中,提高农业资源的利用效益。

云南在生物多样性、环境空气质量方面具有得天独厚的优势。2011 年,云南针对部分流域水体质量持续退化的现象,全省加大了九大高原湖泊水污染治理、城乡污染治理和环境保护的力度,加快环境基础设施建设,单位 GDP 能耗、单位 GDP 水耗明显下降,地表水体质量持续恶化的态势得到遏制。当前,云南生态环境建设仍面临挑战,经济增长方式仍未根本改变,环境治理投入不足,协调程度水平不高。未来,应继续加强重要生态功能区保护与建设,实施绿水青山计划,增加森林碳汇。随着经济总量的增长,加大环境治理的力度,以实施《滇池流域水污染防治"十二五"规划》为契机,根本改善滇池水环境,防止产业向富水区聚集后产生新的水污染,做好水资源的循环利用。通过产业升级、调整、科技创新以及万家企业节能低碳行动计划,推进节能减排。

① 张锐:《生态优先绿漫云南》,《云南日报》2012 年 1 月 8 日。

G.32

第三十二章

西藏

一 西藏 2011 年生态文明建设状况

2011 年，西藏生态文明指数（ECI）得分为 81.59 分，全国排名第 11 位。去除"社会发展"指标，绿色生态文明指数（GECI）得分为 66.89 分，全国排名第 5 位。2011 年西藏各项二级指标的得分、排名和等级情况见表 32-1。

表 32-1　2011 年西藏生态文明建设二级指标情况汇总

二级指标	得　分	排　名	等　级
生态活力(满分为 39.6 分)	21.32	22	3
环境质量(满分为 26.4 分)	21.27	1	1
社会发展(满分为 26.4 分)	14.70	15	3
协调程度(满分为 39.6 分)	24.30	10	2

西藏的环境质量居于全国上游水平，协调程度居于全国中游水平，生态活力、社会发展居于全国中下游水平，生态文明建设的类型属于环境优势型（见图 32-1）。

具体从各项三级指标来看（见表 32-2），在所有正指标中，西藏 2011 年排名前 10 位的有 6 个指标，分别是自然保护区的有效保护（第 1 位）、地表水体质量（第 2 位）、环境空气质量（第 3 位）、服务业产值占 GDP 比例（第 3 位）、人均教育经费投入（第 4 位）、环境污染治理投资占 GDP 比重（第 1 位）；在逆指标中，单位 GDP 水耗居高不下（第 29 位），但农药施用强度（第 2 位）和单位 GDP 二氧化硫排放量（第 2 位）依然保持了低水平。

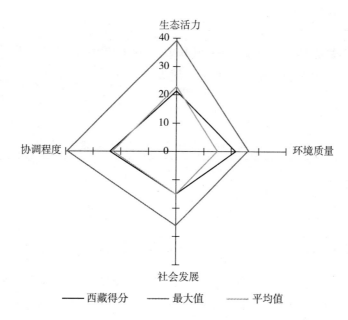

图 32 – 1　2011 年西藏生态文明建设评价雷达图

表 32 – 2　2011 年西藏生态文明建设评价结果

一级指标	二级指标	三级指标	指标数据	排名
生态文明指数（ECI）	生态活力	森林覆盖率	11.91%	24
		建成区绿化覆盖率	24.06%	31
		自然保护区的有效保护	33.91%	1
		湿地面积占国土面积比重	4.26%	17
	环境质量	地表水体质量	99.80%	2
		环境空气质量	99.73%	3
		水土流失率	9.37%	7
		农药施用强度	2.66 吨/千公顷	2
	社会发展	人均 GDP	20077 元	28
		服务业产值占 GDP 比例	53.2%	3
		城镇化率	22.71%	31
		人均预期寿命	68.17 岁	31
		人均教育经费投入	2202.34 元	4
		农村改水率	—	—
	协调程度	工业固体废物综合利用率	2.72%	31
		单位 GDP 化学需氧量排放量	4.43 千克/万元	11
		单位 GDP 氨氮排放量	0.54 千克/万元	14
		城市生活垃圾无害化率	—	—
		环境污染治理投资占 GDP 比重	4.66%	1
		单位 GDP 能耗	—	—
		单位 GDP 水耗	430.81 立方米/万元	29
		单位 GDP 二氧化硫排放量	0.69 千克/万元	2

西藏 2010～2011 年度生态文明的总进步指数为 399.49%，排名第 1 位，总进步指数排名比上一年度（第 30 位）上升了 29 位。四项二级指标中，环境质量、社会发展和协调程度进步指数为正增长，生态活力为负增长（见表 32-3）。

表 32-3　西藏 2009～2011 年度生态文明建设进步指数

	生态活力	环境质量	社会发展	协调程度
进步指数(%)	-0.91	2.80	5.55	1326.96
全国排名	29	11	29	1

西藏生态文明总进步指数呈直线式增长，主要是协调程度与上年相比有了一个爆炸式的增长，进步指数达到 1326.96%，这种异常增长的主导因素是环境污染治理投资占 GDP 比重由上年的 0.06% 增长到 4.66%，同时单位 GDP 水耗、单位 GDP 二氧化硫排放量也有一定程度的降低。生态活力的小幅退步，主要是建成区绿化覆盖率、自然保护区的有效保护有所下降，其中建成区绿化覆盖率近年来一直非常低，2011 年在全国排名倒数第一。

二　分析与展望

2011 年西藏生态文明建设总体水平进步明显，生态文明指数和绿色生态文明指数在全国的排名都有所上升，这主要得益于环境质量的改善和协调发展程度的提高。西藏地处高寒地带，植物年生长量较低，森林覆盖率一直不高，并且植被一旦破坏很难恢复。随着工业化城市化的快速发展，对环境的压力将会越来越大，这是西藏生态文明建设面临的严峻挑战，需要认真思考和面对。

第一，必须把保护生态环境作为发展的基础和前提。2009 年初，国务院审议并通过《西藏生态安全屏障保护与建设规划》，这一规划是综观全局、立足西藏实际的战略决策，也为西藏未来的发展指明了方向。这就是充分依托西藏生态和资源优势，大力发展能源产业，发展生态旅游、藏医药等特色产业，把资源优势转化为经济优势，实施生态立区战略、科学发展促进战略和环境安全保障战略，把西藏建成一个生态经济大区。建设服务型政府，强化生态环境保护的部门协作，树立政府各部门都是环境保护事业共同建设者的理念。

　　第二，西藏生态环境脆弱，一旦破坏，短期内难以恢复，甚至完全丧失生态功能。因此，经济社会建设要以生态环境保护作为开发建设的前提，尽量不破坏、少破坏或破坏后尽快恢复。具体对策有：一是要加强原生态林草地的保护，提高森林覆盖率；二是加强水土保护工程建设，进一步改善环境质量；三是发展生态经济和循环经济，促进经济社会可持续发展；四是转变经济增长方式，提高资源利用率，降低环境污染；五是发展农牧业特色产业和高原生物产业，充分利用高原独特的生态资源优势，坚持保护优先、适度开发、点状发展，因地制宜发展资源环境可承载的特色产业。

　　第三，生态文明建设首先是一个观念和意识问题，必须把保护生态环境和节约资源的行动或行为与提高人们的生态文明意识结合起来，真正使生态文明内化为人们的思想，外化为人们的行动。这要求广泛开展环境宣传教育，将环境保护列入素质教育之中，强化对青少年的环境基础教育，利用各种途径开展全民环保科普宣传，致力于提高全民保护环境的自觉性和主动性。同时要形成科技创新与科学决策机制，健全全区重大环境问题的监控、预警技术体系，加快环境保护体制机制创新。

　　第四，要把生态文明建设与和谐社会建设统一起来。人、社会与自然的和谐是和谐社会建设的应有之义。把社会管理与环境保护结合起来，既有利于化解环境事件冲突，也有利于发挥社会公众参与生态文明建设的积极性。这就要求公开环境质量等有关重要环境信息，凡是涉及公众环境权益的重大发展规划和建设项目，均须通过听证会等多种形式，广泛听取和接受公众意见，积极接受舆论监督，从而增强社会民众建设生态文明的主人翁意识，把生态文明建设变成全社会、全体人民的共同事业。

G.33

第三十三章

陕西

一 陕西 2011 年生态文明建设状况

2011 年，陕西生态文明指数（ECI）为 74.88 分，排名全国第 19 位。具体二级指标得分及排名情况见表 33 - 1。去除"社会发展"二级指标后，陕西绿色生态文明指数（GECI）为 61.41 分，全国排名第 16 位。

表 33 - 1 2011 年陕西生态文明建设二级指标情况汇总

二级指标	得 分	排 名	等 级
生态活力(满分为 39.6 分)	22.34	20	3
环境质量(满分为 26.4 分)	15.40	11	2
社会发展(满分为 26.4 分)	13.48	22	3
协调程度(满分为 39.6 分)	23.67	13	2

陕西 2011 年生态文明建设的基本特点是，环境质量和协调程度居于全国中上游水平，生态活力和社会发展居于全国中下游水平。在生态文明建设的类型上，陕西属于相对均衡型（见图 33 - 1）。

2011 年陕西生态文明建设三级指标数据见表 33 - 2。

具体来看，在生态活力方面，森林覆盖率、建成区绿化覆盖率居于全国中上游水平；自然保护区的有效保护、湿地面积占国土面积比重居于全国中下游水平。

在环境质量方面，农药施用强度低，居全国第 3 名；地表水体质量处于全国中游水平；环境空气质量、水土流失率两项指标居于全国下游水平。

在社会发展方面，人均 GDP、人均教育经费投入、城镇化率三项指标处于

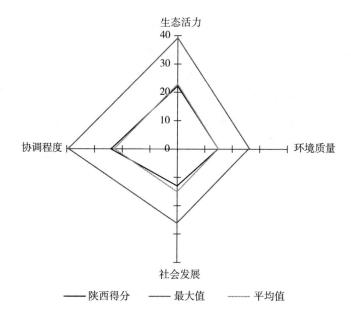

图 33 - 1 2011 年陕西生态文明建设评价雷达图

表 33 - 2 陕西 2011 年生态文明建设评价结果

一级指标	二级指标	三级指标	指标数据	排名
生态文明指数（ECI）	生态活力	森林覆盖率	37. 26%	11
		建成区绿化覆盖率	38. 68%	13
		自然保护区的有效保护	5. 7%	21
		湿地面积占国土面积比重	1. 42%	27
	环境质量	地表水体质量	60. 5%	16
		环境空气质量	83. 56%	27
		水土流失率	61. 44%	27
		农药施用强度	3. 06 吨/千公顷	3
	社会发展	人均 GDP	33464. 00 元	15
		服务业产值占 GDP 比例	34. 8%	23
		城镇化率	47. 3%	18
		人均预期寿命	74. 68 岁	21
		人均教育经费投入	1377. 06 元	16
		农村改水率	55. 05%	28
	协调程度	工业固体废物综合利用率	59. 90%	16
		单位 GDP 化学需氧量排放量	4. 46 千克/万元	12
		单位 GDP 氨氮排放量	0. 51 千克/万元	11
		城市生活垃圾无害化率	90. 27%	10
		环境污染治理投资占 GDP 比重	1. 23%	18
		单位 GDP 能耗	0. 85 吨标准煤/万元	12
		单位 GDP 水耗	41. 16 立方米/万元	9
		单位 GDP 二氧化硫排放量	7. 33 千克/万元	23

全国中游水平；人均预期寿命、服务业产值占 GDP 比例和农村改水率三项指标处于全国下游水平。

在协调程度方面，单位 GDP 水耗、城市生活垃圾无害化率、单位 GDP 氨氮排放量、单位 GDP 能耗、单位 GDP 化学需氧量排放量五项指标居全国中上游水平；工业固体废物综合利用率、环境污染治理投资占 GDP 比重处于全国中游水平；单位 GDP 二氧化硫排放量处于中下游水平。

从年度进步情况来看，陕西 2010 ~ 2011 年度的总进步指数为 4.63%，全国排名第 17 位。具体到二级指标，生态活力进步指数为 0.48%，居全国第 12位。环境质量进步指数为 3.45%，居全国第 9 位；社会发展进步指数为9.61%，居全国第 19 位；协调程度进步指数为 6.24%，居全国第 24 位。从数据可知，陕西 2010 ~ 2011 年度的总进步主要得益于环境质量、社会发展以及协调程度二级指标的进步。

进一步看，陕西 2010 ~ 2011 年度环境质量进步指数居全国前列，这主要得益于地表水体质量的大幅度改善。社会发展方面也出现了较大的进步，这主要得益于人均教育经费投入、人均 GDP、城镇化率、人均预期寿命多个指标都出现了明显的进步。而协调程度的提高则主要源于城市生活垃圾无害化率的提高以及单位 GDP 能耗的下降等因素。

二 分析与展望

陕西坚持调整结构与扩大投资并举，努力保持经济的持续增长。在大力发展经济的同时，努力降低资源消耗水平，效果显著。单位 GDP 能耗由 2010 年的 1.129 吨标准煤/万元下降到 2011 年的 0.85 吨标准煤/万元；单位 GDP 水耗由 2010 年的 48.17 立方米/万元降低到 2011 年的 41.16 立方米/万元。广泛应用工业减排新设施、新工艺，新上电厂同步建起脱硫脱硝设备，单位 GDP二氧化硫排放量由 2010 年的 7.7 千克/万元下降到 2011 年的 7.33 千克/万元，减排工作成为 8 个受到国务院表彰的省份之一。但陕西 2011 年服务业产值占GDP 比例与 2010 年相比由 36.40% 下降到了 34.8%，居于全国下游水平，有较大的提升空间。

陕西大力加强政府自身建设，始终重视提高行政效率和服务水平。坚持把依法行政摆在首位，坚持依法公开政府信息、办事程序和涉及人民群众切身利益的重大事项，开展了定期邀请公民走进省政府的创新性活动，自觉地接受社会的全面监督。严肃认真处理涉及生产安全、食品安全的公共事件，大大增强了政府公信力。

　　在经济发展的同时，陕西不遗余力地搞好民生建设。2011 年农村居民进城落户 115 万人，全省城镇化率达到 47.3%，与 2010 年相比提高了 3.8%。加紧解决中低收入特别是低收入群众的住房问题，实现了城乡居民基本养老保险制度全覆盖，陕西省的人均寿命由 2010 年的 70.07 岁增长到 2011 年的 74.68 岁。在教育方面，改善校舍、减免费用，全年教育支出达 512.7 亿元，较上年有所提高，人均教育经费投入居于全国中游水平。但另一方面，陕西的人均预期寿命和农村改水率在全国还处于下游水平，社会发展和民生建设仍有很大提升空间。

　　陕西 2011 年文化产业实现增加值 372 亿元，占 GDP 的比重达到了 3%。进一步加强了重点文物和非物质文化遗产保护，启动实施了汉长安城等大遗址保护重点项目，长安画派等一批精品文化力作在全国产生较大影响。今后，陕西应立足于本省文化特色和优势，广泛开展生态文化的宣传教育，努力提高人们的生态文明意识，使生态文明融入人们的思想和行动之中。

　　2011 年陕西在生态环境治理方面做出了多方面努力。渭河全线综合治理工程建设进度超过预期，制订并启动了渭河流域水污染防治三年行动方案，强化了工程治污措施，深入开展植树造林活动。上述措施的效果是明显的，陕西的地表水体质量由 2010 年的 39.70% 上升到 2011 年的 60.5%，跻身全国中游水平；城市生活垃圾无害化率由 2010 年的 79.84% 提升到 2011 年的 90.27%，居全国中上游水平；工业固体废物综合利用率也较 2010 年提升了 5.45%。但是，陕西 2011 年的环境空气质量和水土流失率在全国都处于下游水平，今后应当重点加以解决。有政府大力加强生态文明建设的决心，加之科学合理的政策措施，陕西的生态文明建设前景值得期待。

第三十四章
甘肃

一 甘肃2011年生态文明建设状况

2011年，甘肃生态文明指数（ECI）为58.13分，排名全国第31位。具体二级指标得分及排名情况见表34-1。去除"社会发展"二级指标后，甘肃绿色生态文明指数（GECI）为45.75分，排名全国第31位。

表34-1 2011年甘肃生态文明建设二级指标情况汇总

二级指标	得 分	排 名	等 级
生态活力（满分为39.6分）	21.32	22	3
环境质量（满分为26.4分）	11.00	31	4
社会发展（满分为26.4分）	12.38	28	3
协调程度（满分为39.6分）	13.43	31	4

由于自然条件较为恶劣，加上社会经济发展等历史遗留问题，甘肃省生态活力和社会发展水平居于全国中游偏下水平，环境质量和协调程度居于全国下游水平。生态文明建设的类型属于低度均衡型（见图34-1）。

2011年甘肃生态文明建设三级指标数据见表34-2。

具体来看，在生态活力方面，自然保护区占辖区面积比重为16.17%，全国排名第4位。森林覆盖率、建成区绿化覆盖率、湿地面积占国土面积比重居全国下游水平。

在环境质量方面，农药施用强度和地表水体质量居全国中等水平，水土流失率和环境空气质量则处于全国下游水平。

在社会发展方面，服务业产值占GDP比例和人均教育经费投入处于全国

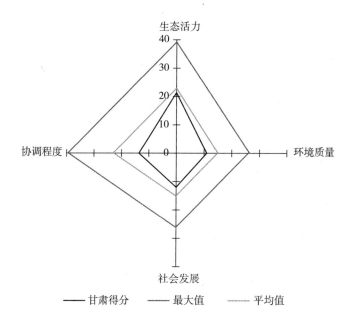

图 34 – 1　2011 年甘肃生态文明建设评价雷达图

表 34 – 2　甘肃 2011 年生态文明建设评价结果

一级指标	二级指标	三级指标	指标数据	排名
生态文明指数（ECI）	生态活力	森林覆盖率	10.42%	26
		建成区绿化覆盖率	27.85%	30
		自然保护区的有效保护	16.17%	4
		湿地面积占国土面积比重	2.8%	23
	环境质量	地表水体质量	55.0%	20
		环境空气质量	66.85%	31
		水土流失率	64.13%	29
		农药施用强度	14.68 吨/千公顷	15
	社会发展	人均 GDP	19595 元	29
		服务业产值占 GDP 比例	39.1%	13
		城镇化率	37.15%	28
		人均预期寿命	72.23 岁	27
		人均教育经费投入	1213.57 元	19
		农村改水率	60.89%	24
	协调程度	工业固体废物综合利用率	51.19%	24
		单位 GDP 化学需氧量排放量	7.89 千克/万元	27
		单位 GDP 氨氮排放量	0.84 千克/万元	29
		城市生活垃圾无害化率	41.7%	30
		环境污染治理投资占 GDP 比重	1.19%	20
		单位 GDP 能耗	1.40 吨标准煤/万元	24
		单位 GDP 水耗	160.14 立方米/万元	29
		单位 GDP 二氧化硫排放量	12.4 千克/万元	28

中等水平，人均 GDP、城镇化率、人均预期寿命和农村改水率这四项指标处于全国下游水平。

在协调程度方面，除环境污染治理投资占 GDP 比重居于全国中游水平外，其余七个指标均居全国下游水平。

进步指数分析显示，甘肃 2010～2011 年度的总进步指数为 3.12%，排名全国第 25 位。具体二级指标进步指数见表 34－3。

表 34－3　2010～2011 年甘肃生态文明建设二级指标进步指数

	生态活力	环境质量	社会发展	协调程度
进步指数(%)	0.41	－7.65	12.72	6.60
全国排名	14	28	3	23

2010～2011 年甘肃生态文明建设的总进步指数呈缓慢上升态势，其中社会发展进步指数居全国前列，生态活力进步指数居全国中游，协调程度和环境质量的进步指数居全国下游。

二　分析与展望

甘肃由于自然条件原因和历史发展原因，多年来生态文明建设的整体状况一直处于全国下游。在 22 项三级指标中，除自然保护区的有效保护排名全国第 4 位外，其余 21 项指标都处于全国中下游，且以下游居多。

2011 年甘肃经济增长态势良好，经济增长的结构和质量也不断加强。2011 年，单位 GDP 能耗下降 22.22%，单位 GDP 水耗下降 17.16%。同时也应看到，甘肃第三产业增幅没有达到预期目标，尤其是 2011 年服务业产值占 GDP 比例增长率仅为 4.83%，应进一步调整产业结构，提高第三产业在经济结构中的比重，大力发展诸如文化、旅游、生态农业等绿色产业。

过去的几年中，甘肃省一直致力于政府职能转变，提高政府效能。在 2011 年，甘肃着重加强依法行政，社会管理综合治理和重点整治取得了较好的效果。但同时也应看到，在政府机构中还存在一些问题，如一些干部作风不实，个别政府部门工作绩效与人民群众的愿望和要求还存在差距，这些问题都有待解决。此外，如何将生态文明理念融入政府决策和规章制度之中，提高环境保护的公众参与程度，都是今后应思考的问题。

甘肃提出建设文化大省，大力倡导社会主义核心价值观，弘扬和发展"甘肃精神"。将社区文化中心建设纳入城乡规划，规划建设一批地方特色鲜明的文化产业园区和基地。今后，甘肃应进一步发扬本省文化特色，结合素质教育开展生态文明理念的宣传教育活动，提高民众的生态文明意识。

近年来，甘肃加大社会保障力度，人均预期寿命增长 7.05%。人均教育经费投入增长 15.83%。同时，进一步加强新农村建设，实施 20 万户农村危房改造，解决了 191 万农村人口的饮水安全问题，农村改水率增长 2.79%。虽然甘肃积极实施价格预警监控和临时干预措施，但 2011 年甘肃居民消费价格总水平仍上涨 6% 左右，高于预期控制目标 2 个百分点。在与居民生活密切相关的"菜篮子""米袋子"及其他日常生活消费方面应进一步加强管理。由于各种原因，甘肃社会发展水平总体较低，人均 GDP、城镇化率、农村改水率等多项指标都处于全国下游水平，这些是甘肃今后应当下大力气解决的问题。

甘肃的环境质量在 2011 年度出现了 7.65% 的退步，其中农药施用强度增加了 53.4%，地表水体质量下降了 10.42%。这表明，甘肃经济社会发展的模式还是以牺牲环境为代价，这种发展模式从长远来看是不可持续的。但同时我们也应看到甘肃近年来在环境治理方面所做的努力。在 2010～2011 年度，甘肃继续加大节能减排力度，率先在全国开展园区循环化改造示范，单位 GDP 能耗下降了 22.22%，单位 GDP 水耗下降了 17.16%，单位 GDP 二氧化硫排放量下降了 7.46%，环境空气质量提高了 9.4%，城市生活垃圾无害化率提高了 9.88%，工业固体废物综合利用率提高了 7.52%。随着社会发展进步指数的提高，甘肃的生态文明建设水平将逐渐提高，生态文明建设的前景值得期待。

G.35

第三十五章

青海

一 青海2011年生态文明建设状况

2011年，青海生态文明指数（ECI）为73.55分，排名全国第21位。具体二级指标得分及排名情况见表35-1。去除"社会发展"二级指标后，青海绿色生态文明指数（GECI）为60.63分，排名全国第20位。

表35-1 2011年青海生态文明建设二级指标情况汇总

二级指标	得 分	排 名	等 级
生态活力（满分为39.6分）	23.35	17	3
环境质量（满分为26.4分）	19.07	2	1
社会发展（满分为26.4分）	12.93	25	3
协调程度（满分为39.6分）	18.21	26	4

青海2011年生态文明建设的基本特征是，环境质量位于全国前列，生态活力位于全国中游，社会发展和协调程度位于全国下游水平。生态文明建设的类型属于环境优势型（见图35-1）。

2011年青海生态文明建设三级指标数据见表35-2。

具体来看，在生态活力方面，自然保护区占辖区面积比重为30.21%，在全国排名靠前，居于第2位；湿地面积占国土面积比重为5.72%，排在全国第14位；森林覆盖率和建成区绿化覆盖率这两项指标居全国下游水平。

在环境质量方面，农药施用强度为3.67吨/千公顷，排在全国第6位（排名越靠前，农药施用强度越低）；地表水体质量达到93.3%，居全国第5位；水土流失率和环境空气质量这两项指标处于全国中下游水平。

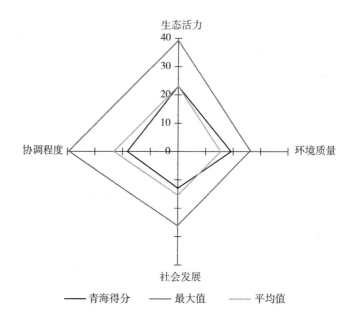

图 35 - 1　2011 年青海生态文明建设评价雷达图

表 35 - 2　青海 2011 年生态文明建设评价结果

一级指标	二级指标	三级指标	指标数据	排名
生态文明指数 （ECI）	生态活力	森林覆盖率	4.57%	30
		建成区绿化覆盖率	31.06%	29
		自然保护区的有效保护	30.21%	2
		湿地面积占国土面积比重	5.72%	14
	环境质量	地表水体质量	93.3%	5
		环境空气质量	86.58%	24
		水土流失率	28.38%	18
		农药施用强度	3.67 吨/千公顷	6
	社会发展	人均 GDP	29522 元	21
		服务业产值占 GDP 比例	32.3%	30
		城镇化率	46.22%	19
		人均预期寿命	69.96 岁	29
		人均教育经费投入	1886.689 元	6
		农村改水率	78.02%	12
	协调程度	工业固体废物综合利用率	55.29%	22
		单位 GDP 化学需氧量排放量	4.4288 千克/万元	11
		单位 GDP 氨氮排放量	0.575 千克/万元	18
		城市生活垃圾无害化率	89.46%	11
		环境污染治理投资占 GDP 比重	1.57%	11
		单位 GDP 能耗	2.08 吨标准煤/万元	29
		单位 GDP 水耗	113.74 立方米/万元	25
		单位 GDP 二氧化硫排放量	9.4 千克/万元	25

在社会发展方面，人均教育经费投入 1886.68 元/人，位于全国第 6 位；农村改水率为 78.02%，位于全国第 12 位；人均 GDP、服务业产值占 GDP 比例、城镇化率和人均预期寿命这四项指标处于全国中下游水平。

在协调程度方面，环境污染治理投资占 GDP 比重、城市生活垃圾无害化率和单位 GDP 化学需氧量排放量都排在全国第 11 位；工业固体废物综合利用率、单位 GDP 氨氮排放量、单位 GDP 能耗、单位 GDP 水耗和单位 GDP 二氧化硫排放量均居全国中下游水平。

进步指数分析显示，青海在 2010～2011 年的总进步指数为 9.52%，排名全国第 4 位。具体二级指标见表 35 - 3。

表 35 - 3　2010～2011 年青海生态文明建设二级指标进步指数

	生态活力	环境质量	社会发展	协调程度
进步指数(%)	0.88	3.18	11.49	21.08
全国排名	10	10	10	3

2010～2011 年青海生态文明建设的总进步指数呈快速上升态势，其中协调程度的进步指数居全国前列，生态活力、环境质量和社会发展的进步指数居全国上游。

二　分析与展望

青海地处高原地带，东部雨水较多，西部及南部干燥多风。近两年来，青海加大环境保护力度，环境质量有了显著提高，生态文明水平也有了明显变化，全国排名由第 28 位上升为第 21 位。在 22 项三级指标中，自然保护区的有效保护排名全国第 2 位；地表水体质量排名全国第 5 位；农药施用强度和人均教育经费投入排名全国第 6 位；上述指标处于全国前列。其他指标处于全国中下游水平。青海近两年环境质量明显提高，生态文明类型也发生了变化，由过去的低度均衡型转变为环境优势型。

2011 年青海人均 GDP 年度增长 22.42%（全国排名由第 22 位上升为第 21 位），城镇居民人均可支配收入和农牧民人均纯收入分别增长 12.59% 和 15%。

城镇化率年度增长 10.3%（全国排名由第 23 位上升为第 19 位）。用于支持经济发展的财政资金达到 286 亿元、增长 52.8%。同时也应看到，青海的产业结构不尽合理，服务业占 GDP 比重在全国排名靠后，甚至 2011 年服务业产值占 GDP 比例下降了 7.45%（全国排名由第 26 位下降为第 30 位）。青海应加快调整产业结构，提高自主创新能力，推动工业转型升级与战略性新兴产业的发展。

2011 年青海着力精简下放行政审批权，进一步确立了科学发展的工作导向。但同时还应该看到，一些地方和部门创新能力不强，某些公务员办事效率不高。此外，青海的污染排放比较严重，环境空气质量处于全国下游水平，需要在政府决策、法律法规等层面加以规范。

2011 年青海文化事业发展的财政资金达 15 亿元，增长 30.3%。各级文化馆免费开放，环湖赛、唐卡艺术和文化遗产博览会等国际品牌活动影响力不断提升，与美国犹他州缔结了友好省州关系，"大美青海"的吸引力进一步增强。

2011 年青海继续加大民生事业投入力度，民生支出占财政总支出的比例为 75%，人均教育经费投入年度增长 33.8%（全国排名由第 7 位上升为第 6 位）。湟水北干渠一期工程全线开工，解决了农牧区 25.2 万人的饮水安全问题，农村改水率达 78.02%，排名全国第 12 位。就业和社保的财政资金达到 171.7 亿元，增长 23.5%。医疗卫生事业的财政资金达到 50.5 亿元，增长 29.9%。新农合和城镇居民基本医保人均筹资标准大幅提高，一举跨入了全国前列。此外，2011 年实行临时价格干预、遏制流通环节不合理涨价因素，增加困难群众生活补贴。虽然青海社会发展水平总体偏低，但进步指数处于全国中上游水平，随着民生投入的增长，青海全省居民的生活水平将会逐步提高。

2010~2011 年度青海生态文明建设呈快速增长态势，尤其是环境质量和协调程度进步较快。青海环境质量进步指数虽然只有 3.18%，但在全国其他省份环境质量出现大面积下降的情况下，青海环境质量还能保持稳定增长，这点确实难能可贵，青海环境质量的排名也跃居全国第 2 位；青海的协调程度虽然由于历史原因排名靠后（全国第 26 位），但本年度呈快速增长态势，进步指数排名全国第 3 位，尤其是在城市生活垃圾无害化率（提高 32.97%）、工业固体废物综合利用率（提高 29.88%）和环境污染治理投资占 GDP 比重（提高 24.60%）这三个指标上提高尤为明显。这与青海在生态文明建设方面所做的工作密不可分。

G.36

第三十六章

宁夏

一 宁夏 2011 年生态文明建设状况

2011 年，宁夏生态文明指数（ECI）为 63.82 分，排名全国第 30 位。具体二级指标得分及排名情况见表 36 - 1。去除"社会发展"二级指标后，宁夏绿色生态文明指数（GECI）为 48.15 分，全国排名第 30 位。

表 36 - 1 2011 年宁夏生态文明建设二级指标情况汇总

二级指标	得 分	排 名	等 级
生态活力(满分为 39.4 分)	19.29	31	4
环境质量(满分为 26.4 分)	12.47	25	3
社会发展(满分为 26.4 分)	15.68	13	3
协调程度(满分为 39.4 分)	16.39	30	4

宁夏 2011 年生态文明建设的基本特点是，环境质量、社会发展居全国中下游水平，生态活力、协调程度居于全国下游水平。在生态文明建设的类型上，宁夏属于低度均衡型（见图 36 - 1）。

2011 年宁夏生态文明建设三级指标数据见表 36 - 2。

具体来看，在生态活力方面，自然保护区的有效保护在全国排名靠前，居于第 10 位。湿地面积占国土面积比重、建成区绿化覆盖率处于全国中游水平，森林覆盖率较弱，处于全国下游水平。

在环境质量方面，农药施用强度居于最佳水平（施用强度最低）。环境空气质量处于全国中上游水平。地表水体质量、水土流失率两项指标较弱，处于全国下游水平。

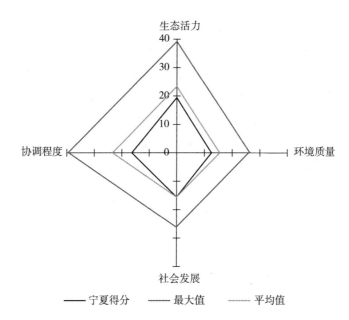

图 36 – 1　2011 年宁夏生态文明建设评价雷达图

表 36 – 2　宁夏 2011 年生态文明建设评价结果

一级指标	二级指标	三级指标	指标数据	排名
生态文明指数 （ECI）	生态活力	森林覆盖率	9.84%	27
		建成区绿化覆盖率	37.45%	19
		自然保护区的有效保护	10.34%	10
		湿地面积占国土面积比重	3.85%	18
	环境质量	地表水体质量	3.4%	31
		环境空气质量	91.23%	13
		水土流失率	71.37%	31
		农药施用强度	2.43 吨/千公顷	1
	社会发展	人均 GDP	33043.00 元	16
		服务业产值占 GDP 比例	41.0%	11
		城镇化率	49.8%	16
		人均预期寿命	73.38 岁	25
		人均教育经费投入	1571.46 元	11
		农村改水率	77.43%	13
	协调程度	工业固体废物综合利用率	61.33%	15
		单位 GDP 化学需氧量排放量	11.12 千克/万元	30
		单位 GDP 氨氮排放量	0.86 千克/万元	30
		城市生活垃圾无害化率	66.95%	25
		环境污染治理投资占 GDP 比重	2.73%	3
		单位 GDP 能耗	2.28 吨标准煤/万元	30
		单位 GDP 水耗	149.84 立方米/万元	27
		单位 GDP 二氧化硫排放量	19.52 千克/万元	31

在社会发展方面，人均 GDP、服务业产值占 GDP 比例、城镇化率、人均教育经费投入、农村改水率五项指标处于全国中上游水平。人均预期寿命较弱，处于全国下游水平。

在协调程度方面，环境污染治理投资占 GDP 比重在全国排名靠前，居于第 3 位。工业固体废物综合利用率处于全国中上游水平。单位 GDP 化学需氧量排放量、单位 GDP 氨氮排放量、城市生活垃圾无害化率、单位 GDP 能耗、单位 GDP 水耗、单位 GDP 二氧化硫排放量处于全国下游水平。

从年度进步情况来看，宁夏 2010~2011 年度的总进步指数为 1.21%，全国排名第 30 位。具体到二级指标，生态活力进步指数为 1.21%，居全国第 5 位。环境质量进步指数为 -23.81%，居全国第 31 位；社会发展进步指数为 11.89%，居全国第 8 位；协调程度进步指数为 10.76%，居全国第 17 位。从数据可知，宁夏 2010~2011 年度的总进步主要得益于社会发展和协调程度二级指标的进步。

进一步看，宁夏 2010~2011 年度社会发展和协调程度方面出现了较大的进步，这主要得益于人均 GDP、人均教育经费投入、环境污染治理投资占 GDP 比重、单位 GDP 能耗、单位 GDP 水耗等指标的快速提升。环境质量出现了负增长，主要是由于地表水体质量出现了大幅度的滑坡，下降近七成。部分变化较大的三级指标见表 36-3。

表 36-3　宁夏 2010~2011 年部分指标变动情况

	2010 年	2011 年	进步率(%)
地表水体质量(%)	11.2	3.4	-69.64
环境污染治理投资占 GDP 比重(%)	2.04	2.73	33.82
单位 GDP 能耗(吨标准煤/万元)	3.31	2.28	45.18
城市生活垃圾无害化率(%)	92.53	66.95	-27.65
人均 GDP(元)	26860	33043	23.02
人均教育经费投入(元)	1300.50	1571.46	16.68
单位 GDP 水耗(立方米/万元)	179.56	149.84	19.83

二　分析与展望

宁夏 2010~2011 年度社会发展和协调程度方面出现了较大的进步，环境污染治理投资占 GDP 比重、人均教育经费投入、人均 GDP 三项指标快速提升，进步率都达到了 20% 以上。单位 GDP 能耗也进步很快，进步率达到了 40% 以上。这显示出宁夏的经济建设、社会建设与生态文明建设在某些领域的融合程度较好。同时，在某些领域也存在一些亟须改进的问题：城市生活垃圾无害化率下降了 27.65%，地表水体质量下滑近七成。作为衡量经济建设与生态文明建设协调程度的单位 GDP 化学需氧量排放量、单位 GDP 氨氮排放量、单位 GDP 能耗、单位 GDP 水耗、单位 GDP 二氧化硫排放量多项指标的绝对值仍居于全国下游水平，说明宁夏生态文明建设与经济建设的关系仍有较大的改进空间。2011 年，宁夏加大了对环境治理的投资力度，环境污染治理投资占 GDP 比重名列全国前三位，难能可贵。

宁夏自然保护区占辖区面积比例、环境空气质量在全国排名靠前，尤其是农药施用强度在全国最低。而地表水体质量差、水土流失率高也成为生态文明建设的制约因素。2011 年，宁夏加快实施沿黄绿色景观、贺兰山东麓生态防护、中部干旱带防风固沙和六盘山水源涵养四大绿色工程，连片集中整治农村环境，众多乡镇（农场）受益。未来宁夏应进一步加强沿黄土地整理和湖泊水系保护利用，实施河道疏浚加固改造，推进重点湿地开发建设项目。加强实施人工造林工程，提升森林覆盖率，防止水土流失状况的恶化。既有的生态环境优势应当继续保持，以生态农业、生态旅游业推进经济发展，实现生态环境保护与经济、社会、文化建设的良性互动。

2011 年宁夏的人均 GDP 比上一年度增长了 23%，服务业产值占 GDP 比例也居于全国中上游水平。这和宁夏所推行的打优势牌、走特色路、构建具有地方特色的现代产业体系这条经济发展道路密不可分。工业发展禁止能耗高、污染重的项目上马，力图转变经济增长模式，实现绿色低碳循环发展。农业发展也注重与生态建设的协调，通过推进引黄灌区节水改造、中北部土地整理、苦水河治理等举措，2011 年宁夏成为我国首个通过节水型社会建设试点验收的省区。未来需要继续保持发展速度快、结构相对合理的优势，加强经济增长收益与文化、社会、生态文明建设的良好共享关系，进一步促进经济建设与生态环境的协调发展，对经济发展可能带来的高能耗有清醒的认识，严格执行节能减排标准，走集约化发展的道路，推动节能减排工作的开展，淘汰落后产能，

严格项目准入，重点控制单位 GDP 能耗、气体废物排放量。

深化机关效能建设、完善效能考核是宁夏政治建设的重点。2011 年宁夏加快了集体林权制度和农垦改革的步伐，积极落实草原生态补助奖励等政策；推行资源税改革，研究出台了节能减排的税收优惠政策。未来应当继续健全法律法规，以硬性制度推进实施节能改造、节能产品惠民、合同能源管理等工程，推进建设项目能耗评估和清洁生产审核，同时坚持科学决策、民主决策，健全重大决策专家论证、集体审定、风险评估和社会公示制度，在生态文明建设中避免大的生态灾害发生，科学系统整治在全国落后的高水土流失率。

从数据上看，宁夏的人均教育经费投入和农村改水率居于全国中上游水平。宁夏实施了以生态移民规划为主的多项重点民生工程，取得了显著的效果。2011 年地方预算支出增长的 70% 以上都用于改善民生，健全了社保体系，提高了城乡居民社会养老和基本医疗保险补贴标准。未来应当坚持社会建设与生态文明建设相结合的方针，着力改善医疗卫生设施，推进城乡卫生服务机构标准化，继续实施抓生态移民促脱贫致富的政策，继续坚持"规划建设一体化、产业培育特色化、移民新村社区化"的发展模式，加快生态、教育、劳务移民步伐，扩大投资的力度与范围，让移民群众在摆脱生存困境的同时，保护当地的生态环境。

宁夏重视文化建设，编制实施了沿黄经济区总体规划，建立了一批具有当地特色的标志性文化建筑与设施。未来应进一步做好以文化促发展、促进生态文明建设的工作。加强对生态文明理念的宣传教育，在全社会形成注重生态保护的理念和健康文明的生活方式。同时，立足独特的人文地理环境、推进旅游文化产业发展，保护性开发湖泊湿地，挖掘民族餐饮文化，把宁夏打造成为西部独具特色的旅游目的地，倾力打造"黄河文化汇宁夏、回族文化聚宁夏、西夏文化在宁夏、走向胜利来宁夏"四大文化品牌，有力推动生态文化的发展。

G.37

第三十七章

新疆

一 新疆 2011 年生态文明建设状况

2011 年，新疆生态文明指数（ECI）为 67.63 分，排名全国第 28 位。具体二级指标得分及排名情况见表 37-1。去除"社会发展"二级指标后，新疆绿色生态文明指数（GECI）为 53.05 分，全国排名第 29 位。

表 37-1 2011 年新疆生态文明建设二级指标情况汇总

二级指标	得 分	排 名	等 级
生态活力（满分为 39.6 分）	20.31	26	4
环境质量（满分为 26.4 分）	16.13	6	2
社会发展（满分为 26.4 分）	14.58	16	3
协调程度（满分为 39.6 分）	16.61	29	4

新疆 2011 年生态文明建设的基本特点是，环境质量居于全国上游水平，社会发展居于中下游水平，生态活力、协调程度居于下游水平。在生态文明建设的类型上，新疆属于低度均衡型（见图 37-1）。

2011 年新疆生态文明建设三级指标数据见表 37-2。

具体来看，在生态活力方面，自然保护区的有效保护在全国排名靠前，居于第 6 位。森林覆盖率、湿地面积占国土面积比重、建成区绿化覆盖率处于全国中下游水平。

在环境质量方面，地表水体质量、农药施用强度在全国处于较好水平，分别居第 3 位与第 7 位。环境空气质量、水土流失率两项指标处于全国下游水平。

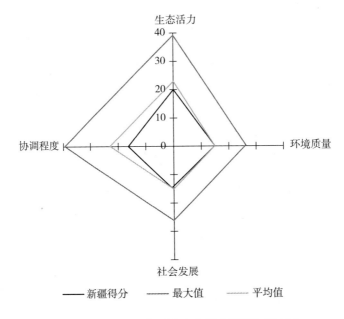

图 37 - 1　2011 年新疆生态文明建设评价雷达图

表 37 - 2　新疆 2011 年生态文明建设评价结果

一级指标	二级指标	三级指标	指标数据	排名
生态文明指数（ECI）	生态活力	森林覆盖率	4.02%	31
		建成区绿化覆盖率	36.64%	23
		自然保护区的有效保护	12.95%	6
		湿地面积占国土面积比重	0.86%	28
	环境质量	地表水体质量	98.7%	3
		环境空气质量	75.63%	30
		水土流失率	62.95%	28
		农药施用强度	4.69 吨/千公顷	7
	社会发展	人均 GDP	30087.00 元	19
		服务业产值占 GDP 比例	34.0%	26
		城镇化率	43.5%	24
		人均预期寿命	72.35 岁	26
		人均教育经费投入	1673.1 元	8
		农村改水率	87.63%	8
	协调程度	工业固体废物综合利用率	50.84%	25
		单位 GDP 化学需氧量排放量	10.18 千克/万元	29
		单位 GDP 氨氮排放量	0.71 千克/万元	23
		城市生活垃圾无害化率	79.48%	20
		环境污染治理投资占 GDP 比重	2.01%	8
		单位 GDP 能耗	1.63 吨标准煤/万元	26
		单位 GDP 水耗	539.03 立方米/万元	31
		单位 GDP 二氧化硫排放量	11.54 千克/万元	27

在社会发展方面，农村改水率、人均教育经费投入在全国排名靠前，都居于第 8 位。人均 GDP 处于全国中游水平。城镇化率、人均预期寿命和服务业产值占 GDP 比例较弱，处于全国下游水平。

在协调程度方面，环境污染治理投资占 GDP 比重在全国排名靠前，居于第 8 位。工业固体废物综合利用率、单位 GDP 化学需氧量排放量、单位 GDP 氨氮排放量、城市生活垃圾无害化率、单位 GDP 能耗、单位 GDP 水耗、单位 GDP 二氧化硫排放量处于全国中下游水平。

从年度进步情况来看，新疆 2010～2011 年度的总进步指数为 5.76%，全国排名第 14 位。具体到二级指标，生态活力进步指数为 0.09%，居全国第 20 位。环境质量进步指数为 −1.28%，居全国第 21 位；社会发展进步指数为 13.03%，居全国第 2 位；协调程度进步指数为 11.29%，居全国第 15 位。从数据可见，新疆 2010～2011 年度的总进步主要得益于社会发展和协调程度二级指标的进步。

进一步看，新疆 2010～2011 年度社会发展和协调程度方面出现了较大的进步，这主要得益于环境污染治理投资占 GDP 比重、人均教育经费投入、人均 GDP、农村改水率、城市生活垃圾无害化率、单位 GDP 水耗等方面出现了较大的进步。部分变化较大的三级指标见表 37－3。

表 37－3 新疆 2010～2011 年部分指标变动情况

	2010 年	2011 年	进步率(%)
环境污染治理投资占 GDP 比重(%)	1.44	2.01	39.58
人均教育经费投入(元)	1370.90	1673.1	22.04
人均 GDP(元)	25034	30087	20.18
单位 GDP 水耗(立方米/万元)	670.88	539.03	24.46
城市生活垃圾无害化率(%)	70.58	79.48	12.61
农村改水率(%)	78.38	87.63	11.80

二 分析与展望

新疆本年度的总进步指数在全国名列中上游，其中，环境污染治理投资占

GDP 比重、人均教育经费投入、人均 GDP 三项指标快速提升，进步指数都达到了 20% 以上，单位 GDP 水耗下降了 20% 多，而且农村改水率也提高较快，进步指数达到了 10% 以上。这些数据说明，新疆经济建设收益中的相当一部分被用来加强文化、社会建设，经济建设成就开始"反哺"生态文明建设、社会建设。但作为衡量经济建设与生态文明建设关系的工业固体废物综合利用率、单位 GDP 化学需氧量排放量、单位 GDP 氨氮排放量、单位 GDP 能耗、单位 GDP 水耗、单位 GDP 二氧化硫排放量多项指标的绝对值仍居于全国下游水平，这折射出受到历史、产业结构等诸多因素的影响与制约，新疆的生态文明建设仍有很大的提升空间。

新疆具有很好的地表水体质量，农药施用强度的绝对值不高，在全国排名靠前。而森林覆盖率、湿地面积占国土面积比重、环境空气质量不高，水土流失率较高也成为生态环境发展的制约因素。新疆应进一步加强三北防护林工程、退牧还草项目的建设，推进大气污染综合防治体系的建立，继续加大国土整治的资金投入，巩固小流域水土保持综合治理的效果。2011 年新疆的农药施用强度在全国属于较低的，但比 2010 年增长了 6%，值得加以注意。

新疆 2011 年主要经济指标增速实现历史性突破，比 2005 年翻了一番。但从全国来看，新疆的人均 GDP 仍然处于全国中游偏下的位置，未来要继续保持经济增长的势头，继续保持经济增长收益与文化、社会、生态文明建设的良好共享关系；优化经济结构，进一步提升服务业在整个经济中的比重；同时，应进一步促进经济建设与生态环境的协调发展，对经济发展可能带来的高能耗有清醒的认识，走集约化发展的道路，重点控制单位 GDP 水耗、能耗和气体废物排放量，提高工业废物利用率。

注重提高政府的科学发展能力、转变政府职能是新疆政治建设的重点。未来应当继续重视政治制度建设对生态文明建设的促进作用。在以经济建设为中心的时代背景下，尤其要重视建立对地方政府的生态文明建设绩效考核机制，避免以追求经济利益为导向、以牺牲生态环境为代价的考核机制。继续通过硬性制度规定完善草原生态保护补助奖励机制，保证补助资金及时到位；有力监管重点区域主要污染物排放量。

从数据上看，新疆的人均教育经费投入和农村改水率居于全国上游水平。

2011 年，新疆城镇居民人均可支配收入 15500 元，增长 13.6%；农民人均纯收入 5432 元，增长 17%，用于民生建设的财政资金 1670.5 亿元，占地方一般预算支出的 73.2%。新疆实施了安居富民、定居兴牧、天然气利民等多项重点民生工程，取得了显著的成效。同时，继续加大对教育的投资力度，增强教育对经济社会发展的支撑作用，实施了教育保障、职教帮扶等重点工程。社会保障能力持续增强，新农保和城镇居民养老保险制度提前一年实现了全覆盖。

新疆深入宣传贯彻牢固树立环保优先、生态立区的理念，加强公共文化服务基础设施建设，创建了一批"环境优美乡镇"和"文明生态村"，并结合民族政策，开展了兴边富民行动，实施了"特色村寨保护"项目。在促进人口较少民族发展的同时，也保护了少数民族聚居区的生态环境、文化资源。未来应进一步做好以文化促发展工作，注重立足边疆优势，大力发展生态旅游、民族餐饮等特色服务业。

G . 38
参考文献

Arthur P. J. Mol, David A. Sonnenfeld and Gert Spaargaren, *The Ecological Modernisation Reader*, Routledge, London and New York, 2009.

Cai D. W. Understand the Role of Chemical Pesticides and Prevent Misuses of Pesticides, *Bulletin of Agricultural Science and Technology*. 2008（1）.

The Ramsar Convention on Wetlands, The List of Wetlands of International Importance（2013 – 3 – 21）, http：//www. ramsar. org/cda/en/ramsar – documents – list/main/ramsar/1 – 31 – 218_ 4000_ 0_ _ （2013 – 04 – 01）.

胡锦涛：《坚定不移沿着中国特色社会主义道路前进，为全面建成小康社会而奋斗——在中国共产党第十八次全国代表大会上的报告》，人民出版社，2012。

江泽民：《在庆祝中国共产党成立八十周年大会上的讲话》，人民出版社，2001。

中共中央文献研究室编《毛泽东邓小平江泽民论科学发展》，中央文献出版社、党建读物出版社，2008。

中共中央文献研究室编《科学发展观重要论述摘编》，中央文献出版社、党建读物出版社，2008。

中共中央宣传部编《科学发展观学习读本》，学习出版社，2008。

中共中央宣传部理论局编《中国特色社会主义理论体系学习读本》，学习出版社，2008。

姜春云：《姜春云调研文集——生态文明与人类发展卷》，中央文献出版社、新华出版社，2010。

〔美〕蕾切尔·卡逊著《寂静的春天》，吕瑞兰、李长生译，吉林人民出版社，1997。

〔美〕丹尼斯·米都斯等著《增长的极限》，李宝恒译，吉林人民出版社，1997。

世界环境与发展委员会：《我们共同的未来》，王之佳、柯金良等译，吉林人民出版社，2004。

《21 世纪议程》，国家环境保护局译，中国环境科学出版社，1993。

〔美〕赫尔曼·E. 戴利、肯尼思·N. 汤森编《珍惜地球》，马杰、钟斌、朱又红译，商务印书馆，2001。

〔美〕约翰·贝米拉·福斯特著《生态危机与资本主义》，耿建新、宋兴无译，上海译文出版社，2006。

〔美〕霍尔姆斯·罗尔斯顿著《环境伦理学：大自然的价值以及人对大自然的义务》，杨通进译，中国社会科学出版社，2000。

〔美〕巴里·康芒纳著《封闭的循环》，侯文蕙译，吉林人民出版社，1997。

〔英〕罗宾·柯林伍德著《自然的观念》，吴国盛、柯映红译，华夏出版社，1990。

〔英〕阿诺德·汤因比著《人类与大地母亲》，徐波等译，上海人民出版社，2001。

〔英〕马凌诺斯基著《文化论》，费孝通译，华夏出版社，2002。

〔英〕大卫·布林尼著《生态学》，李彦译，三联书店，2003。

〔英〕乔·特里威克（Jo Treweek）著《生态影响评价》，国家环境保护总局环境工程评估中心译，中国环境科学出版社，2006。

〔美〕大卫·弗里德曼（David Freedman）等著《统计学》，魏宗舒、施锡铨等译，中国统计出版社，1997。

〔美〕莱斯特·R. 布朗著《生态经济：有利于地球的经济构想》，林自新、戢守志等译，东方出版社，2002。

〔美〕杰弗里·希尔著《自然与市场：捕获生态服务链的价值》，胡颖廉译，中信出版社，2006。

〔德〕弗里德希·亨特布尔格、弗莱德·路克斯、玛尔库斯·史蒂文著《生态经济政策：在生态专制和环境灾难之间》，葛竞天、从明才、姚力、梁媛译，东北财经大学出版社，2005。

〔美〕加勒特·哈丁著《生活在极限之内》，戴星翼、张真译，上海译文出版社，2007。

〔美〕罗纳德·哈里·科斯著《企业、市场与法律》，盛洪、陈郁译，格

致出版社、上海三联书店、上海人民出版社,2009。

〔美〕理查德·瑞吉斯特著《生态城市——建设与自然平衡的人居环境》,王如松、胡聃译,社会科学文献出版社,2002。

〔美〕理查德·瑞杰斯特著《生态城市伯克利:为一个健康的未来建设城市》,沈清基、沈贻译,中国建筑工业出版社,2004。

〔西〕米格尔·鲁亚诺著《生态城市:60个优秀案例研究》,吕晓惠译,中国电力出版社,2007。

〔英〕迈克·詹克斯、伊丽莎白·伯顿、凯蒂·威廉姆斯编著《紧缩城市——一种可持续发展的城市形态》,周玉鹏、龙洋、楚先锋译,中国建筑工业出版社,2004。

〔美〕马修·卡恩著《绿色城市:城市发展与环境》,孟凡玲译,中信出版社,2007。

中国科学院可持续发展战略研究组:《2009中国可持续发展战略报告:探索中国特色的低碳道路》,科学出版社,2009。

中国科学院可持续发展战略研究组:《2008中国可持续发展战略报告:政策回顾与展望》,科学出版社,2008。

中国现代化战略研究课题组、中国科学院中国现代化研究中心:《中国现代化报告2007:生态现代化研究》,北京大学出版社,2007。

国务院发展研究中心课题组著《主体功能区形成机制和分类管理政策研究》,中国发展出版社,2008。

中国环境监测总站:《中国生态环境质量评价研究》,中国环境科学出版社,2004。

环境保护部、中国科学院:《全国生态功能区划》,2008。

国家环境保护总局编著《全国生态现状调查与评估》(综合卷),中国环境科学出版社,2005。

中国可持续发展林业战略研究项目组:《中国可持续发展林业战略研究》(战略卷),中国林业出版社,2003。

严耕主编《中国省域生态文明建设评价报告(ECI 2012)》,社会科学文献出版社,2012。

严耕主编《中国省域生态文明建设评价报告（ECI 2011）》，社会科学文献出版社，2011。

严耕、林震、杨志华等著《中国省域生态文明建设评价报告（ECI 2010）》，社会科学文献出版社，2010。

严耕、杨志华著《生态文明的理论与系统建构》，中央编译出版社，2009。

严耕、林震、杨志华主编《生态文明理论构建与文化资源》，中央编译出版社，2009。

张慕萍、贺庆棠、严耕主编《中国生态文明建设的理论与实践》，清华大学出版社，2008。

卢风著《人类的家园》，湖南大学出版社，1996。

卢风著《启蒙之后》，湖南大学出版社，2003。

卢风著《从现代文明到生态文明》，中央编译局出版社，2009。

余谋昌著《生态文明论》，中央编译出版社，2010。

李惠斌、薛晓源、王治河主编《生态文明与马克思主义》，中央编译出版社，2008。

薛晓源、李惠斌主编《生态文明研究前沿报告》，华东师范大学出版社，2007。

廖福霖编著《生态文明建设理论与实践》，中国林业出版社，2001。

《生态文明建设读本》编撰委员会：《生态文明建设读本》，浙江人民出版社，2010。

本书编写组：《生态文明建设学习读本》，中共中央党校出版社，2007。

陈学明著《生态文明论》，重庆出版社，2008。

刘湘溶著《生态文明论》，湖南教育出版社，1999。

姬振海主编《生态文明论》，人民出版社，2007。

沈国明著《21世纪生态文明：环境保护》，上海人民出版社，2005。

吴风章主编《生态文明构建——理论与实践》，中央编译出版社，2008。

杨通进、高予远编《现代文明的生态转向》，重庆出版社，2007。

诸大建主编《生态文明与绿色发展》，上海人民出版社，2008。

国家林业局宣传办公室、广州市林业局：《生态文明建设理论与实践》，中国农业出版社，2008。

江泽慧等著《中国现代林业》，中国林业出版社，2008。

北京大学中国持续发展研究中心、东京大学生产技术研究所：《可持续发展：理论与实践》，中央编译出版社，1997。

迟福林著《第二次改革——中国未来30年的强国之路》，中国经济出版社，2010。

刘思华著《刘思华选集》，广西人民出版社，2000。

许启贤主编《世界文明论研究》，山东人民出版社，2001。

庄锡昌等编《多维视角中的文化理论》，浙江人民出版社，1987。

周海林著《可持续发展原理》，商务印书馆，2004。

叶裕民主编《中国城市化与可持续发展》，科学出版社，2007。

章友德著《城市现代化指标体系研究》，高等教育出版社，2006。

王玉梅编著《可持续发展评价》，中国标准出版社，2008。

左其亭、王丽、高军省著《资源节约型社会评价——指标·方法·应用》，科学出版社，2009。

国家统计局编《中国统计年鉴》（1991～2012），中国统计出版社。

国家统计局、环境保护部编《中国环境统计年鉴》（2003～2012），中国统计出版社。

国家统计局：《中国能源统计年鉴》（2003～2010），中国统计出版社。

水利部：《中国水资源公报》（2001～2011），中国水利水电出版社。

国家林业局：《2011中国林业发展报告》，http：//www. forestry. gov. cn/CommonAction. do？dispatch = index&colid = 62（2013 – 5 – 18）。

国家林业局：《2012中国林业发展报告》，http：//www. forestry. gov. cn/CommonAction. do？dispatch = index&colid = 62 2013 – 5 – 18.

国家统计局农村社会经济调查司：《中国农村统计年鉴》（1991～2011），中国统计出版社。

环境保护部：《环境保护部开展华北平原排污企业地下水污染专项检查》，http：//www. zhb. gov. cn/gkml/hbb/qt/201305/t20130509_ 251858. htm（2013 – 5 – 26）。

环境保护部、国家质量监督检验检疫总局：《环境空气质量标准》（GB3095_ 2012），2012年2月29日发布。

经济合作与发展组织统计数据，http：//stats. oecd. org/。

联合国环境规划署环境数据，http：//geodata. grid. unep. ch/。

联合国粮食及农业组织（FAO）统计资料，http：//www. fao. org/corp/statistics/zh/。

联合国统计司千年发展目标指标，http：//unstats. un. org/unsd/mdg/Data. aspx。

世界卫生组织：《世界卫生组织关于颗粒物、臭氧、二氧化氮和二氧化硫的空气质量准则（2005 年全球更新版）风险评估概要》，http：//www. who. int/publications/list/who_ sde_ phe_ oeh_ 06_ 02/zh/（2013 - 5 - 21）。

世界银行数据库，http：//data. worldbank. org. cn/indicator/。

世界资源研究所统计数据集，http：//earthtrends. wri. org/publications/data - sets。

中华人民共和国国家统计局：《环境统计数据 2011》，http：//www. stats. gov. cn/tjsj/qtsj/hjtjzl/hjtjsj2011/（2013 - 5 - 25）。

北京林业大学生态文明研究中心：《中国省级生态文明建设评价报告》，《中国行政管理》2009 年第 11 期。

严耕、杨志华、林震等：《2009 年各省生态文明建设评价快报》，《北京林业大学学报》（社会科学版）2010 年第 1 期。

杨志华、严耕：《中国当前生态文明建设六大类型及其策略》，《马克思主义与现实》2012 年第 6 期。

杨志华、严耕：《中国当前生态文明建设关键影响因素及建设策略》，《南京林业大学学报》（人文社会科学版）2012 年第 4 期。

吴明红、严耕：《高校生态文明教育的路径探析》，《黑龙江高教研究》2012 年第 12 期。

耶鲁大学环境法律与政策中心、哥伦比亚大学国际地球科学信息网络中心：《2006 环境绩效指数（EPI）报告》（上），高秀平、郭沛源译，《世界环境》2006 年第 6 期。

耶鲁大学环境法律与政策中心、哥伦比亚大学国际地球科学信息网络中心：《2006 环境绩效指数（EPI）报告》（下），高秀平、郭沛源译，《世界环境》2007 年第 1 期。

潘岳：《论社会主义生态文明》，《绿叶》2006 年第 10 期。

钟明春：《生态文明研究述评》，《前沿》2008 年第 8 期。

申曙光：《生态文明及其理论与现实基础》，《北京大学学报》1994 年第 3 期。

齐联：《致公党中央在提案中建议要建立生态文明指标体系》，《中国绿色时报》2008 年 3 月 6 日第 A01 版。

关琰珠、郑建华、庄世坚：《生态文明指标体系研究》，《中国发展》2007 年第 2 期。

杨开忠、杨咏、陈洁：《生态足迹分析理论与方法》，《地球科学进展》2000 年第 6 期。

申振东等：《建设贵阳市生态文明城市的指标体系与监测方法》，http：//www. gyjgdj. gov. cn/contents/63/9485. html。

浙江省统计局：《浙江省生态文明建设的统计测度与评价》，http：//www. zj. stats. gov. cn/art/2010/1/18/art－281－38807. html。

浙江省发展计划委员会课题组：《生态省建设评价指标体系研究》，《浙江经济》2003 年第 7 期。

蒋小平：《河南省生态文明评价指标体系的构建研究》，《河南农业大学学报》2008 年第 1 期。

叶文虎、仝川：《联合国可持续发展指标体系述评》，《中国人口·资源与环境》1997 年第 3 期。

杜斌、张坤民、彭立颖：《国家环境可持续能力的评价研究：环境可持续性指数 2005》，《中国人口·资源与环境》2006 年第 1 期。

国家林业局：《中国森林可持续经营标准与指标》（中华人民共和国林业行业标准 LY/T1594－2002）。

张丽君：《可持续发展指标体系建设的国际进展》，《国土资源情报》2004 年第 4 期。

谢洪礼：《关于可持续发展指标体系的述评》（一），《统计研究》1998 年第 6 期。

谢洪礼：《关于可持续发展指标体系的述评》（二），《统计研究》1999 年第 1 期。

钟茂初、张学刚：《环境库兹涅茨曲线理论及研究的批评综论》，《中国人口·资源与环境》2010 年第 2 期。

G.39

后　记

本书是《生态文明绿皮书》系列 2013 年度最新研究成果，对我国十八大召开之前 2011 年度各省份生态文明建设的情况进行测评研究。自 2010 年以来，绿皮书《中国省域生态文明建设评价报告》已连续出版了 4 年，不断完善，追求每年都有所进步、有所创新。

本书是课题组长期共同研究的成果。课题研究和全书构思均由严耕主持，吴明红、杨志华、林震、樊阳程、杨智辉、田浩等协助严耕做了大量研究和编写工作。

本书采取分工协作方式撰写。第一部分是总报告。总报告是全书的总纲，也是精华所在，几经修改，凝聚了多位作者的智慧和心血。主编严耕首先拟定了总报告写作思路和编写要求，林震在各分报告的基础上拟就了总报告初稿，吴明红、樊阳程、杨志华、陆丹先后对初稿进行了补充修改，最后由严耕审阅修改并定稿。

第二部分是六个相互独立的分报告。第一章介绍了 ECCI 2013 的设计和算法，由杨志华撰写；第二章是对中国与相关国家生态文明建设的比较研究，由樊阳程撰写；第三章分析了我国各省份的生态文明建设类型，由杨志华撰写；第四章是生态文明建设各指标之间的相关性分析，杨智辉在分析往年框架的基础上，新增了控制人均 GDP 变量之后的偏相关分析，杨志华对该章进行了细致修改；第五章分析了全国及各省份的生态文明年度进步指数，由吴明红撰写；第六章探究了全国及各省份生态文明建设驱动因素及驱动类型，由吴明红撰写。

2013 年有 15 位课题组成员参与了各省份分析的撰写工作，又有些新生力量加入了编写团队。田浩撰写辽宁、吉林、海南，仲亚东撰写广东、广西、山西，杨智辉撰写甘肃、青海，陈丽鸿撰写贵州、云南，展洪德撰写河北、河

南，李媛辉撰写湖南和湖北，高兴武撰写内蒙古和西藏，黄军辉撰写宁夏和新疆，李飞撰写浙江和安徽，周景勇撰写福建和江西，陈佳撰写北京和上海，邬亮撰写天津和江苏，徐保军撰写重庆和四川，孙宇撰写山东和陕西，盛双庆撰写黑龙江。

统稿工作，第一部分总报告由严耕主持，第二部分分报告由林震主持，第三部分省域生态文明建设分析报告由田浩和林震主持。全书最后由严耕统揽定稿。

一些研究生参与了资料收集和数据整理等编写工作，功不可没。他们是郑辉、冯梦玲、蒙莹莹、于胜、郭海鸿、张梦媛、朱倩、谢德斌、高洁玉、王琦、李媛媛等。

权威报告　热点资讯　海量资源

当代中国与世界发展的高端智库平台

皮书数据库 www.pishu.com.cn

　　皮书数据库是专业的人文社会科学综合学术资源总库，以大型连续性图书——皮书系列为基础，整合国内外相关资讯构建而成。包含七大子库，涵盖两百多个主题，囊括了近十几年间中国与世界经济社会发展报告，覆盖经济、社会、政治、文化、教育、国际问题等多个领域。

　　皮书数据库以篇章为基本单位，方便用户对皮书内容的阅读需求。用户可进行全文检索，也可对文献题目、内容提要、作者名称、作者单位、关键字等基本信息进行检索，还可对检索到的篇章再作二次筛选，进行在线阅读或下载阅读。智能多维度导航，可使用户根据自己熟知的分类标准进行分类导航筛选，使查找和检索更高效、便捷。

　　权威的研究报告，独特的调研数据，前沿的热点资讯，皮书数据库已发展成为国内最具影响力的关于中国与世界现实问题研究的成果库和资讯库。

皮书俱乐部会员服务指南

1. 谁能成为皮书俱乐部会员?

- 皮书作者自动成为皮书俱乐部会员；
- 购买皮书产品（纸质图书、电子书、皮书数据库充值卡）的个人用户。

2. 会员可享受的增值服务:

- 免费获赠该纸质图书的电子书；
- 免费获赠皮书数据库100元充值卡；
- 免费定期获赠皮书电子期刊；
- 优先参与各类皮书学术活动；
- 优先享受皮书产品的最新优惠。

卡号: 1514609807228395

密码:

（本卡为图书内容的一部分，不购书刮卡，视为盗书）

3. 如何享受皮书俱乐部会员服务?

（1）如何免费获得整本电子书?

　　购买纸质图书后，将购书信息特别是书后附赠的卡号和密码通过邮件形式发送到pishu@188.com，我们将验证您的信息，通过验证并成功注册后即可获得该本皮书的电子书。

（2）如何获赠皮书数据库100元充值卡?

　　第1步：刮开附赠卡的密码涂层（左下）；

　　第2步：登录皮书数据库网站（www.pishu.com.cn），注册成为皮书数据库用户，注册时请提供您的真实信息，以便您获得皮书俱乐部会员服务；

　　第3步：注册成功后登录，点击进入"会员中心"；

　　第4步：点击"在线充值"，输入正确的卡号和密码即可使用。

皮书俱乐部会员可享受社会科学文献出版社其他相关免费增值服务

您有任何疑问，均可拨打服务电话：010-59367227　QQ:1924151860

欢迎登录社会科学文献出版社官网(www.ssap.com.cn)和中国皮书网（www.pishu.cn）了解更多信息

法 律 声 明